煤炭院校特色应用型本科系列教材
MEITAN YUANXIAO TESE YINGYONGXING BENKE XILIE JIAOCAI

重力选矿

孟凡娜　主编

中国矿业大学出版社
·徐州·

内 容 简 介

本书详细介绍重力选矿基本理论、物料可选性及重选工艺效果评定、水力分级、重介质选矿技术、跳汰选矿、斜面流选矿、液态化选矿等，具有很强的理论性、实践性与应用性。

本书可作为高等院校矿物加工工程专业的专业课教材，也可作为从事矿物加工工作的工程技术人员参考书。

图书在版编目(CIP)数据

重力选矿 / 孟凡娜主编. — 徐州 ：中国矿业大学出版社，2024.7

ISBN 978 - 7 - 5646 - 6115 - 1

Ⅰ. ①重…　Ⅱ. ①孟…　Ⅲ. ①重力选矿　Ⅳ. ①TD922

中国国家版本馆 CIP 数据核字(2023)第 250714 号

书　　名　重力选矿
主　　编　孟凡娜
责任编辑　于世连
出版发行　中国矿业大学出版社有限责任公司
　　　　　（江苏省徐州市解放南路　邮编 221008）
营销热线　(0516)83885370　83884103
出版服务　(0516)83995789　83884920
网　　址　http://www.cumtp.com　**E-mail**:cumtpvip@cumtp.com
印　　刷　江苏淮阴新华印务有限公司
开　　本　787 mm×1092 mm　1/16　**印张** 13.75　**字数** 352 千字
版次印次　2024 年 7 月第 1 版　2024 年 7 月第 1 次印刷
定　　价　36.00 元
（图书出现印装质量问题，本社负责调换）

《重 力 选 矿》
编写人员名单

主　编　孟凡娜

副主编　李广玉　王会平

　　　　　张　贺

参　编　赵文学　柳海军

前　言

根据国家高等教育结构调整，引导部分本科高校向应用型高校转变的指导理念以及煤炭院校特色应用型本科教学的需要，结合生产实际和技术应用需要编写本书。在编写过程中，力求做到固基础、明特色、强应用。

本书详细介绍重力选矿基本理论、矿物性质、分选工艺与重选设备等；在突出介绍重力选煤的基础下，兼顾介绍其他非煤矿物的重力分选。本书内容丰富，重点突出，兼具理论性和实用性，注重理论知识的应用、实践技术的训练以及分析解决问题的提高，适合用于培养应用型人才。

本书由黑龙江科技大学与黑龙江龙煤集团组织编写。本书由孟凡娜担任主编，由李广玉、王会平、张贺担任副主编。本书具体编写分工如下：第1章由孟凡娜和李广玉编写，第2章、第3章由孟凡娜编写，第4章由李广玉、赵文学和柳海军编写，第5章由王会平编写，第6章由张贺编写，第7章、第8章由孟凡娜编写。全书由孟凡娜负责统稿。

本书是在前人基础上编写而成的，在此对所参考和引用文献的作者表示衷心感谢！由于编者水平有限，书中错误或不足之处在所难免，请读者批评指正。

编　者

2024年3月

目　录

第1章 绪 论

本章概要 介绍重力选矿概念、特点、可选性、发展方向。

重力选矿，简称重选，是根据矿粒间密度差异引起的在运动介质中所受重力、流体动力和其他机械力不同的原理，实现按密度分选矿粒群的工艺过程。在煤炭重力分选中，使有用的成分相对富集而成为精煤，即回收的低密度产物；不需要的成分或无用的成分相对富集而成为矸石，即回收的高密度产物。中间产物由于矿物的性质差异较小或者不同矿物相互嵌布没有解离而无法分开成为中煤。在金属矿重力分选过程中，回收的目标金属矿物的密度比脉石的高，经过选别得到的重产物为精矿，轻产物为尾矿。

在重选过程中，矿物在运动的介质中借助重力、浮力、流体动力和阻力的共同作用，性质不同的矿粒在重选设备中具有不同的运动状况——运动的方向、速度、加速度和运动轨迹等，矿粒在运动过程中，逐步完成矿物按密度差异达到彼此分离的目的。矿粒之间的密度差是重力选矿的主要依据，密度差越大，分选越容易，分选的设备和工艺相对简单，加工成本也相对较低。相反，密度差越小，分选越困难。矿物的固有属性中，除了密度外，还有矿物的粒度和形状，它们也在一定程度上影响分选效果。因此，在分选过程中，应设法创造条件，减少矿物的粒度和形状对分选结果的影响，以使矿粒间的密度差别在分选过程中能起主导作用。

由于重选是在多种力的作用下进行的，要利用“力”就必须有施加、传递或表现“力”的媒介，因此，重选过程必须在流体介质中进行。选矿使用的介质为水、重液（密度大于水的液体或高密度盐类的水溶液）、悬浮液（固体微粒与水的混合物），称为湿式分选，以空气或空气重介质（固体微粒与空气的混合物）为介质时称为风力分选。介质既是传递能量的媒介，同时还负有使粒群松散和运输产物的作用。

根据介质运动形式和作业目的的不同，重选可分为：水力分级、重介质选矿、跳汰选矿、摇床选矿、溜槽选矿、洗矿。其中洗矿和水力分级是按密度分离的作业，其他则均属于按密度分选的作业。

（1）重力选矿特点及应用

重力选矿基本特点包括：矿粒存在密度差异；在运动介质中进行分选；在重力、流体动力及其他机械力的综合作用下，矿粒群松散并按密度分层；在运动介质的作用下分离物料。重力选矿具有设备结构简单、生产能力大、作业成本低、不耗费贵重材料、不造成环境污染或环境污染较小等明显优点。

重力选矿是目前极重要的选矿方法之一。重力选矿是我国煤炭分选中最主要的方法。重力选矿广泛用于处理矿物密度差较大的物料；是选别金、钨、锡矿石的传统方法；普遍用于处理稀有金属（钍、锆、铌、钽、钛等）矿物的矿石；用于选别铁、锰矿石，也用于处理某些非金属矿石，如石棉、金刚石、高岭土等。对于那些主要以浮选法处理的有色金属（铜、铅、锌等）矿石，也可用重力选矿进行预先选别，除去粗粒脉石或围岩以使有色金属达到初步富集。重力选矿还广泛用于脱水、分级、浓缩、集尘等作业。

（2）重力选矿可选性

重力选矿可选性是指矿石（包括煤炭）利用重力选矿法分选时的难易程度。矿石重选可选性评定与煤炭重选可选性评定不相同。

重力选矿过程都是在某种介质中进行的。矿石重选可选性主要由待分离矿物与分选介质的密度差决定。矿石的可选性评定系数为：

$$E=\frac{\delta_2-\rho}{\delta_1-\rho} \tag{1-1}$$

式中 E——矿石的可选性评定系数；

δ_1——轻产物的密度，kg/m³；

δ_2——重产物的密度，kg/m³；

ρ——分选介质的密度，kg/m³。

由式(1-1)可知，分选介质的密度影响矿石重选可选性。ρ 越大，E 越大，说明提高 ρ，不同密度的矿物在重选过程中的运动状态差异更加显著，矿物分选效果就更好。E 值大者，矿物分选容易，即使矿粒间的粒度差别较大，也能较好地按密度加以分选；反之，矿物分选比较困难，而且在入选前往往需要将矿粒分级，以减少因矿物粒度差别而影响按矿物密度进行分选。矿石可选性分成五个等级，如表 1-1 所示。

表 1-1 矿石可选性

E	>2.50	2.50～1.75	1.75～1.50	1.50～1.25	<1.25
重选难易程度	极容易	容易	中等	难选	极难选

采用重介质选矿时，若取 $\delta_1\approx\rho$，则 E 值将趋向于无穷大，表明重介质选矿法可用于选别密度差极小的矿物。当然，分选的难易程度与颗粒粒度也有关系，通常是物料的粒度愈细愈难选。一般来说，−0.074 mm 粒级的物料用常规的重选法进行处理比较困难。在重选的生产实践中，常把这部分物料称为矿泥。

煤炭可选性与煤的密度组成和精煤灰分要求有关。我国根据邻近密度物含量的多少将煤炭可选性分为易选（≤10.0）、中等可选（10.1～20.0）、较难选（20.1～30.0）、难选（30.1～40.0）和极难选（>40.0）五个等级。

对于煤（δ_1=1 350 kg/m³）与煤矸石（δ_2=1 850 kg/m³）、自然金（δ_2=16 000～19 000 kg/m³）与石英（δ_1=2 650 kg/m³）、黑钨矿（δ_1=7 300 kg/m³）与石英（δ_1=2 650 kg/m³）、锡石（δ_2=6 800～7 100 kg/m³）与石英（δ_1=2 650 kg/m³）在水（ρ=1 000 kg/m³）中进行分离的情况，其 E 值分别为 2.4、9.1～10.9、3.8、3.5～3.7，所以这些分选过程都非常容易进行，从而使重选成为处理煤炭、金、钨、锡等矿石的最有效方法。一般而言，只要有用矿物颗粒较粗，则大部分金属矿物均不难用重选法同脉石分离，但共生重矿物相互间的分离则比较困难。

（3）重力选矿发展方向

随着全球经济的快速发展,矿产资源储量在不断减少。我国矿产资源虽然丰富,但是这些矿产资源具有如下特点:贫矿多、富矿少;共生、伴生矿床多,单一矿床少;中小型矿床多,大型、特大型矿床少;难采、难选、难冶矿多。针对我国矿产资源特点,重力选矿具有很大发展前景。重力选矿发展方向主要体现在以下几个方面。

① 重力选矿基础理论研究会更加深入。

基础理论研究是任何工艺发展的基础。缺乏基础理论研究,工艺技术只能是原地踏步不前。学者对重力选矿的理论研究愈发重视。但总体而言,重力选矿理论研究滞后于重力选矿设备的发展。特别是极微细粒级重力选矿理论的研究,已成为重力选矿理论的重要研究方向。

② 重力选矿联合工艺会得到大力推广。

重力选矿具有环保、成本低廉的特点。新型高效重选设备的开发和利用,不仅能够有效地处理一般粗粒、中粒以及含泥少的细粒矿石,也能处理一些微细粒级矿石。将重选纳入浮选、磁选、化学选矿工艺以形成联合工艺,利用重选法进行矿石预选、扫选及在磨矿回路中回收单体重矿物,为重力选矿工艺提供广阔的发展空间。

③ 离心选矿设备和重选设备会更加新型、高效。

重选设备是各重选厂的硬件。硬件的好坏决定效益的高低。连续分选离心机的出现,既解决了重选中微细粒的回收问题,也打破了间歇式离心机生产力低下的僵局。从当前重选设备研究现状可以看出,离心机的研发及推广是重选设备的一个重要方向。其中,处理能力及回收粒度则是离心机发展的一个关键方向。大力开发及推广应用新型高效的离心选矿设备意义十分重大。结合电力、磁力、浮游力以及其他复合力场,开发新型高效的复合型新型重选设备,是新型高效重力选矿设备的发展方向。

④ 重力选矿应用范围会得到拓展。

重力选矿不仅能应用在选矿领域,也能应用在其他领域。例如,在食品领域,利用风力摇床将粮食和混入其中的砂子、金属屑、木片等分离开来。在石油工业上,风力摇床用于石油工业炼油厂热催化裂化装置以维持催化剂的平衡和活性水平衡。在废物回收方面,采用湿式重选技术从混凝土废渣中回收符合混凝土用的碎石质量的粗骨料;利用跳汰机从废办公自动化设备碎屑中分离和回收有价塑料;等等。

思考题

1-1　简述物料重选的基本根据。

1-2　写出矿石的可选性评定系数计算公式。

1-3　简述重力选矿的发展方向。

第2章　重力选矿理论基础

本章概要　主要阐述重力选矿基本理论。分析颗粒和介质的特性；颗粒在介质中的受力及其在沉降分选、离心力分选、斜面流分选中的运动规律。

重力选矿以组成矿石的各种矿物间的密度差异为主要依据，以介质(空气、水、重悬浮液、重液)为必要条件，以选矿机械为基本手段，既为矿物分选提供空间，又加快分选过程。置于重选设备内的散体物料，在重选设备的介质运动中，受到流体浮力、动力或其他机械力的推动而松散，松散的矿粒群由于沉降时运动状态的差异，不同密度(或粒度)颗粒发生分层转移。就重力选矿来说，其目的是按密度分层，通过运动介质的作用使物料分离。松散是分层的条件，分层是松散的目的，而分离是重选的结果。

重力选矿过程可以概括为：松散→分层→分离。重力选矿理论就是研究颗粒的沉降规律、颗粒松散与分层关系的。在重力选矿过程中，入选物料总是在运动状态中按照各自的不同特性而分层并最终彼此分离。

2.1　颗粒在介质中受力分析

颗粒在介质中运动，是重力选矿过程的基本形态，这种形态的产生，是颗粒在介质中受力作用的结果。颗粒在介质中运动受力的性质和大小，与颗粒沉降密切相关。研究颗粒受力是探讨颗粒运动差异的基本问题。

2.1.1　矿粒性质

矿粒与重力分选过程有关的性质，是指反映矿粒质量性质的密度，反映矿粒几何性质的粒度(体积)和形状。它们均影响矿粒在介质中的运动状况。

2.1.1.1　*矿粒的密度及其测定方法*

矿粒的密度是指单位体积矿粒的质量。在重选中，矿粒的密度以符号“δ”表示，单位为kg/m^3或g/cm^3。

重度是指单位体积矿粒的重量。重度以符号“γ”表示，其单位为N/m^3。因此，密度与重度在物理意义上及数值上都是不相同的。

$$\gamma = \delta g \qquad (2\text{-}1)$$

式中　g——重力加速度。

为了表示物质密度的相对大小，习惯上取待测物质的重量与同体积纯水的重量做对比，得出的比值称为相对密度。相对密度是一个无因次的物理量。当密度单位用t/m^3时，相对密度数值与物质密度值相等。在重选理论及实践中，常以相对密度作为矿粒的特性质量。

堆积的矿粒（块）群与同体积水的质量比称为该矿粒群（物料）的堆相对密度或假相对密度。与相对密度一样，它是无量纲的量。需注意的是，矿粒群在自然状态下堆积，计算矿粒群堆积体积时包括矿粒间的空隙。

在实际工作中，重力选矿所处理的物料，绝大多数都不是单一的纯矿物，而是几种矿物的连生体。连生体的密度不是定值，需要实际测定。

（1）大块矿粒相对密度的测定

首先将大块矿粒在空气中称量，然后浸入水中称量，最后根据阿基米德原理，按下式计算大块矿粒的相对密度。

$$\delta/\rho = \frac{G}{G - G_0} \tag{2-2}$$

式中　δ——大块矿粒的密度；

ρ——水的密度；

G——大块矿粒在空气中的重力；

G_0——大块矿粒在水中的重力。

称量可在普通天平上进行，也可用专测相对密度的天平。但应注意，试料称量前必须预先干燥。

（2）粉状矿粒相对密度的测定

测定粉状物料相对密度的方法有很多，包括量筒法、比重瓶法、显微比重法以及利用磁流体技术的微密度仪等。采用哪种方法要根据试验精确度的要求及试样质量来决定。选矿试验常用比重瓶法。

（3）浮沉试验测定法

将矿粒依次放入密度不同的重液中，记下能使矿粒浮起的重液的最低密度 ρ_1 和能使矿粒沉下的重液的最高密度 ρ_2。矿粒的密度可按下式计算：

$$\delta = \frac{\rho_1 + \rho_2}{2} \tag{2-3}$$

注意，用上述各种方法所测定的矿粒密度，测定值与真实值误差应小于1%。

2.1.1.2　矿粒粒度的表示及测量

矿粒粒度是矿粒的几何性质，是指矿粒外形尺寸的大小。但是，由于矿粒多为不规则形状，因此粒度大小的表示和测量方法有多种。

（1）直接测量法

矿粒一般都具有不规则的形状，通常只能用几个尺寸表示它的大小。在实践中最好用一个尺寸来表示矿粒的大小，这个尺寸一般称为矿粒的粒径。球形物料的粒径，当然就是球的直径。立方体物料的粒径，一般用立方体的边长表示。形状不规则的矿粒则往往采用其主要尺寸来表示。这些主要尺寸可以从矿粒上直接测量出来。例如，可以测量出矿粒的长度、宽度和厚度三个尺寸，然后以其算术平均值作为矿粒的粒径。

在选矿工艺中多用一个尺寸来表述矿粒的大小，这个尺寸一般称为“直径”，用符号 d 表示。这种方法仅适用于研究大块矿粒的粒度。

（2）显微镜测量法

在显微镜下直接测量矿粒的长度和宽度，用其算术平均值或几何平均值表示矿粒的粒度。该方法适用于测量 0.1～40 μm 的矿粒。

（3）筛分分析法

测定矿粒能通过的最小筛孔尺寸与不能通过的最大筛孔尺寸，然后取其平均值，用以表示矿粒的粒度。这种方法适用于粒度为 0.04～100 mm 的矿粒。

$$d_{si}=\frac{d_i+d_{i-1}}{2} \tag{2-4}$$

式中　d_i，d_{i-1}——两相邻筛孔孔径。

这是最常用的方法。测量的结果不但受到筛孔精度的限制，而且取决于负荷的大小及筛分时间的长短。特别对于细粒物料的筛分，筛面清洁程度、筛网编织的好坏等，均影响筛分分析的质量。

（4）水力分析法

它是借测定矿粒的沉降速度间接测量颗粒粒度的方法。常用来代替筛分分析法测定微细矿物的粒度组成及颗粒粒度。

矿粒在水中的沉降速度，不仅取决于它的粒度，还与其密度和形状有关，故用该法所求得的粒度与前述按矿粒外形尺寸测得的粒度，有完全不同的物理概念。前者可统称为几何粒度，后者称为重力粒度或水力粒度。

（5）当量直径表示法

取与矿粒某方面性质相同的球体直径代表矿粒直径，称为当量直径。例如，矿粒以体积表示其与球体有相同作用时（如重力、浮力），即以同体积球体直径代表矿粒的粒度，称为体积当量直径，写成 d_V。由定义可知：

$$V=\frac{\pi d_V^3}{6} \tag{2-5}$$

得

$$d_V=\sqrt[3]{\frac{6V}{\pi}}=\sqrt[3]{\frac{6G}{\pi\delta g}} \tag{2-6}$$

式中　V——矿粒的体积；

G——矿粒的重力；

δ——矿粒的密度；

g——重力加速度。

当测定多个粒度和形状相近的矿粒时，矿粒群的平均体积当量直径为：

$$d_V=\sqrt[3]{\frac{6\sum G}{n\pi\delta g}} \tag{2-7}$$

式中　$\sum G$——矿粒群的总重力；

n——矿粒群的个数。

在介质中沉降的颗粒以其表面与介质相作用，于是可取与矿粒有相同表面积的球体直径代表矿粒的粒度，称为面积当量直径 d_A。d_A相当于流体力学中颗粒的水力学半径 R，可用于在流体力学参数（如雷诺数 Re）计算中代表颗粒的特性长度。

颗粒的面积当量直径是很难测定的，但是在能够测得颗粒的体积当量直径时可通过换算求得。

2.1.1.3　*矿粒的形状*

矿粒的形状是影响重力选矿过程的重要因素。在重选过程中，矿粒形状是多种多样的。在各种形状的物体中，以球体的外形最规整，各个方向完全对称，表面积最小。因此，通常取球形作为衡量矿粒形状的标准。

矿粒的形状，在数量上可用同体积球体的表面积与矿粒表面积的比值来表示，这个比值称为矿粒的球形系数，其符号为 χ 。

$$\chi = \frac{A_q}{A_k} \tag{2-8}$$

式中　A_q——与矿粒同体积的球体的表面积；

A_k——矿粒的表面积。

矿粒形状愈不规则，其表面积愈大，球形系数就愈小。各种形状物体的球形系数近似值见表 2-1。

表 2-1　各种形状物体的球形系数近似值

形状	球形	浑圆形	多角形	长方形	扁平形
球形系数	1.0	0.8～1.0	0.65～0.8	0.5～0.65	<0.5

典型矿物的大致形状如下：金刚石多为浑圆形；闪锌矿、石榴石、黄铁矿、方铅矿、铬铁矿多为浑圆形和多角形；煤炭、石英、锡石等多为多角形和长方形；金矿多为长方形或扁平形；白钨矿、钨锰铁矿多为长方形。

2.1.2　介质的性质

任何物体在真空中下落的加速度都是一样的，这是由于该物体除受重力的作用外，不再受周围其他物质的影响。但是，当物体在空气、水等介质中沉降时，其沉降的加速度就会因情况不同而发生变化。影响物体沉降运动的介质性质主要有密度和黏度。

重力选矿所用的介质有均质介质与非均质介质。水、空气和重液是均质介质，因为它们不存在物理的相接口。悬浮液和空气重介存在固液和固气的相接口，则为非均质介质。均质介质与非均质介质，在物理性质上有许多差别，在此分析与重力分选过程有关的均质介质的性质。

2.1.2.1　*均质介质的密度*

均质介质的密度为单位体积内介质的质量，用符号“ρ”表示，它的单位是 kg/m^3 或 g/cm^3。均质介质的密度可用称量已知体积介质质量的方法求得，或者用误差小于 1% 密度计粗略测定。

水的密度随温度和压力的变化很微小。在选矿实践中，可把纯水的密度看作一个常数，取为 1 000 kg/m^3 或 1 g/cm^3。空气的密度随温度和压力的变化较大，在标准状态(0 ℃，0.1 MPa)下，空气密度为 1.29 kg/m^3；在温度为 20 ℃，压力为 0.1 MPa 时，空气密度下降为 1.18 kg/m^3。但在通常条件(温度 0～20 ℃、压力 101 325 Pa)下，空气密度可取值1.25 kg/m^3。

2.1.2.2 均质介质的黏度

对于试验流体，黏度是其基本性质之一。

(1) 黏度

流体介质运动时，在流体内部相邻两个流体层的接触面上产生了内摩擦力，阻止流体层间的相对运动，流体具有的这一性质，称为流体的黏度。

内摩擦力也可称为黏性阻力。显然，液体的黏性是分子间的内聚力所引起的。气体的黏性则主要是动能不同的分子在流速不同的层间相互交换所致。

(2) 牛顿内摩擦定律

两个流动介质层间的摩擦力不但与介质的性质有关，而且与介质层间的相对运动速度及两层间的接触面积成正比，但与介质层间的法向压力的大小无关。由于整个运动流体中两相邻介质层间的流速变化是连续的，所以可用沿运动法线方向的速度梯度来度量相邻流体层间的相对运动速度。牛顿内摩擦定律数学表达式为：

$$F = \mu A \frac{dv}{dy} \tag{2-9}$$

或

$$\tau = \mu \frac{dv}{dy} \tag{2-10}$$

式中 $\frac{dv}{dy}$—— 法向流速梯度，s^{-1}；

A—— 摩擦表面积，m^2 或 cm^2；

F—— 内摩擦力，N；

τ—— 单位表面的摩擦力，又称为切应力；

μ ——牛顿流体的动力黏度或绝对黏度。

动力黏度与介质的性质以及温度、压强有关。流体的动力黏度随温度的增高而明显减小，随压强的增加而稍有增大。但气体的动力黏度随温度增高而增大。动力黏度的单位是帕斯卡·秒(Pa·s)。

液体的黏度还可以用动力黏度 μ 与液体密度 ρ 的比值表示，称为运动黏度 υ。υ 的单位是 m^2/s，cm^2/s。

$$\upsilon = \frac{\mu}{\rho} \tag{2-11}$$

2.1.3 物体在介质流中垂直运动时所受的力

物体在介质中运动时，作用于物体上的力有重力和阻力。

2.1.3.1 物体在介质中所受的重力

物体在介质中所受的重力，小于它在真空中所受的重力。根据阿基米德原理，矿粒在介质中的重力 G_0，等于该矿粒在真空中的绝对重力与排开同体积介质所具有的重力之差。

$$G_0 = V(\delta - \rho)g \tag{2-12}$$

或

$$G_0 = V\delta \frac{\delta - \rho}{\delta} g \tag{2-13}$$

因

$$m = V\delta \tag{2-14}$$

故

$$G_0 = m\frac{\delta - \rho}{\delta}g \tag{2-15}$$

式中　V——物体的体积，m^3 或 cm^3；

δ,ρ——物体及介质的密度，kg/m^3；

g ——重力加速度，m/s^2 或 cm/s^2；

m——物体的质量，kg 或 g。

G_0是物体在介质中所受的重力，从式(2-15)中可以看出，它等于物体的质量 m 与加速度$(\delta-\rho)g/\delta$ 的乘积。后者为物体在介质中的重力加速度，以符号“g_0”表示，其公式为：

$$g_0 = \left(\frac{\delta - \rho}{\delta}\right)g \tag{2-16}$$

将 g_0代入式(2-15)，则得 $G_0 = mg_0$。

物体在介质中的重力加速度 g_0与重力加速度不同，g_0的大小与方向随物体的密度及介质的密度而变，与物体的粒度无关。

2.1.3.2　物体在介质中运动时所受的阻力

(1) 定义

物体在介质中运动，当它与周围其他物体(流体介质、固体颗粒、容器壁等)出现相对运动的时候，周围物体给予物体的作用力，称为物体在介质中运动时所受的阻力。

物体与周围物体之间的相对运动，是产生阻力的基本条件。

(2) 种类

在重力选矿过程中，物体运动时所受阻力的来源：一是分选介质作用在物体上的阻力，称为介质阻力；二是物体与其他周围物体以及器壁间的摩擦、碰撞而产生的阻力，称为机械阻力。

(3) 介质阻力的产生与形式

无论是流体流过物体，还是物体在静止流体中运动，只要流体与物体之间存在着相对运动，则流体便对物体有作用力，此力在物体运动的相反方向的分力，就是介质阻力。

如图 2-1 所示，介质作用于物体表面的力由切向力和法向压力组成。介质对物体的总作用力是这两部分的合力。合力是空间力系，它的方向与物体的形状及运动状态有关。通常它的方向与物体相对介质的运动方向斜交。因此，介质对运动物体的阻力，只是该合力在运动方向上的一个分力。

切向力是介质经物体表面绕流时，介质的黏性使得介质自物体表面向外产生一定的速度梯度，从而导致在各流层之间产生了内摩擦力。故由切向力所引起的阻力，称为切向力阻力、摩擦阻力或黏性阻力。

法向压力与介质在物体周围的分布及流动状况有关。当介质绕过物体流动时，由于附面层分离，在物体背后形成旋涡，该处液体内部压力下降。此时，由于物体前后所承受的法向压力不同，物体前面的压力高于后面的压力，因而对物体运动产生阻力。在不发生附面层分离的情况下，基于物体周围介质流速的变化，物体表面各点所承受的法向压力不同，同样也将产生对物体运动的阻力。物体周围介质的分布及流动状况在很大程度上取决于物体的

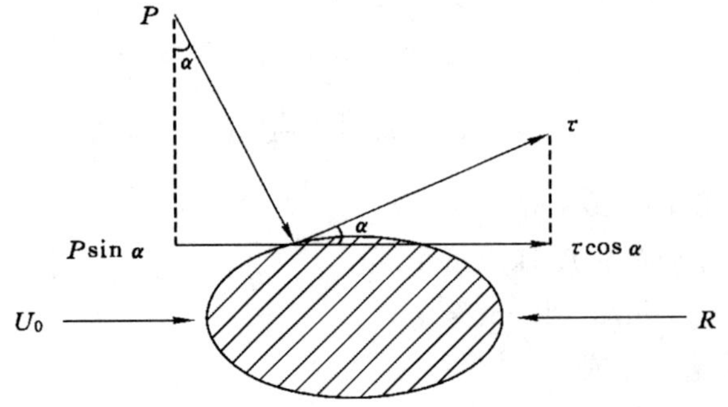

图 2-1　介质对物体的作用力

形状。故法向压力所引起的阻力称为压差阻力或形状阻力。

物体在介质中运动时，摩擦阻力和压差阻力同时产生。但在不同情况下，每一种阻力所占的比例是极不相同的。在某种情况下摩擦阻力可能居主导地位，而在另一种情况下压差阻力起主要作用。例如，薄板在介质中运动时若取向不同，则所受介质阻力完全有别。当薄板运动方向平行于介质流动方向时，它几乎只受摩擦阻力作用，而压差阻力极小(见图 2-2)；若薄板运动方向垂直于介质流动方向(图 2-3)，则薄板主要受压差阻力作用，而切向力所产生的阻力近似等于零，即摩擦阻力几乎等于零。

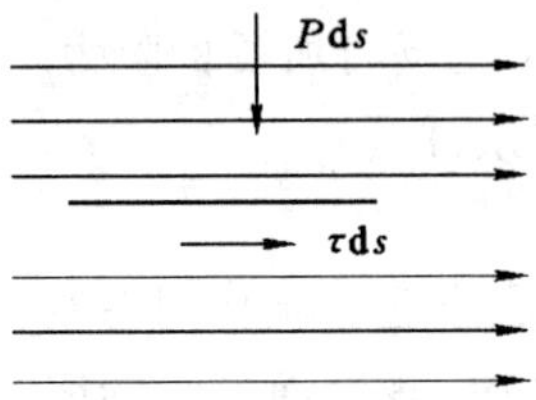

图 2-2　薄板运动方向平行于介质流动方向

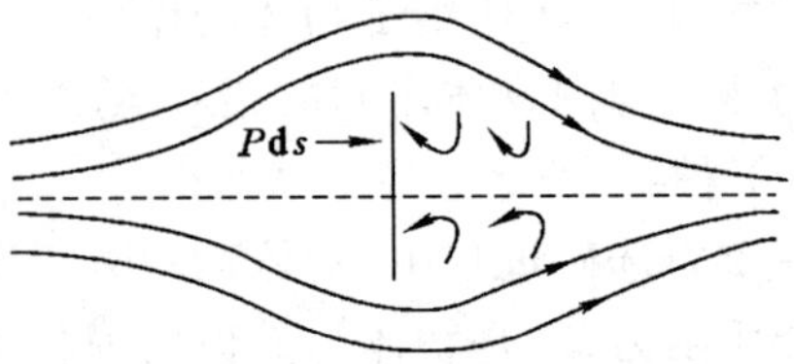

图 2-3　薄板运动方向垂直于介质流动方向

介质阻力的形式与流体的绕流流态有关。于是可用水力学中表征流体流态的雷诺数 Re 予以判断。流体绕流颗粒时的雷诺数 Re 为：

$$Re=\frac{dv\rho}{\mu} \tag{2-17}$$

式中　d——颗粒的粒径，m；

v——颗粒在介质中的相对运动速度，m/s；

μ——流体的动力黏度或绝对黏度，Pa・s。

众所周知，雷诺数 Re 是一个无量纲数，反映流体绕流物体时压差作用力与黏性作用力的比值。当雷诺数 Re 较大时，颗粒受到以压差阻力为主的作用力[见图 2-4(b)]；当雷诺数 Re 较小时，以黏性阻力为主[见图 2-4(a)]。在相同的雷诺数下，流体介质的流态也是相同的。

(4) 介质阻力的计算

① 介质阻力通式。

根据试验结果及水力学的分析可知，矿粒所受介质阻力 R，与它的运动速度 v、它的几何特征尺寸 d、流体的密度 ρ 和动力黏度 μ 等物理量有关。由于实际条件非常复杂，所以无

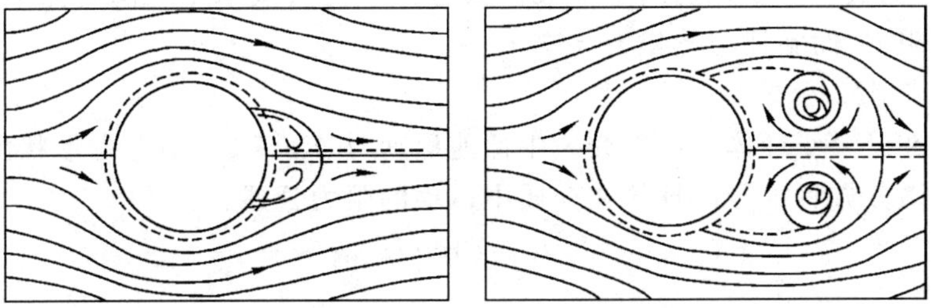

图 2-4　介质流过流体的流态

法用解析法找到一个能普遍适用的阻力公式。但是利用相似理论及因次分析的方法，可以建立阻力的普遍解法。

物体在介质中运动时，介质阻力通式为：

$$R=\psi d^2 v^2 \rho \tag{2-18}$$

式中，ψ 是一个无因次参数，也称为阻力系数，是颗粒形状和雷诺数的函数。由式(2-18)可知，介质阻力 R 与 d^2、v^2、ρ 成正比，并与雷诺数 Re 有关。当物体的形状不变时，阻力系数是雷诺数的函数。雷诺数不同，阻力系数不同。

利用相似理论研究物体在黏性介质中运动的阻力之后，可以得出这样的结论：若两物体的形状相同（几何相似），运动时的雷诺数 Re 也相同（动力相似），则阻力系数 ψ 也应相同，而与物体的性质（如粒度 d 及密度 δ）及介质的性质（如密度 ρ 及动力黏度 μ）无关。也就是说，阻力系数 ψ 只是物体的形状及雷诺数的函数。

② 特殊条件下介质阻力公式。

关于介质阻力公式，最重要的为涡流压差阻力区的牛顿-莱布尼茨阻力公式和黏性摩擦阻力区的斯托克斯阻力公式，其次是过渡区的阿连阻力公式。

a. 牛顿-莱布尼茨阻力公式。

莱布尼茨根据牛顿理论推导出球体在理想流体中运动的阻力公式，经修正得到紊流（涡流）条件下的阻力公式：

$$R_{\text{N-R}}=0.055\pi d^2 \rho v^2 \tag{2-19}$$

或

$$R_{\text{N-R}}=\left(\frac{\pi}{18}\right) d^2 v^2 \rho \tag{2-20}$$

式中　$R_{\text{N-R}}$——介质对矿粒的压差阻力，N；

μ——介质的动力黏度，Pa・s；

Re——雷诺数；

v——矿粒与介质的相对速度，m/s；

其余符号意义同上。

当矿粒尺寸或矿物的相对速度较大，其形状又不易使介质绕流时，其较早发生附面层分离，在颗粒尾部全部形成旋涡区（$500<Re<2\times10^5$），此时压差阻力占优势，压差阻力可用

牛顿-莱布尼茨阻力公式来计算,摩擦阻力可以忽略不计。

牛顿-莱布尼茨阻力公式适用于一般块状物料在空气或水中沉降时阻力的计算。在计算中只计压差阻力,而不计摩擦阻力。

b. 斯托克斯阻力公式。

斯托克斯在研究小球体在黏性介质中低速运动时($Re\leqslant 1$),不考虑形状阻力的影响,根据流体力学的微分方程式导出球体在介质中运动的阻力公式:

$$R_S = 3\pi\mu d v \tag{2-21}$$

或

$$R_S = \frac{3\pi}{Re} d^2 \rho v^2 \tag{2-22}$$

一般粉状物料(煤粉、黏土粉、水泥等)和雾滴在空气中沉降,或在气力输送计算中,只考虑黏性阻力,不计压差阻力,故按斯托克斯阻力公式处理。对于微细固体颗粒在水中沉降(煤水、矿浆等),也可用斯托克斯阻力公式。

c. 阿连阻力公式。

当矿粒尺寸较粉尘的大,速度也稍大,且颗粒沉降时后部开始出现附面层分离时,其摩擦阻力和压差阻力是相同的数量级,物体运动雷诺数在牛顿-莱布尼茨阻力公式与斯托克斯阻力公式范围之间,亦即当 Re 为 1～500 时,上述两公式都不适用。这是因为在这个范围内,两种阻力——压差阻力和摩擦阻力同时影响物体的运动。为此,阿连提出了另一个阻力公式:

$$R_A = 1.25\pi\sqrt{\mu\rho d^3}\, v^{1.5} \tag{2-23}$$

或

$$R_A = \frac{5\pi}{4\sqrt{Re}} d^2 \rho v^2 \tag{2-24}$$

一般细粒物料,如细粒煤炭、石英砂和石灰石砂等,在空气或水中沉降,必须同时考虑摩擦阻力和压差阻力,即按阿连阻力公式处理。

2.1.4 李莱曲线

由于 ψ 与 Re 的函数关系至今尚没有办法用理论求解出来,因此只有依靠试验的方法。但根据相似理论研究物体在黏性介质中的运动,得到这样的结论:对于一定形状的物体,Re 与 ψ 之间存在着单值关系。这样就可大大简化对这种复杂物体现象的试验研究工作。在这个基础上,李莱(Rayleigh)总结了大量的试验资料,并在对数坐标系上作出了各种不同形状颗粒在流体介质中运动时,雷诺数 Re 与阻力系数 ψ 间的关系曲线(又称李莱曲线)。图 2-5 是球形颗粒的 ψ 与 Re 的关系曲线。在图 2-5 中,虚线为个别公式的计算值,实线为实测值。图 2-6 为不规则形状矿粒的 ψ 与 Re 的关系曲线。

李莱曲线范围很广。由图 2-5 可以看出,当雷诺数 $Re\leqslant 1$ 时,斯托克斯阻力公式为一直线,ψ 与 Re 基本上呈直线关系,该直线的斜率为-1;牛顿-莱布尼茨阻力公式大致适用于 $10^3<Re<10^5$ 这个范围,其曲线是近似水平的,可见 ψ 与 Re 间是一个近似连续平滑的单值曲线,其斜率近似为 0。在 $1<Re<10^3$ 的区间,曲线是由层流流态向紊流流态转变的过渡区,曲线的斜率由-1 逐渐变到接近 0;阿连曾用直线近似表示该区间的曲线。

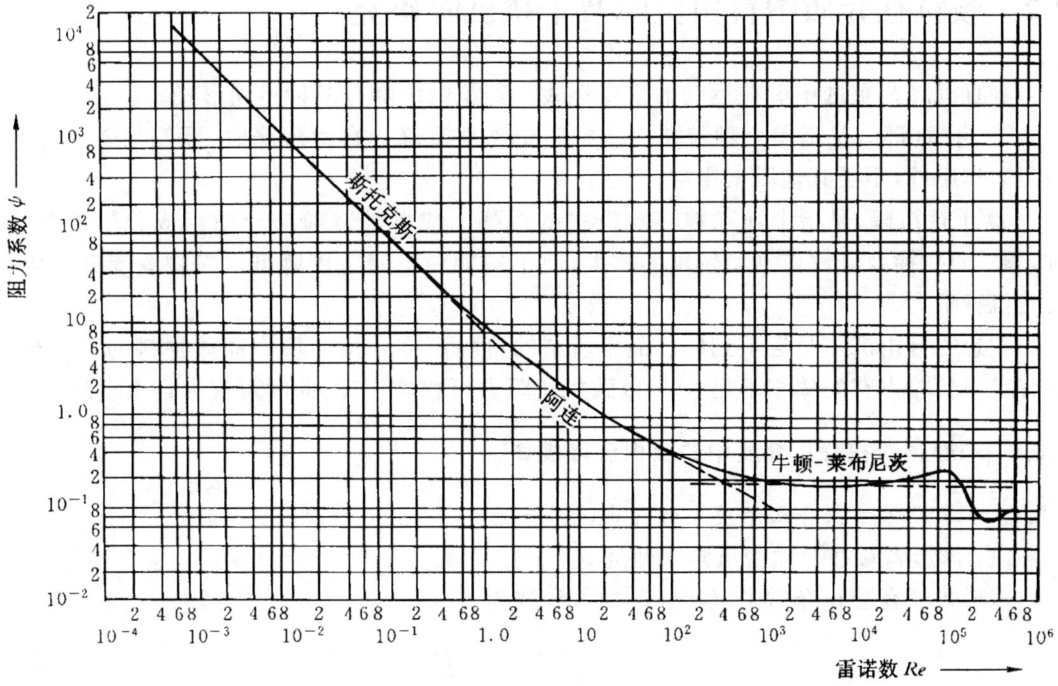

图 2-5　球形颗粒的 ψ 与 Re 的关系曲线

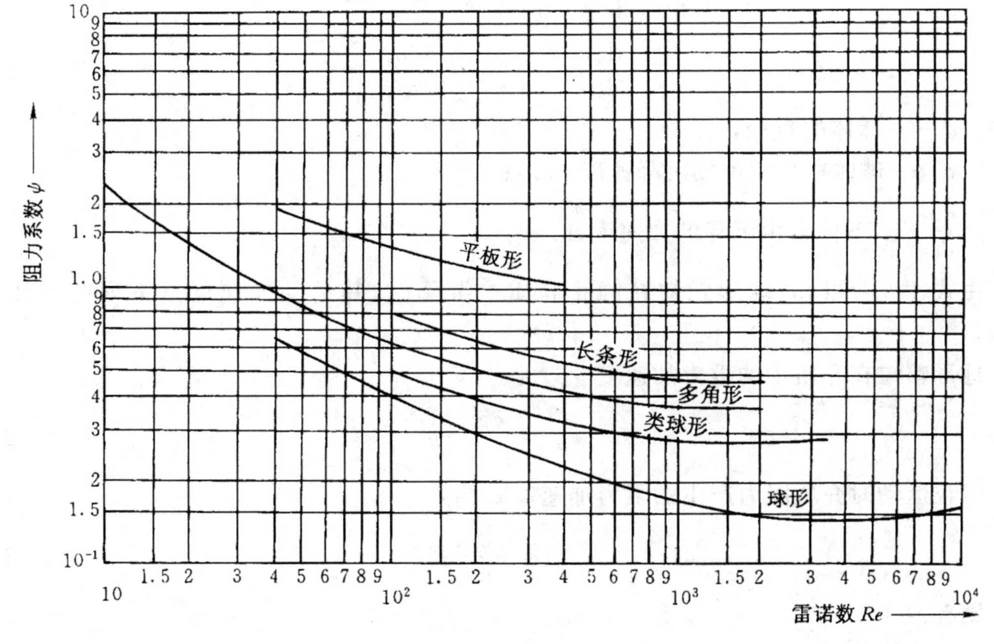

图 2-6　不规则形状矿粒的 ψ 与 Re 的关系曲线

2.2 颗粒在介质中自由沉降及干扰沉降研究

垂直沉降是重选中矿粒运动的重要形式。颗粒的沉降有两种不同形式。

① 自由沉降，是指单个颗粒在广阔空间中独立沉降。自由沉降时，颗粒除受重力和介质阻力作用外，不受其他因素影响。

② 干扰沉降，是指个别颗粒在粒群中的沉降。成群的颗粒与介质组成分层的悬浮体时，颗粒间碰撞及悬浮体平均密度的增大，使个别颗粒沉降速度降低。颗粒既受介质阻力，又受机械阻力。

理想的自由沉降是遇不到的。通常所谓的自由沉降是指介质中固体物料的含量少，在总容量中颗粒占有的体积不足3%，以致机械阻力可忽略不计，此时可视为自由沉降。

2.2.1 球形颗粒在静止介质中的自由沉降规律

2.2.1.1 球形颗粒在静止介质中的自由沉降末速

(1) 球形颗粒在介质中沉降末速通式

球形颗粒在静止介质中沉降运动的方程式为：

$$m\frac{\mathrm{d}v}{\mathrm{d}t}=G_0-R \tag{2-25}$$

即

$$\frac{\pi d^3}{6}\delta\frac{\mathrm{d}v}{\mathrm{d}t}=\frac{\pi d^3}{6}(\delta-\rho)g-\psi d^2\rho v^2 \tag{2-26}$$

$$\frac{\mathrm{d}v}{\mathrm{d}t}=\frac{\delta-\rho}{\delta}g-\frac{6\psi\rho v^2}{\pi d\delta} \tag{2-27}$$

式中 d——球体的直径，m；

v——球体在介质中的沉降速度，m/s；

$\frac{\mathrm{d}v}{\mathrm{d}t}$——球体自由沉降的加速度，$m/s^2$。

由式(2-27)可知，球形颗粒在静止介质中沉降时，其运动加速度是下列两种加速度之差。

球形颗粒在介质中的重力加速度 g_0 为：

$$g_0=\frac{\delta-\rho}{\delta}g \tag{2-28}$$

颗粒运动时介质阻力产生的阻力加速度 a 为：

$$a=\frac{6\psi\rho v^2}{\pi d\delta} \tag{2-29}$$

则有：

$$\frac{\mathrm{d}v}{\mathrm{d}t}=g_0-a \tag{2-30}$$

颗粒在介质中的重力加速度 g_0，是一种静力性质的加速度，只与颗粒及介质的密度有关。而介质阻力所产生的阻力加速度 a，则是动力性质的加速度，不仅与颗粒及介质的密度有关，还和颗粒的粒度及沉降速度有关。

颗粒在静止介质中达到沉降末速 v_0 的条件为：

$$R = G_0 \tag{2-31}$$

或

$$\frac{dv}{dt} = g_0 - a = 0 \tag{2-32}$$

即

$$\frac{\delta - \rho}{\delta} g = \frac{6\psi\rho v_0^2}{\pi d \delta} \tag{2-33}$$

故得

$$v_0 = \sqrt{\frac{\pi d(\delta - \rho) g}{6\psi\rho}} \tag{2-34}$$

式(2-34)是计算球形颗粒在静止介质中自由沉降时的沉降末速 v_0 的通式。由式(2-34)可以看出，密度大的颗粒或粒度大的颗粒，它们的沉降末速大；当颗粒的密度、粒度一定时，介质密度大者，一般其黏度高，颗粒在其中的沉降末速相对而言要变小。

由上述各公式可知，不论是已知 d 求 v_0，还是已知 v_0 求 d，都要知道阻力系数 ψ，而 ψ 又与 Re 有关。从 Re 公式可以看出，要想求出 Re，又必须预先知道 v_0 和 d，因此，求 v_0 或 d，直接使用这些公式计算是不可能的。

2.2.1.2　特殊条件下球体自由沉降末速公式

按照上述原则，采用牛顿-莱布尼茨、斯托克斯及阿连阻力公式时，可以分别求出三种与此相应的，适用于不同雷诺数范围的球体在静止介质中的自由沉降末速公式。

(1) 采用牛顿-莱布尼茨阻力公式时

当 $R = G_0$ 时，

$$\frac{\pi}{18} v_0^2 d^2 \rho = \frac{\pi d^3}{6} (\delta - \rho) g \tag{2-35}$$

$$v_0 = \sqrt{\frac{3d(\delta - \rho)}{\rho} g} \quad (\text{m/s}) \tag{2-36}$$

$$v_0 = 54.2 d^{0.5} \left(\frac{\delta - \rho}{\rho}\right)^{0.5} \left(\frac{\rho}{\mu}\right)^{0} \quad (\text{cm/s}) \tag{2-37}$$

(2) 采用阿连阻力公式时

当 $R = G_0$ 时，

$$\frac{5\pi}{4\sqrt{Re}} v_0^2 d^2 \rho = \frac{\pi d^3}{6} (\delta - \rho) g \tag{2-38}$$

$$v_0 = d \sqrt[3]{\left(\frac{2}{15} g \frac{\delta - \rho}{\rho}\right)^2} \sqrt[3]{\frac{\rho}{\mu}} \quad (\text{m/s}) \tag{2-39}$$

$$v_0 = 25.8 d^{1.0} \left(\frac{\delta - \rho}{\rho}\right)^{2/3} \left(\frac{\rho}{\delta}\right)^{0.5} \quad (\text{cm/s}) \tag{2-40}$$

(3) 采用斯托克斯阻力公式时

当 $R = G_0$ 时，

$$3\pi d v_0 = \frac{\pi d^3}{6}(\delta - \rho) g \tag{2-41}$$

$$v_0 = \frac{1}{18\mu} d^2 (\delta - \rho) g \quad (\mathrm{m/s}) \tag{2-42}$$

$$v_0 = 54.5 d^2 \left(\frac{\delta - \rho}{\rho}\right)^{1.0} \left(\frac{\rho}{\delta}\right)^{1.0} \quad (\mathrm{cm/s}) \tag{2-43}$$

上述三种计算球体自由沉降末速的公式，都可以写成一般公式：

$$v_0 = A d^X \left(\frac{\delta - \rho}{\rho}\right)^Y \left(\frac{\rho}{\mu}\right)^Z \tag{2-44}$$

上述三个阻力公式，可在特定的阻力区内使用，将它们写成统一形式，球形颗粒在介质中沉降末速公式的系数和指数选择见表 2-2，计算时采用 CGS 制。

表 2-2　球形颗粒在介质中沉降末速公式的系数和指数选择

流态区	公式名称	A	X	Y	Z	Re	$Re^2\psi$	ψ/Re
黏性摩擦阻力区	斯托克斯阻力公式（层流绕流）	54.5	2	1	1	0～0.5	0～5.25	∞～42
过渡区	过渡区的起始段	23.6	$\frac{2}{3}$	$\frac{5}{6}$	$\frac{2}{3}$	0.5～30	5.25～720	42～0.027
	阿连阻力公式	25.8	1	$\frac{2}{3}$	$\frac{1}{3}$	30～300	$720\sim2.3\times10^4$	$0.027\sim8.7\times10^{-4}$
	过渡区的末段	37.2	$\frac{3}{2}$	$\frac{5}{9}$	$\frac{1}{9}$	300～3 000	$2.3\times10^4\sim1.4\times10^6$	$8.7\times10^{-4}\sim5.2\times10^{-5}$
涡流压差阻力区	牛顿-莱布尼茨阻力公式（紊流绕流）	54.2	$\frac{1}{2}$	$\frac{1}{2}$	0	$3\,000\sim10^5$	$1.4\times10^6\sim1.7\times10^9$	$5.2\times10^{-5}\sim1.7\times10^{-6}$
高度湍流区	$Re>2\times10^5$，在工业生产中不会遇到							

以上沉降末速通式和个别公式均表明：矿粒的沉降末速与矿粒的性质（δ、d）和介质的性质（ρ、μ）有关。在一定的介质中，若矿粒的尺寸和密度越大，则沉降末速也越大。相同尺寸时，密度大者，具有较大的沉降末速。相同密度时，尺寸大者，具有较大的沉降末速。相同尺寸和密度时，介质密度大，一般黏性较大，则沉降速度相对变小。

2.2.1.3　利亚申柯参数

前面导出了球体自由沉降末速的通式及特殊式。但是，仔细分析上述各公式后不难看出，已知物体和介质性质求沉降末速 v_0，直接利用上述公式还有一定的困难。这是因为在通式 $v_0=\sqrt{\frac{\pi d(\delta-\rho)g}{6\psi\rho}}$ 中，除了包括已知参数 d、δ、ρ 及 μ 外，还包含一个未知参数 ψ，ψ 是雷诺数 Re 的函数，而 $Re=\frac{dv_0\rho}{\mu}$、$\psi=f(v_0)$，所以，只有在已知 v_0 时才可以求得 ψ，但是，这时并不知道 v_0，相反，v_0 正是要求解的对象。因此，利用球体在静止介质中自由沉降末速公式求 v_0 在实际上是不可能的。同样，利用各特殊公式求 v_0 时也会遇到类似的困难。这是因为运用这些公式，必须预先知道该物体沉降时的雷诺数的大致范围。如果经验不足，就不容易选择雷诺数。

为此，提出两个无量纲中间参数$Re^2\psi$和ψ/Re。物体沉降速度到达末速，则$v=v_0$，$R=G_0$，这时物体运动的雷诺数Re及阻力系数ψ可以写成下面的形式：

$$Re=\frac{dv_0\rho}{\mu},\quad \psi=\frac{G_0}{d^2v_0^2\rho}$$

$$v_0=\frac{Re\mu}{d\rho},\quad d=\frac{Re\mu}{v_0\rho}$$

$$Re^2\psi=(\frac{dv_0\rho}{\mu})^2\ \frac{G_0}{d^2v_0^2\rho}$$

$$=\frac{G_0\rho}{\mu^2} \tag{2-45}$$

式中，$G_0=\frac{\pi d^3}{6}(\delta-\rho)g$。

将G_0代入式(2-45)得：

$$Re^2\psi=\frac{\pi d^3(\delta-\rho)\rho g}{6\mu^2} \tag{2-46}$$

同理可求：

$$\frac{\psi}{Re}=\frac{\pi\mu(\delta-\rho)g}{6v_0^3\rho^2} \tag{2-47}$$

这两个新的参数中或不含v_0或不含d，而其他各项均为已知数或可以预先求出。利亚申柯利用这两个无量纲中间参数，在李莱曲线的基础上，求出Re与ψ之间对应值，计算出$Re^2\psi$与ψ/Re；利用对数坐标系分别绘制出$Re^2\psi$-Re与ψ/Re-Re关系曲线(见图 2-7 和图 2-8)。

利用上述曲线和利亚申柯参数$Re^2\psi$及ψ/Re，就可以顺利算出物体在介质中的沉降末速v_0，或在已知v_0的条件下求出物体的粒度d。若已知物体的粒度d、密度δ以及介质的密度ρ、动力黏度μ，求v_0的具体步骤如下：首先按式(2-46)求出物体沉降时的利亚申柯参数$Re^2\psi$，然后从图 2-7 上$Re^2\psi$-Re曲线中找出相应的Re值，代入$v_0=\frac{Re\mu}{d\rho}$直接求出v_0。另一种解法是，在求出Re之后，利用李莱曲线查得阻力系数ψ，再代入式(2-34)求v_0。两种方法结果相同，而以前者较为简单。

2.2.2 矿粒在静止介质中的自由沉降

矿粒与球形颗粒相比，主要区别是形状。因此，研究矿粒在静止介质中的沉降过程，其实质就是分析形状对颗粒运动的影响。

2.2.2.1 矿粒在静止介质中的自由沉降特点

实际矿粒与球形颗粒相比，其主要特点有三方面：一是矿粒形状大多是不规则的。例如，石英颗粒大部分是多角形及长方形的，方铅矿颗粒大部分是多角形的，煤是多角形的，矸石(页岩)多为长方形及扁平形的，煤中黄铁矿大部分是浑圆形及扁平形的。二是矿粒表面粗糙，表面积大。三是矿粒外形是不对称的。因此，在介质中沉降时，与球形颗粒相比，矿粒运动状态的差异十分明显。自由沉降时，矿粒所受介质阻力要大，而其沉降速度则小于同样

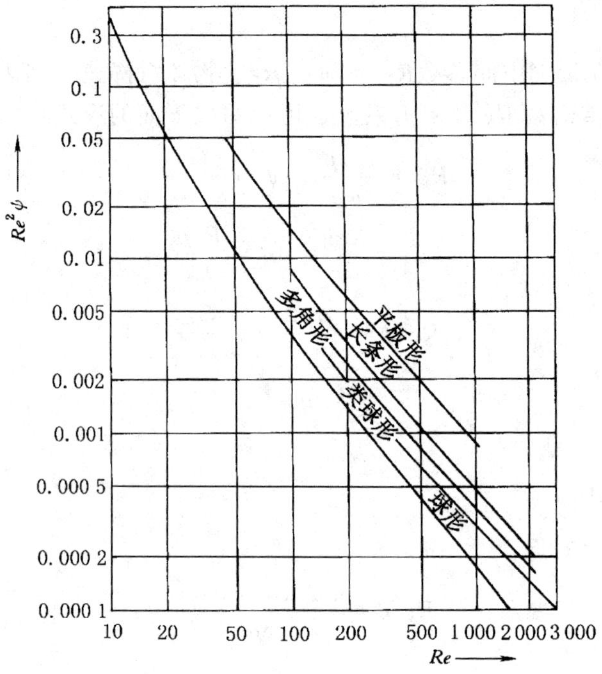

图 2-7　球形和不规则形状矿粒的$Re^2\psi$-Re 关系曲线

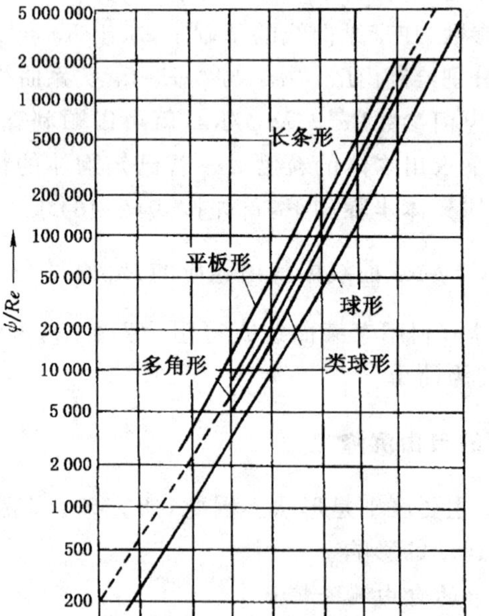

图 2-8　球形和不规则形状矿粒的 ψ/Re-Re 关系曲线

密度、相同体积的球形颗粒的沉降速度。

2.2.2.2 矿粒在静止介质中的自由沉降速度

若矿粒的密度和体积当量直径与球形颗粒相同，则由于形状所引起的沉降速度的差别，可完全归结为阻力系数的不同。因此，计算矿粒沉降的阻力及沉降速度时，公式中的球体直径 d 应用矿粒的体积当量直径 d_V 代替，而阻力系数 ψ 也应采用矿粒沉降时所得的试验值，即

$$R_k = \psi_k d_V^2 v^2 \rho \tag{2-48}$$

$$v_{0k} = \sqrt{\frac{\pi d_V(\delta - \rho)g}{6\psi_k \rho}} \tag{2-49}$$

当 $d_V = d$，球形颗粒与矿粒又是同一密度时，有：

$$\frac{v_{0k}}{v_0} = \sqrt{\frac{\psi}{\psi_k}} = \Phi \tag{2-50}$$

$$v_{0k} = \Phi v_0 \tag{2-51}$$

式中 ψ, ψ_k——球形颗粒、矿粒的阻力系数；

v_{0k}——矿粒的自由沉降末速，m/s；

R_k——矿粒自由沉降时的介质阻力，N。

Φ 是矿粒沉降速度公式中的形状修正系数，或简称形状系数。也就是说，若用球形颗粒沉降速度的公式计算形状不规则的矿粒沉降速度，必须引入一个形状修正系数。若将形状系数 Φ 与球形系数 χ 做比较，可以看出，两者是很接近的(见表 2-3)。

$$v_{0k} = \chi v_0 \tag{2-52}$$

或

$$v_{0k} = \chi A d_V^X \left(\frac{\delta - \rho}{\rho}\right)^Y \left(\frac{\rho}{\mu}\right)^Z \tag{2-53}$$

因此，在进行粗略计算时，可用球形系数 χ 取代形状系数 Φ。这说明使用形状系数来表示物体形状特征，在研究矿粒沉降运动时具有实际意义。

表 2-3 不规则形状矿粒形状系数与球形系数的比较

矿粒形状	阻力系数比值 ψ_k/ψ	形状系数 $\Phi=\sqrt{\frac{\psi}{\psi_k}}$		球形系数 χ
		范围	平均值	
类球形	1.2～1.8	0.91～0.75	0.85	1.0～0.8
多角形	1.5～2.25	0.82～0.67	0.75	0.8～0.65
长条形	2～3	0.71～0.58	0.65	0.65～0.5
扁平形	3～4.5	0.58～0.47	0.53	<0.5

2.2.3 等沉现象与等沉比

2.2.3.1 等沉现象、等沉颗粒和等沉比

通过对各种密度、黏度、形状的众多颗粒进行沉降速度的测定，发现有时密度、粒度、形

状都不相同的两种颗粒，却有相同的自由沉降速度，这种现象称为等沉现象。具有相同沉降速度的颗粒，称为等沉颗粒。两个等沉颗粒的粒度比值，称为等沉比，以符号“e_0”表示。等沉比 e_0 通常是以等沉颗粒中密度小的颗粒粒度作分子，以密度大的颗粒粒度作分母。故等沉比 e_0 是一个永远是大于 1 的数值。

2.2.3.2 等沉比通式

利用沉降末速的通式求等沉比。

对应两个不同密度 δ_1 及 δ_2 的颗粒：

$$v_{0k1}=\sqrt{\frac{\pi d_{V1}(\delta_1-\rho)g}{6\psi_{k1}\rho}} \tag{2-54}$$

$$v_{0k2}=\sqrt{\frac{\pi d_{V2}(\delta_2-\rho)g}{6\psi_{k2}\rho}} \tag{2-55}$$

当 $v_{0k1}=v_{0k2}$ 时，则

$$e_0=\frac{d_{V1}}{d_{V2}}=\frac{\psi_{k1}(\delta_2-\rho)}{\psi_{k2}(\delta_1-\rho)} \tag{2-56}$$

也可用雷诺数求 e_0，因矿粒达到沉降末速 v_0 时：

$$Re=\frac{d_V\rho v_0}{\mu}$$

两种密度不同的矿粒的沉降末速分别为：

$$v_{0k2}=\frac{Re_2\mu}{d_{V2}\rho}$$

$$v_{0k1}=\frac{Re_1\mu}{d_{V1}\rho}$$

则

$$e_0=\frac{d_{V1}}{d_{V2}}=\frac{Re_1}{Re_2}=\frac{\psi_{k1}(\delta_2-\rho)}{\psi_{k2}(\delta_1-\rho)} \tag{2-57}$$

等沉比通式中包含阻力系数 ψ，因无法直接计算，所以 e_0 常借助牛顿-莱布尼茨、斯托克斯及阿连阻力公式三个公式求得。但两个等沉比颗粒必须在同一性质阻力范围内。对形状不规则的矿粒还应把球形系数 χ 考虑在内。

① 按斯托克斯阻力公式求 e_0，对形状不规则的矿粒，当 $v_{0k1}=v_{0k2}$ 时，即

$$v_{0S}=54.5\chi d^2\left(\frac{\delta-\rho}{\rho}\right)^{1.0}\left(\frac{\rho}{\mu}\right)^{1.0}$$

$$e_{0S}=\frac{d_{V1}}{d_{V2}}=\left(\frac{\chi_2}{\chi_1}\right)^{1/2}\left(\frac{\delta_2-\rho}{\delta_1-\rho}\right)^{1/2} \tag{2-58}$$

② 按阿连阻力公式求 e_0，同理得：

$$e_{0A}=\frac{d_{V1}}{d_{V2}}=\left(\frac{\chi_2}{\chi_1}\right)\left(\frac{\delta_2-\rho}{\delta_1-\rho}\right)^{2/3} \tag{2-59}$$

③ 按牛顿-莱布尼茨阻力公式求 e_0，同理得

$$e_{0N\text{-}R}=\frac{d_{V1}}{d_{V2}}=\left(\frac{\chi_2}{\chi_1}\right)^2\left(\frac{\delta_2-\rho}{\delta_1-\rho}\right) \tag{2-60}$$

公式求解 e_0 的统一形式为：

$$e_0=\frac{d_{V1}}{d_{V2}}=(\frac{\chi_2}{\chi_1})^m(\frac{\delta_2-\rho}{\delta_1-\rho})^n \tag{2-61}$$

式中，指数 m、n 与颗粒运动时的雷诺数 Re 有关。

2.2.3.3　影响等沉比的因素

从计算 e_0 的公式可知，任何两种矿粒若是等沉颗粒，它们的等沉比 e_0 不是一成不变的。除了矿粒的密度因素之外，e_0 的大小还与其他一些因素有关。

（1）介质密度

等沉比与介质密度有关，随介质密度的增加而增大。例如，密度为 1 400 kg/m^3 的煤粒与密度为 2 200 kg/m^3 的矸石，在空气中，等沉比 e_0 为 1.58；在水中，等沉比 e_0 为 2.75。在高密度介质中，矿粒的密度差对被选物料的影响，比在低密度介质中更加明显。

（2）等沉速度

等沉比与矿粒沉降时的阻力系数有关。而阻力系数又是矿粒沉降速度和形状的函数。因此，两等沉颗粒的粒度比值不是常数，而是随其沉降速度和形状的改变而变化。例如，有两个等沉颗粒，一个是石英，$\delta=2\ 650$ kg/m^3；另一个是方铅矿，$\delta=7\ 500$ kg/m^3。当等沉速度 $v_0=12$ cm/s 时，$e_0=2.42$；当等沉速度 $v_0=60$ cm/s 时，$e_0=3.42$。两种矿粒若形状相近而密度一定，等沉速度快是因矿粒粒度大。粗粒物料的等沉比，要比细粒物料的等沉比大。

对于两种密度不同的颗粒，密度差别对它们运动状态的影响，是粗粒级物料比细粒级物料更加明显。这就是说，从等沉比的概念出发，在重力选矿过程中，粗粒度物料比细粒度物料分选效果好。

（3）颗粒形状

颗粒形状的影响，可以看成是利用公式计算 e_0 时形状系数 Φ 或球形系数 χ 对等沉比的影响。一般两个等沉颗粒，其形状差别越大，等沉比也越大。在保持一定分选质量的前提下，被选物料的粒度范围可更宽些。

2.2.4　颗粒干扰沉降规律

2.2.4.1　颗粒自由沉降与干扰沉降的区别

粒群在有限空间介质中的沉降称为干扰沉降。干扰沉降时，颗粒除受自由沉降因素影响外，还受周围粒群及器壁的影响。颗粒干扰沉降比自由沉降多受到以下一些阻力。

① 与器壁和邻近颗粒间的直接碰撞和摩擦而引起的机械阻力。

② 大量颗粒沉降时，介质绕流速度增大引起较大的介质阻力。

③ 固体粒群与介质组成悬浮液，每个颗粒受到了比在介质中要大的浮力作用。

④ 颗粒沉降时其与介质的相对速度增大，导致沉降阻力增大。

由于以上这些阻力的作用，颗粒的干扰沉降速度小于自由沉降速度。颗粒的密集程度越大，其沉降速度降低的幅度也越大。这些附加的阻力都与下沉空间的大小及介质中固体颗粒的体积含量有关。

2.2.4.2　颗粒干扰沉降主要影响因素

（1）体积浓度

介质中固体颗粒的体积含量，以固体体积浓度 λ 表示。单位体积悬浮液内固体颗粒占有的体积为：

$$\lambda = \frac{V_g}{V} \tag{2-62}$$

式中 V_g——悬浮液内固体颗粒所占体积；

V——悬浮液体积。

颗粒在干扰下沉时所受的阻力以及干扰沉降速度，不仅是物体及介质性质的函数，还是沉降空间的大小或周围粒群浓度的函数。体积浓度愈大，物体沉降所受的阻力愈大，干扰沉降速度愈小；当体积浓度相同时，物料愈细，颗粒愈多，颗粒沉降时阻力愈大。

（2）松散度

单位体积悬浮液内液体所占有的体积称为松散度 θ，其公式为：

$$\theta = 1 - \lambda \tag{2-63}$$

体积浓度 λ 或松散度 θ 均可反映悬浮液（矿浆）中固体颗粒稠密或稀疏的程度。λ 越大或 θ 越小，说明颗粒沉降时受到粒群干扰的影响越显著，干扰沉降速度就越小。

2.2.4.3 颗粒干扰沉降形式

如图 2-9 所示，常见的干扰沉降有以下几种情况。

① 颗粒在密度和粒度均一的粒群中沉降；

② 颗粒在粒度相同而密度不同的粒群中沉降；

③ 颗粒在密度和粒度均不相同的粒群中沉降；

④ 粗颗粒在微细分散悬浮液中沉降。

第三种形式是重力选矿中最常见的，第四种形式属于粗颗粒在重悬浮液中的沉降。

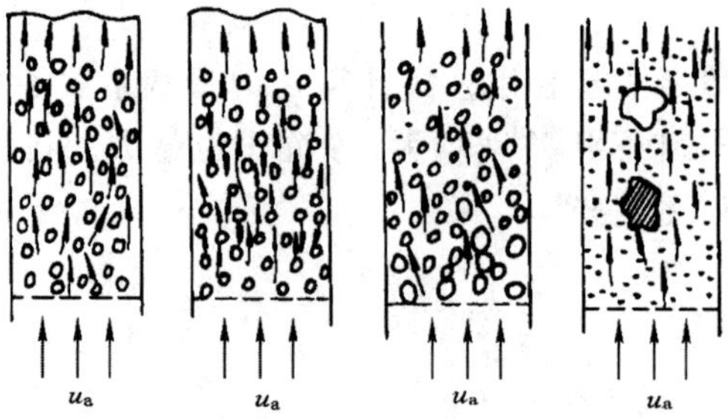

图 2-9 常见的几种干扰沉降形式

2.2.4.4 干扰沉降试验

干扰沉降是实际重力分选过程中最基本而又最普遍的现象。根据物体在介质中的有效重力和介质的动压力平衡即可维持悬浮的原理，利用均匀粒群（密度、粒度均相同的粒群）在上升水流中的悬浮研究干扰沉降的规律。

（1）干扰沉降试验设备及原理

如图 2-10 所示，直径 30～50 mm 的干扰沉降玻璃管垂直放置，在靠近干扰沉降玻璃管底部有用于支撑粒群的筛网，干扰沉降玻璃管旁侧与一个或数个沿纵高配置的侧压管相连。干扰沉降玻璃管底端与使介质流能稳定上升的涡流管连通。介质流经给水管沿切线方向给入涡流管，使水在旋转中上升，造成管内介质均匀分布。干扰沉降玻璃管上端的溢流槽，用于收集介质和粒群。当试验结束后，拔出涡流管下部橡胶塞可把介质全部放出。

当上升介质流速为某一恒速时，粒群相应的悬浮高度为定值。此时测量由上部溢流流出的水量 Q。根据沉降管的横断面积 A，便可算出上升介质流的速度 u_{up}，即有：

$$u_{up}=\frac{Q}{A} \tag{2-64}$$

(2) 干扰沉降速度试验

在干扰沉降试验中，若突然切断水源，使 $u_{up}=0$，测定悬浮体上界面的下落速度，该速度就是构成悬浮体的任一颗粒的干扰沉降速度 v_g。干扰沉降速度试验步骤如下：

① 试验时，先将均匀粒群(矿物颗粒或玻璃球)试料放在筛网上，给悬浮管充满清水。当介质流速为零时，粒群在筛网上呈自然堆积状态，粒群在介质中的重量由筛网支承。测压管中水柱高与溢流槽液面高度一致[见图 2-11(a)]。这时物料群的状态称为紧密床。

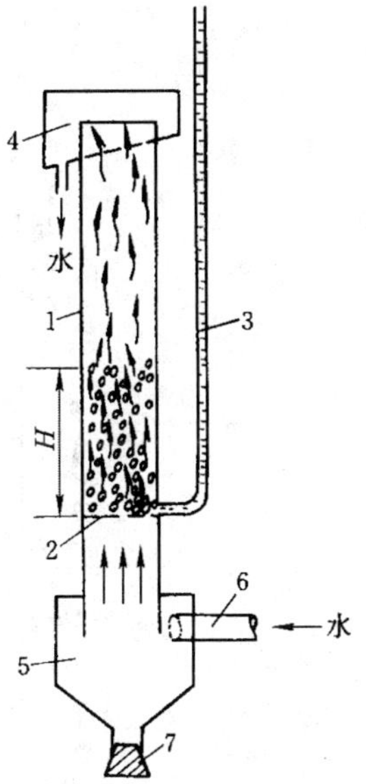

1—干扰沉降玻璃管；2—筛网；
3—测压管；4—溢流槽；
5—使水均匀分布的涡流管；
6—切向给水管；7—橡胶塞。

图 2-10　干扰沉降试验装置

② 给入上介质流并逐渐增大流速。介质在穿过颗粒间隙向上流动过程中产生流动阻力，于是床层底部的静压强增大，测压管中液面上升[见图 2-11(b)]。当介质动压力(阻力)达到与粒群在介质中的重量相等时，粒群整个被悬浮起来，床层由紧密床逐渐转为悬浮床(或流态化床)。当物料全部悬浮时，筛网不再承受粒群的压力，筛网上面的介质内部则因支承颗粒重量而导致静压强增大。静压强增大值 Δp 为：

$$\Delta p=\frac{\sum G_0}{A} \tag{2-65}$$

设自然堆积时，粒群高度为 H_0，体积浓度为 λ_0，则粒群在介质中的重量为：

$$\sum G_0=H_0\lambda_0 A(\delta-\rho)g \tag{2-66}$$

把式(2-66)代入式(2-65)可得悬浮的临界条件为：

$$\Delta p=H_0\lambda_0(\delta-\rho)g \tag{2-67}$$

粒群达到上述临界条件前，介质穿过紧密床的间隙流动称为渗流流动。在渗流阶段，粒群底部压强增大值，随介质上升流速 u_{up} 的增大而增大，两者呈幂函数关系，如图 2-11 中 A_0D 段所示。此阶段的介质流速由零增至粒群开始悬浮时的速度 u_f。

粒群开始悬浮时的介质流速 u_f 应为粒群最大体积浓度下的干扰沉降速度 v_g。v_g(或 u_f)远小于颗粒的自由沉降末速 v_0。若 v_0 大，则 u_f 较大。

③ 粒群开始悬浮之后，再增大介质流速，则粒群悬浮体的上界面随之升高，松散度 θ 也相应增大。若保持介质流速不变，则悬浮体高度 H 亦不变[见图 2-11(c)]。此时粒群悬浮体中每个颗粒都在不停地进行上下左右无规则运动，整个悬浮体呈现流动的状态。这表明粒群的干扰沉降速度与松散度之间存在一定的对应关系。实测得到的这种关系如图 2-11

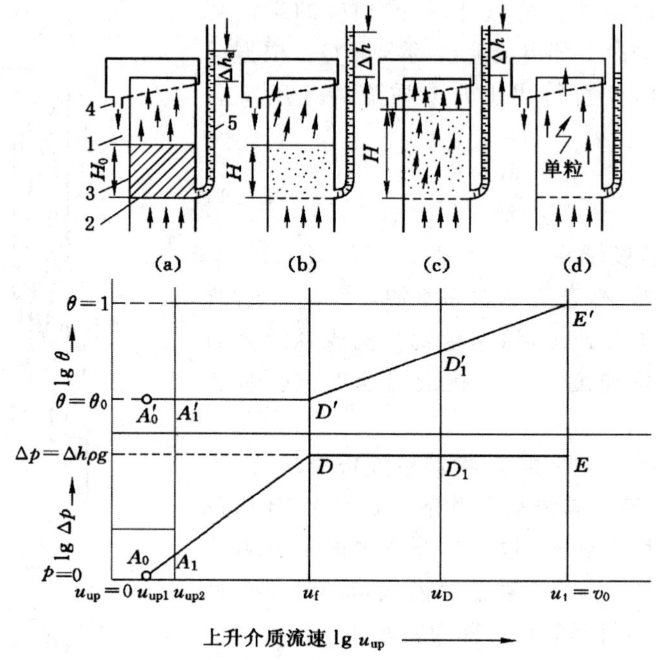

1—悬浮管；2—筛网；3—固体粒群；4—溢流管；5—测压管。

图 2-11　粒群悬浮过程中松散度、压强增大值与介质流速的理想变化关系

中 $D'E'$ 段所示。在 E' 处对应的松散度 $\theta=1$，此时的上升水速 $u_t=v_0$，即颗粒处于自由沉降状态。设颗粒达到自由沉降末速前，在某上升水速作用下悬浮的高度为 H，则粒群的体积浓度 λ 为：

$$\lambda=\frac{V_g}{V}=\frac{(\sum G)/\delta_g}{AH}=\frac{\sum G}{AH\delta_g}=1-\theta \tag{2-68}$$

在床层悬浮液松散过程中，支承粒群有效重量的介质静压力增大值是不变的，始终等于悬浮开始时的压力增大值。以压强表示时，在图 2-11 中 lg Δp 与 lg u_{up}之间为一条平行于横轴的直线 DE，其关系式为：

$$\Delta p=H\lambda(\delta-\rho)g=H_0\lambda_0(\delta-\rho)g \tag{2-69}$$

由式(2-69)亦可求得颗粒的松散度：

$$\theta=1-\lambda=1-\frac{H_0}{H}\lambda_0=1-\frac{H_0}{H}(1-\theta_0) \tag{2-70}$$

随着松散度增大，悬浮体内的压力梯度增大值愈来愈小。

$$\frac{\Delta p}{H}=(1-\theta)(\delta-\rho)g \tag{2-71}$$

压力梯度的大小影响颗粒所受到的浮力作用。当水速逐渐增大，悬浮高度 H 逐渐增大时，悬浮体内个别颗粒所受的浮力作用逐渐减小。

④ 若上升水速不变，向悬浮管内补加同性物料，则粒群的悬浮高度 H 也呈正比增加，底部的静压强增大值也对应地升高，$\frac{\Delta G}{H}$保持不变。由式(2-68)可知，粒群体积浓度 λ 为一

常数。粒群在上升水流中悬浮的体积浓度 λ 与粒群的重量无关。λ 只是上升水速 u_{up} 及物体性质(δ、d、χ、v_0)的函数。这表明介质流速不变,悬浮体松散度亦不变,二者是单值函数关系。

以上结论在明兹及后人的试验中也得到了证实。需要说明的是,在利亚申柯的粒群悬浮试验中,以介质的平均上升流速代表颗粒的干扰沉降速度,只在水速不大时才接近正确。若水速较大,例如悬浮粗重的颗粒时,颗粒的沉降速度部分被旋涡瞬时速度所平衡,此时介质的上升流速将比颗粒在静止介质中以同样体积浓度下沉的干扰沉降速度低。

2.2.4.5 颗粒干扰沉降末速

通过干涉沉降试验发现,颗粒的干涉沉降速度 v_g 与松散度 θ 有关。并且均一粒群的干扰沉降速度与粒群松散度是一一对应的关系。v_g(或 u_{up})与 θ 在对数坐标系中呈直线关系,见图 2-12。对于不同物料作出的直线斜率和截距有所不同。由图 2-12 可得:

$$\frac{\lg v_0 - \lg v_g}{\lg 1 - \lg \theta} = n(\text{常数})$$

$$v_g = v_0 \theta^n \tag{2-72}$$

式(2-72)为试验得到的粒群干扰沉降速度公式。式中,v_0 为粒群中单个颗粒的自由沉降末速;n 为直线斜率,亦称试验指数。

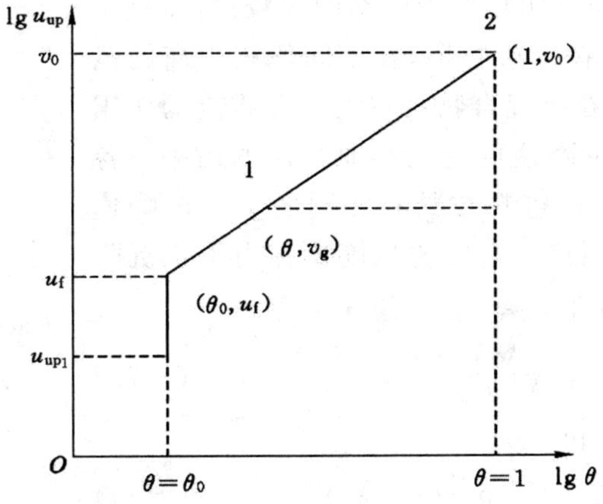

图 2-12　介质流与松散度关系

试验表明,n 除与颗粒粒度和形状有关外,还与介质流态有关。颗粒粒度愈小,形状愈不规则,表面愈粗糙,则 n 值愈大。n 值与颗粒粒度及形状的大致关系如表 2-4 和表 2-5 所示。

表 2-4　颗粒粒度与 n 值的关系(多角形)

颗粒粒度/mm	2.0	1.4	0.9	0.5	0.3	0.2	0.15	0.08
n 值	2.7	3.2	3.8	4.6	5.4	6.0	6.6	7.5

表 2-5　颗粒形状与 n 值的关系($d_V \approx 0.1$ cm)

颗粒形状	浑圆形	多角形	长条形
n 值	2.5	3.5	4.5

n 值与介质流态的关系是：当 $Re>1\ 000$ 时，$n\approx2.3$；当 $Re<1\ 000$ 时，$n=5-0.7\lg Re$。

需要指出的是，n 值的确定很重要。若 n 值选择不当，则计算结果与实际偏差太大。确定 n 值时，在对数坐标系中作出 $\lg v_g$-$\lg\theta$ 直线，求其斜率即可。

试验表明，颗粒在干扰条件下的沉降速度 v_g 远远小于自由沉降速度 v_0，而且松散度 θ 愈小、粒度 d 愈细，则 v_g 愈小。当颗粒粒度大于 0.1～0.15 mm 时，$v_g\approx(1/3\sim1/2)v_0$；对于比较细的颗粒，$v_g\approx v_0/4$。

在实际选矿过程中，粒群的粒度和密度范围较大，其干扰沉降比均匀粒群的沉降复杂得多。对于均匀粒群，可用平均体积浓度反映某颗粒周围粒群的浓度。对于非均匀粒群，粗粒群表现的体积浓度要大些，细粒群表现的体积浓度要小些。

在实际选矿过程中的干扰沉降现象要比理想的“自由沉降”现象复杂得多，干扰沉降时物体所受的阻力及干扰沉降速度与很多复杂的因素有关。因此用解析的方法计算颗粒的干扰沉降速度比较困难。

2.2.4.6　干扰沉降等沉比

将一组粒度不同、密度不同的宽级别粒群置于上升介质流中悬浮，流速稳定后，在管中可以看到固体体积浓度自上而下逐渐增大，而粒度亦是自上而下逐渐变大。如图 2-13所示，在悬浮体下部可以获得纯净的粗粒重矿物层，在上部能得到纯净的细粒轻矿物层，在中间段相当高的范围内是混杂层。这是宽粒级混合物料在上升介质流的作用下，各种颗粒按其干扰沉降速度的大小而分层的结果。各窄层中处于混杂状态的轻重颗粒具有相同的干扰沉降速度，称为干扰沉降等沉颗粒。它们的粒度比称为干扰沉降等沉比，以符号 e_g 表示，即

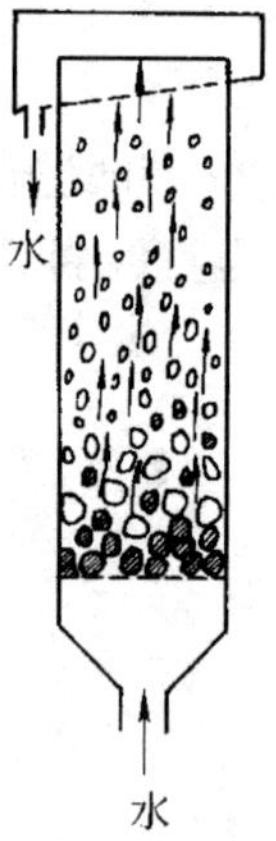

图 2-13　两种密度不同的宽级别矿物混合物在上升水流中的悬浮现象

$$e_g=\frac{d_{V1}}{d_{V2}} \tag{2-73}$$

因为是等沉颗粒，所以

$$v_{01}(1-\lambda_1)^{n_1}=v_{02}(1-\lambda_2)^{n_2} \tag{2-74}$$

若两异类粒群的颗粒的自由沉降是在同一阻力范围内，则 $n_1=n_2=n$。不规则形状矿粒的自由沉降速度 v_{0k} 用式(2-53)表示并将 n 及 v_{0k} 都代入式(2-74)，经整理后得：

$$e_g=\frac{d_{V1}}{d_{V2}}=\left(\frac{\chi_2}{\chi_1}\right)^{\frac{1}{X}}\left(\frac{\delta_2-\rho}{\delta_1-\rho}\right)^{\frac{Y}{X}}\left(\frac{1-\lambda_2}{1-\lambda_1}\right)^{n} \tag{2-75}$$

由式(2-61)得出：

$$e_g=e_0\left(\frac{1-\lambda_2}{1-\lambda_1}\right)^{n}=e_0\left(\frac{\theta_2}{\theta_1}\right)^{n} \tag{2-76}$$

在涡流压差阻力范围内，取 $n=2.39$；在摩擦阻力范围内，取 $n=4.78$。

两种颗粒在混杂状态时，相对同样大小的颗粒间隙，粒度小者，其体积浓度小，松散度大；粒度大者，其体积浓度大，松散度小，故总有 $(1-\lambda_2)>(1-\lambda_1)$，即 $\theta_2>\theta_1$，因此可以看出：

$$e_g>e_0 \tag{2-77}$$

干扰沉降等沉比总是大于自由沉降等沉比，且随体积浓度的减小、松散度的增大而降低。

2.3　非均匀粒群干扰沉降研究

2.3.1　非均匀粒群在上升水流中的悬浮分层

均匀粒群的干扰沉降规律是研究非均匀粒群在上升水流中悬浮分层理论的基础。在选矿过程中，经常遇到的是性质不同的矿粒同时悬浮或同时沉降的干扰沉降现象。在任何速度的上升水流的作用下，只要上升水速不把物料冲走，粒群就在上升水流作用下发生分层现象。

2.3.1.1　密度相同而粒度不同的非均匀粒群的分层

如图 2-14(a)所示，假设悬浮粒群中只有两种粒度 d_1 和 d_2，且 $d_1 < d_2$，则 $v_{01} < v_{02}$，又 $Re_1 < Re_2$，则 $n_1 > n_2$。在整个粒群未被悬浮前，若 $\lambda_1 = \lambda_2 = \lambda_0$，则 $v_{g1} = \theta_0^{n_1} v_{01} < v_{g2} = \theta_0^{n_2} v_{02}$，逐渐增大上升水速；当上升水速达到 d_1 颗粒的最小干扰沉降速度时，处于粒群层的 d_1 颗粒开始浮起，而下部的小颗粒受大颗粒压迫仍不能运动；当上升水速达到 d_2 颗粒的最小干扰沉降速度时，则整个粒群发生松动，不同粒度颗粒将按此上升水速以不同的松散度在管内向上运动。因为 $v_{g1} < v_{g2}$，小颗粒则先于大颗粒向上升起，在悬浮管中按粒度分层。

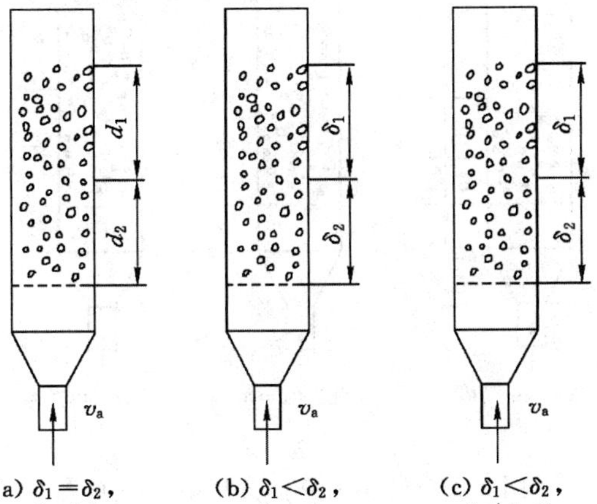

(a) $\delta_1 = \delta_2$，$d_1 < d_2$　(b) $\delta_1 < \delta_2$，$d_1 = d_2$　(c) $\delta_1 < \delta_2$，$d_1/d_2 < e_0$

图 2-14　非均匀粒群的悬浮分层

由于 $v_{01}(1-\lambda_1)^{n_1} = v_{02}(1-\lambda_2)^{n_2} = v_a$，所以在悬浮管内形成上稀下浓的悬浮柱。

当 v_a 变化时，只改变各自的松散度而与分层结果无关。

2.3.1.2　粒度相同而密度不同的非均匀粒群的分层

如图 2-14(b)所示，分层结果为密度低的矿粒处于上层，密度高的矿粒处于下层（分层结果与上升水速无关）。

2.3.1.3　密度不同、粒度比值小于自由沉降等沉比的非均匀粒群的分层

如图 2-14(c)所示，两种类型颗粒的密度不同（$\delta_1 < \delta_2$）、粒度比值小于自由沉降等沉比

$(d_1/d_2<e_0)$，则 $v_{01}<v_{02}$。

当轻重矿粒运动的雷诺数 $Re>10^3$ 时，$n_1=n_2$，所以 $v_{g1}<v_{g2}$。分层结果是低密度颗粒处于上层，高密度颗粒处于下层，且分层结果与上升水速无关。

当轻重矿粒运动的雷诺数 $Re<10^3$ 时，可分为两种情形。

① 当 $Re_1<Re_2$ 时，则 $n_1>n_2$，$v_{g1}<v_{g2}$，粒群能正常地按密度分层。

② 当 $Re_1>Re_2$ 时，则 $n_1<n_2$，但其差值是有限的，这时粒群自由沉降末速仍是比较大的，干扰沉降末速 v_g 也较大，故仍能正常按密度分层。总之，密度不同而粒度之比小于自由沉降等沉比的两组均匀粒群所构成的非均匀粒群，在上升水流中悬浮分层的结果是高密度颗粒处于下层，低密度颗粒处于上层，且分层结果与上升水速无关。

2.3.1.4 密度不同、粒度比值等于或大于自由沉降等沉比的非均匀粒群的分层

如图 2-15 所示，用密度不同($\delta_1<\delta_2$)、粒度比值等于或大于自由沉降等沉比的非均匀粒群($d_1/d_2\geqslant e_0$)进行试验发现，悬浮该种粒群，当上升水速较小时，即 $u_a<u_{cr}$ 时[u_{cr} 为临界流速，见图 2-15(a)]，分层结果是低密度颗粒处于上层，高密度颗粒处于下层。当 $u_a=u_{cr}$ 时[见图 2-15(b)]，分层现象消失，轻重颗粒重新混杂。当 $u_a>u_{cr}$ 时[见图 2-15(c)]，分层结果是低密度颗粒处于下层，高密度颗粒处于上层(这不符合重选要求)。因此只有控制 $u_a<u_{cr}$ 才能获得正确的分层结果。由此可以说明，分层结果与上升水速有关。

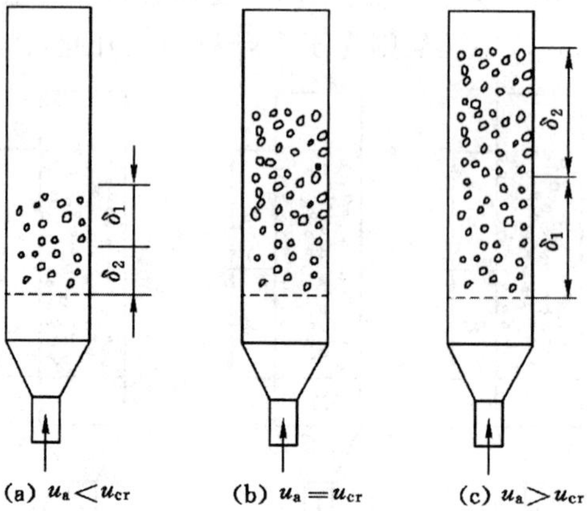

图 2-15 上升水速与分层结果的关系

在上升水流中，不仅 $\dfrac{d_1}{d_2}<e_0$ 的物料能按密度分层，而且 $\dfrac{d_1}{d_2}\geqslant e_0$ 的物料，当 $u_a<u_{cr}$ 时也能按密度分层。

这种现象的解释单用以上方法是不行的。

2.3.2 粒群悬浮分层学说

2.3.2.1 粒群按悬浮体相对密度分层的学说

粒群按悬浮体相对密度分层的学说认为：粒群所构成的悬浮体在密度方面具有与均质介质相同的性质；当两种悬浮体彼此混合时，与两种密度不同的均质介质(如水和煤油)混合时一样，在上升水流作用下始终是密度高的悬浮体集中在下层，密度低的悬浮体集中在

上层。

悬浮液的密度 ρ_{su} 为：

$$\rho_{su}=\lambda\delta+(1-\lambda)\rho=\lambda(\delta-\rho)+\rho \tag{2-78}$$

由式(2-78)可以看出，两种悬浮体的密度差，只体现在第一项。也就是说，悬浮液密度 ρ_{su} 的第一项即可表明悬浮体的密度特征，在数值上等于悬浮体的密度与介质的密度差再乘以体积浓度，称为悬浮体的相对密度，以符号“ρ_c”表示。其计算公式为：

$$\rho_c=\lambda(\delta-\rho) \tag{2-79}$$

在上升水流中，轻重颗粒将按各自所构成的悬浮体相对密度大小发生分层，相对密度小者处于上层，相对密度大者处于下层。

由于 $\lambda=1-\theta$，而由 $v_g=v_0\theta^n$ 得：

$$\theta=\sqrt[n]{\frac{v_g}{v_0}} \tag{2-80}$$

由轻矿粒构成的悬浮体相对密度 ρ_{c1} 为：

$$\rho_{c1}=\lambda_1(\delta_1-\rho)=(1-\sqrt[n_1]{\frac{v_g}{v_{01}}})(\delta_1-\rho) \tag{2-81}$$

由重矿粒构成的悬浮体相对密度 ρ_{c2} 为：

$$\rho_{c2}=\lambda_2(\delta_2-\rho)=(1-\sqrt[n_2]{\frac{v_g}{v_{02}}})(\delta_2-\rho) \tag{2-82}$$

由式(2-81)和式(2-82)可知，轻重矿粒构成的悬浮体的相对密度均随着上升介质流速 u_a 变化而变化。当 u_a 较小时，轻重矿粒悬浮体的松散度 θ_1、θ_2 趋近自然堆积数值，相差不大，故 ρ_{c1}、ρ_{c2} 的大小主要由轻重矿粒的有效密度 δ_1、δ_2 决定，因此有 $\rho_{c2}>\rho_{c1}$，出现正分层。

随着上升介质流速 u_a 增大，小颗粒矿物的比表面积较大，受介质阻力较大，松散度 θ 增大较快，相对密度降低较快，以致 $\rho_{c2}<\rho_{c1}$，出现反分层。

当 $\rho_{c1}=\rho_{c2}$ 时，粒群发生混杂，此时的上升水速称为临界流速 u_{cr}。此时有：

$$(1-\sqrt[n_1]{\frac{u_{cr}}{v_{01}}})(\delta_1-\rho)=(1-\sqrt[n_2]{\frac{u_{cr}}{v_{02}}})(\delta_2-\rho) \tag{2-83}$$

若轻重矿粒同属斯托克斯($Re\leqslant 1$)或牛顿-莱布尼茨($500\leqslant Re\leqslant 2\times 10^5$)沉降阻力范围，则有：

$$n_1=n_2=n$$

于是临界水速 u_{cr} 的计算公式为：

$$u_{cr}=v_{01}v_{02}\left[\frac{\delta_2-\delta_1}{(\delta_2-\rho)\sqrt[n]{v_{01}}-(\delta_1-\rho)\sqrt[n]{v_{02}}}\right]^n \tag{2-84}$$

但是，按悬浮体相对密度分层的学说，与实际分层规律是不相符合的。试验证明：非均匀粒群不按悬浮体的相对密度分层，也不按悬浮体的悬浮高度分层。

2.3.2.2　粒群按重介分层的学说

非均匀粒群在上升水流中分层主要是受水动力学的支配，是按照各自的干扰沉降速度进行分层的。但是，当粒群的粒度比等于或大于自由沉降等沉比时，粒群将按重介作用分层。在上升水速较小时，可以依靠高密度细粒悬浮体对低密度粗粒的重介作用，使低密度矿粒进入悬浮体的上部，即在上升水流中轻矿粒将按照其本身的密度与重矿粒悬浮体的密度差发生分层。这种分层原理就是重介分层学说。

按照干扰沉降重介分层学说，对于粒度比等于或大于自由沉降等沉比的物料，控制其上升水速很重要，一定要使上升水速小于临界水速。临界水速使 $\rho_{su2}=\delta_1$时，其计算公式为：

$$v_{cr}=v_{02}\left(1-\frac{\delta_1-\rho}{\delta_2-\rho}\right)^{n_2} \tag{2-85}$$

式(2-85)就是推导出的新临界水速理论公式。根据理论公式计算出的临界水速与实测值较为吻合。

通过试验得知，要使密度低的粗粒能够在密度高细粒的悬浮液作用下进入上层，还需要满足下述两个基本条件。

① 两种矿物的密度差要足够大，且能使密度低的粗粒进入上层必须满足：

$$\lambda_2(\delta_2-\rho)+\rho>\delta_1 \tag{2-86}$$

即

$$\lambda_2>\frac{\delta_1-\rho}{\delta_2-\rho} \quad 或 \quad \frac{\delta_2-\rho}{\delta_1-\rho}>\frac{1}{\lambda_2} \tag{2-87}$$

应当指出，λ_2 不应太高，否则悬浮液将失去流动性，矿粒无法在其中互相转移。对于细粒悬浮体，当体积浓度超过 40%～44%时就失去了流动性。用作分选介质的悬浮液的体积浓度最好不超过 33%。此时密度高的矿物和密度低的矿物的有效密度比值需满足如下要求：

$$\frac{\delta_2-\rho}{\delta_1-\rho}>3 \tag{2-88}$$

② 两种矿物的粒度比要足够大。根据重力选矿的理论和实践，悬浮液只有对于粒度较大的物料才能起到悬浮的作用。被选物料的粒度最好超过悬浮粒子粒度的 3～5 倍，即

$$\frac{d_1}{d_2}>3\sim5 \tag{2-89}$$

在实际生产中，分选宽分级或不分级物料很难同时满足以上两个条件，因而用控制上升水速实现按密度分选比较困难。

重介质分层学说与按悬浮体相对密度分层学说的区别在于前者是高密度细粒构成的悬浮体总体密度对轻矿粒本身的作用，后者则是对轻矿粒构成的悬浮体的作用。但是两种学说只考虑粒群间静力的作用，而忽略水流动力因素对粒群运动的影响。因此对粒群悬浮分层的研究应综合考虑动、静两种作用。上述两种学说只研究局部均匀粒群在匀速水流中的悬浮分层问题，因此不能单用它们对粒群的分层过程加以解释。

2.4 颗粒在离心力场中运动规律分析

2.4.1 颗粒在离心力场中的运动特点

根据颗粒在流体介质中的自由沉降可知，其沉降末速 v_0 除与颗粒及介质的性质有关外，还与重力加速度 g 有关。所以，不仅改变介质的性质可以改善选矿过程，而且提高作用于颗粒上的重力加速度也是改善重力选矿的有效途径。在整个重力场中，重力加速度

几乎是一个不变的常数。这就使得微细颗粒的沉降速度受到限制。为了强化细粒尤其是微细颗粒按密度分选和按粒度分级及除尘的过程，于是采用惯性离心加速度去取代重力加速度。

在实践中，颗粒在离心力场中形成旋转流的主要方式有 3 种。① 将矿浆在一定的压强下给入圆形容器，迫使其产生回转运动。② 圆形容器回转运动，其壁上的矿浆随着做回转运动。③ 借助中心叶轮的转动，带动矿浆做回转运动。

在离心力场中选矿与在重力场中选矿，并没有什么原则性的差别，其不同仅是作用于颗粒上并促使其运动的力是离心力而不是重力。在离心力场中，离心力的大小、作用方向以及加速度、在整个力场中的分布规律，都与在重力场中的有所不同。在重力场中，颗粒在整个运动期间，在介质中所受的重力及重力加速度都是常数。在离心力场中，离心力和离心加速度，是旋转半径及旋转速度的函数；一般说来，它们随着旋转半径的增加而加大。离心力作用在垂直于旋转轴线的径向上。在离心力选矿过程中，分选作用也是发生在径向上。此时，沿径向作用于物体上的力有离心力与阻力。

在离心力场中，颗粒沉降受离心加速度 a 的制约。由于 a 是可以调节和改变的，因此离心力场下的重选过程，其处理能力比在重力场中的大。

离心加速度 a 为：

$$a=\omega^2 r$$

离心加速度与重力加速度的比值为离心力强度，用 i 表示，即

$$i=\frac{a}{g}=\frac{\omega^2 r}{g}$$

在离心力场中重选时，离心力强度在几十至上百之间变化，所以重力往往可以忽略。

2.4.2　颗粒在离心力场中的径向速度

在离心力场中，颗粒在介质中所受的离心力（当介质也做同步旋转运动时）为：

$$F=\frac{\pi d_V^3}{6}(\delta-\rho)\omega^2 r \tag{2-90}$$

介质对颗粒在径向上运动的阻力为（v_c 为颗粒径向速度）：

$$R_r=\psi d_V^2 v_c^2 \rho \tag{2-91}$$

根据矿粒在径向运动时受力情况的分析，可建立起运动微分方程式：

$$m\frac{\mathrm{d}v_c}{\mathrm{d}t}=\frac{\pi d_V^3}{6}(\delta-\rho)\omega^2 r-\psi d_V^2 v_c^2 \rho$$

或

$$\frac{\mathrm{d}v_c}{\mathrm{d}t}=\frac{(\delta-\rho)}{\delta}\omega^2 r-\frac{6\psi v_c^2 \rho}{\pi d_V \delta} \tag{2-92}$$

式中所有符号意义同前。

式(2-92)说明，与重力场相似，颗粒在离心力场中运动的加速度，为离心加速度与阻力加速度之差。前者为半径 r 的函数，随 r 的增加而增加；后者为运动相对速度 v_c 的函数，并与 v_c 的平方呈正比关系。颗粒开始受到离心加速度的作用后，颗粒的径向速度 v_c 逐渐增加，而阻力和阻力加速度也随之加大。当阻力增加到与该处的离心力相等时，颗

粒运动的加速度$\frac{dv_c}{dt}=0$，此时v_c达到最大值。这一加速过程是随离心加速度的增加而变短的。众所周知，在重力场中完成这个过程所需时间一般是几分之一到百分之一秒。而通常所用离心力要比重力大几十倍，甚至几百倍，所以实际上可以认为，在离心力场中这一加速过程所需的时间接近零，可忽略不计。因此，颗粒在任一回转半径处的径向速度v_c可按$\frac{dv_c}{dt}=0$的条件得出：

$$v_c=\sqrt{\frac{\pi d_V(\delta-\rho)\omega^2 r}{6\psi\rho}} \tag{2-93}$$

由于离心力是旋转半径的函数，所以颗粒径向速度与重力场中的颗粒沉降末速不同，不是常数，而是旋转半径的函数。显然，直接使用式(2-93)计算v_c，也会遇到阻力系数ψ是未知数v_c的函数这个困难。此处也只能应用在重力场中求解沉降末速v_0通式的办法，利用中间参数，然后从图2-6、图2-7、图2-8中获得解决。

利用特殊条件下的个别阻力公式，按照上述原理亦可求出适合于一定雷诺数范围，求径向速度v_c的个别公式。唯一应注意的是将重力加速度g用离心加速度a（即$\omega^2 r$）取代即可。

① 按牛顿-莱布尼茨阻力公式（适用于$500<Re<2\times10^5$）：

$$v_c=\chi\sqrt{\frac{3d_V(\delta-\rho)}{\rho}\omega^2 r} \tag{2-94}$$

② 按阿连阻力公式（适用于$1<Re\leqslant500$）：

$$v_c=\chi d_V\sqrt[3]{\left[\frac{2(\delta-\rho)}{15\rho}\omega^2 r\right]^2}\sqrt[3]{\frac{\rho}{\mu}} \tag{2-95}$$

③ 按斯托克斯阻力公式（适用于$Re\leqslant1$）：

$$v_c=\frac{\chi d_V^2(\delta-\rho)}{18\mu}\omega^2 r \tag{2-96}$$

2.5 斜面流分选理论介绍

斜面流选矿是利用不同密度和粒度的原矿在斜面水流中运动状态的差异来进行分选的方法。其设备主要包括斜面溜槽、螺旋溜槽、离心溜槽和摇床。斜面流分选粗粒物料时，水层厚度大到数百毫米，小到十几毫米，给料粒度也由几毫米到几百毫米。斜面流分选细粒物料时，水层厚度大者数毫米，小者1 mm左右，用来处理3～5 mm以下细粒级矿石和−0.074 mm的矿泥。由于矿浆呈薄层状流过设备表面，水层厚度较薄，所以习惯上将这种选矿方法称为流膜选矿。

2.5.1 斜面水流流态

在斜面上运动的水流是松散床层的动力，其运动特性影响床层的分层效果。水沿斜面运动属于无压流动。水运动来源于重力沿斜面方向的分力作用；其阻力为水分子质点间的内摩擦力、水流与槽底及槽侧的摩擦力。当溜槽倾角小、矿浆流层薄、流速慢时，矿浆流态多属层流，矿浆流动平稳，流层间没有混杂交换、旋涡或水跃现象；反之，属于紊流。

判断斜面流的流态以雷诺数 Re 做判据。Re 的计算公式为：

$$Re=\frac{Ru_{mea}\rho}{\mu} \tag{2-97}$$

式中　R——水力半径，以过水断面积 A 和湿周长 L 之比表示，即 $R=A/L$，当水层厚度相对槽宽很小时，水力半径接近水深 H；

u_{mea}——斜面水流的平均流速。

层流和紊流流动界限的雷诺数与转变条件有关，并不是一个固定值。由紊流变为层流的雷诺数称为下限雷诺数。经河道及厚水层的明渠流测定得知，当 $Re<300$ 时，为层流流动。由层流变为紊流的雷诺数称为上限雷诺数。上限雷诺数是不稳定的。在上限和下限雷诺数之间流体的流态，主要取决于初始流动状态。

处理粗、中、细粒矿石斜面水流仍可保持独立的流动特性，此时式(2-97)中的 ρ、μ 及 u_{mea} 应以水流计算；处理微细粒级的矿浆，具有统一的流动特性，应采用矿浆值计算。

斜面水流依流速在沿程是否有变化可分为等速流或非等速流；而就沿程某一点的流速是否随时间而变化，又分为稳定流和非稳定流。在重选中应用较多的是等速流选矿，少数应用非等速流，如扇形溜槽。非稳定的流动伴随有加速度力产生，只在个别设备(如振摆胶带溜槽)中应用。

2.5.2　层流斜面流的流动特性和松散作用力

2.5.2.1　层流流速沿深度的分布

层流中流体质点均沿层运动，层间质点不发生交换。水流(或矿浆)速度沿深度的分布可由层间黏性摩擦力与重力分力的平衡关系中导出。如图 2-16 所示，在某流域面积为 A 的两层面之间，黏性摩擦力的大小按牛顿内摩擦定律计算：

$$F=\mu A\frac{\mathrm{d}u}{\mathrm{d}h} \tag{2-98}$$

式中　$\frac{\mathrm{d}u}{\mathrm{d}h}$——沿流层厚度方向的速度梯度。

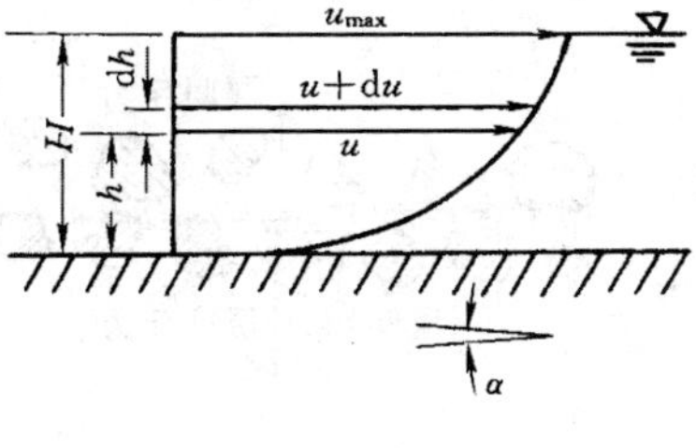

图 2-16　层流流膜的流速分布

在距底面 h 高度以上的水流重力沿斜面的分力为：

$$W=(H-h)A\rho g\sin\alpha \tag{2-99}$$

当水流做等速流运动时，存在 $F=W$ 的关系，即 $\mu A\dfrac{\mathrm{d}u}{\mathrm{d}h}=(H-h)A\rho g\sin\alpha$，由此得：

$$\mathrm{d}u=\frac{\rho g\sin\alpha}{\mu}(H-h)\mathrm{d}h \tag{2-100}$$

微层流速 u 随高度 h 而变化的关系式为：

$$u=\frac{\rho g\sin\alpha}{2\mu}(2H-h)h \tag{2-101}$$

当 $h=H$ 时，得到表层最大流速 $u_{\max}$：

$$u_{\max}=\frac{\rho g\sin\alpha}{2\mu}H^2 \tag{2-102}$$

水速相对表层最大流速的变化为：

$$\frac{u}{u_{\max}}=2\frac{h}{H}-\left(\frac{h}{H}\right)^2 \tag{2-103}$$

式(2-103)表明，层流斜面流水速沿高度的分布曲线为一条二次抛物线。

层流的平均流速 u_{mea} 为：

$$u_{\mathrm{mea}}=\frac{\rho g\sin\alpha}{3\mu}H^2=\frac{2}{3}u_{\max} \tag{2-104}$$

故知层流的平均流速为其最大流速的 2/3。

2.5.2.2 *层流矿浆流膜的粒群松散*

在层流矿浆流膜内不存在旋涡扰动的扩散作用，粒群的松散是由于层间斥力作用。在层流流膜内，颗粒运动时在垂直于剪切方向上将产生一种斥力(或称分散压)，使粒群具有向两侧膨胀的倾向。这种层间斥力随剪切速度梯度的增大而增加，当其足以克服颗粒在介质中所受的重力时，粒群即呈悬浮松散状态，如图 2-17 所示。不同颗粒因所受到的层间斥力、自身重力和槽面机械阻力的不同而发生分层，这种分层基本不受流体动力影响，故仍属于静力分层。静力分层不仅发生在极薄的层流流膜内，还出现在弱紊流流膜的底层，通常称为“析离分层”，即在同一密度层内，粗颗粒尽管对细颗粒有较大的层间压力，但细颗粒在向下运动中所遇到的机械阻力却更小，因而处于同一密度的粗颗粒层的下面。但在给料粒度差不大或颗粒较细时，粒度的这种分布差异不明显，而只表现为按密度差分层。

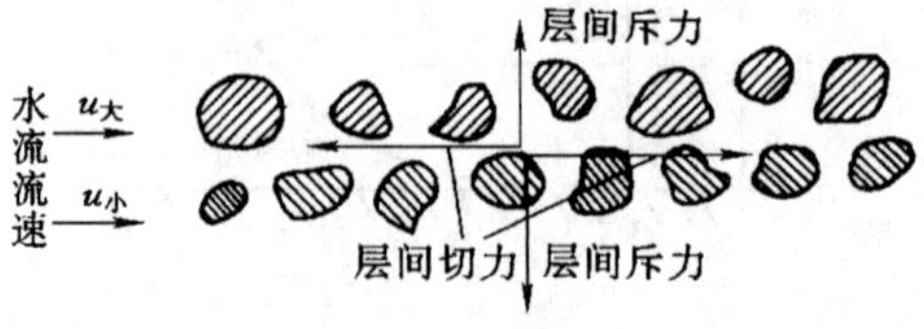

图 2-17　层间剪切力和层间斥力示意图

流膜选矿设备通过摇动等方法提高剪切速度梯度，从而增加层间斥力，改善层流或弱紊流矿浆流膜内粒群的悬浮松散和分层效果。

2.5.3　紊流斜面流的流动特性和紊动扩散运动

2.5.3.1　紊流流速沿深度的分布

紊流的特点是流场内存在大小无数的旋涡。流场内指定点的速度和方向均时刻在变化,故只能用平均值表示该点的速度,称为“时均点速”。流体质点在层间交换使得流速沿深度的分布变得比较均匀。层流和紊流的流速分布对比见图 2-18。

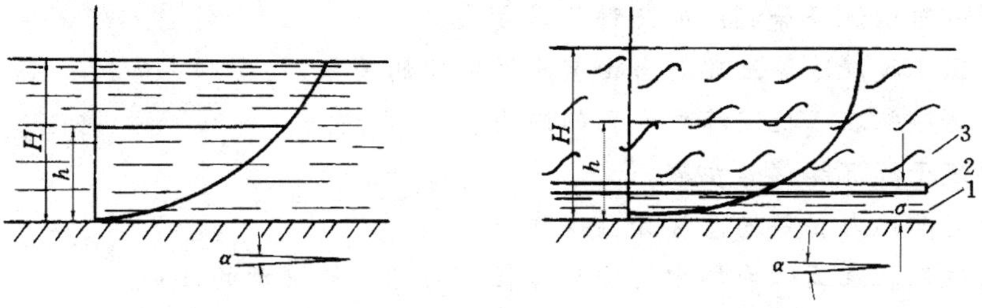

1—层流边层;2—过渡区;3—紊流区。

图 2-18　层流和紊流的流速分布对比

紊流的速度分布可用指数式表示:

$$u = u_{\max} \left(\frac{h}{H}\right)^{\frac{1}{n}} \tag{2-105}$$

式中,$\frac{1}{n}$为指数系数,取决于流动雷诺数和槽底粗糙度。对于平整底面,当 $Re > 5.0 \times 10^4$ 时,$n = 7 \sim 10$;在重选粗粒溜槽中,水流的平均流速为 1～3 m/s 时,$n = 4 \sim 5$;处理细粒级的弱紊流流膜时,$n = 2 \sim 4$。

紊流的平均流速为:

$$u_{\text{mea}} = \frac{n}{n+1} u_{\max} \tag{2-106}$$

故知平均流速与最大流速之比为 $n : (n+1)$。

式(2-105)常用来表示较强紊流的流速分布。对于弱紊流,用式(2-105)表示流速则偏离较大。这是因为弱紊流流膜存在较明显的不同流态层。

紊流水流可大致分为层流边层、过渡区和紊流区三层,如图 2-18 所示。层流边层靠近底面,流速很小,流速变化较大,层流厚度很小。过渡区厚度也不大,流速逐渐增加。紊流区层间流速变化不大。

2.5.3.2　紊流斜面流的粒群松散

紊流中水流质点的扰动运动是粒群松散的主要作用因素,称为“紊动扩散作用”。水流的瞬时速度可以分解为沿槽纵向、法向和横向三个分量。法向脉动速度是粒群松散的动力,限定重矿物的粒度回收下限。法向脉动速度沿水深分布并不一致,在下部初始旋涡形成区,脉动速度较大,向上脉动速度逐渐减小。粒群在紊流斜面流中借助法向脉动速度维持松散悬浮,反过来粒群又对脉动速度起抑制作用,因此矿浆流膜的紊动度总比清水流膜的小,这种现象称为粒群的“消紊作用”。

在紊流矿浆流的底部，固体颗粒浓度较大，流速显著降低，向上流速则急剧增大，甚至到顶部超过了清水斜面流的流速。

思考题

2-1　简述介质阻力个别公式及其统一形式。

2-2　简述用通式和个别公式求矿粒的自由沉降末速的计算步骤。

2-3　简述自由沉降等沉比的几种计算方法。

2-4　简述干扰沉降等沉比与自由沉降等沉比的关系。

2-5　简述颗粒在干扰沉降中受到的阻力。

2-6　简述干扰沉降试验步骤。

2-7　简述非均匀粒群的悬浮分层规律。

2-8　简述颗粒在离心力场中的运动与在重力场中的运动的区别。

第 3 章　物料可选性及重选工艺效果评定

本章概要　介绍物料可选性、重选工艺效果的评价方法和准则。

3.1　物料可选性

测定物料的密度组成，是指将有代表性的试样区分成密度范围不同的成分，计算各密度级物料所占质量百分比（称为产率），再按工业要求进行各密度级物料的化学分析或矿物分析（如分析灰分、硫分、金属元素含量、矿物含量等）。这就可以确定物料中各成分的质与量的关系。把试样先进行按粒度分级，算出各粒级物占原料的百分比，然后再对各粒级物料进行密度组成的测定，这样所获得的资料就能更全面地反映物料的特性。

3.1.1　矿物密度组成及测定

3.1.1.1　煤炭密度组成及测定

煤炭密度组成的测定，主要是测定选前原煤的密度组成，其目的是通过浮沉试验考查不同密度成分在原煤中的数量和质量，从而来研究原煤的性质。对于分选后产品，也应测定其密度组成，为分析分选过程提供必要的资料。

3.1.1.1.1　浮沉试验

研究煤的密度组成的主要方法是浮沉试验。按照《煤炭浮沉试验方法》进行煤样浮沉试验。浮沉试验分为大浮沉和小浮沉，大浮沉是对粒度大于 0.5 mm 的煤炭进行的浮沉试验，而小浮沉是对粒度小于 0.5 mm 的煤炭进行的浮沉试验。两者的区别在于配制重液所用药剂不同，以及操作过程有别。

（1）粒度大于 0.5 mm 褐煤、烟煤无烟煤等煤样的浮沉试验

如前所述，浮沉试验是将煤样用不同密度的重液分成不同密度级，并测定各级产物的产率及特性。为使浮沉试验尽量准确，一般情况下都是用筛分分析所得到的窄粒级的煤进行浮沉。只有在特定的情况下，才进行不分级煤的浮沉试验。例如，对跳汰机分选效果的考核，或因时间、人力的限制，浮沉试验时煤样可不分级。

浮沉试验煤样的质量，可以根据试验目的的不同而有所变化。但它与每一粒度级别的大小有关。根据国家标准，不同粒度级别所用煤样的最小质量，应符合表 3-1 规定。

表 3-1　给定粒级煤样的最小质量

粒级上限/mm	300	150	100	50	25	13	6	3	0.5
煤样最小质量/kg	500	200	100	30	15	7.5	4	2	0.2

至今，煤炭浮沉试验都用氯化锌和水配制的重溶液作为分离介质。根据阿基米德原理，密度小于重液密度的煤必定浮在液面上，称之为浮物；密度大于重液密度的煤必定沉到重液底部；而密度刚好等于重液密度的煤，则在重液中悬浮。将沉到底部和悬浮其中的煤称为沉物。根据国家标准规定，煤样可按下列密度分成不同密度级：1.30 g/cm^3、1.40 g/cm^3、1.50 g/cm^3、1.60 g/cm^3、1.70 g/cm^3、1.80 g/cm^3、2.0 g/cm^3。必要时可增加 1.25 g/cm^3、1.35 g/cm^3、1.45 g/cm^3、1.55 g/cm^3、1.90 g/cm^3、2.10 g/cm^{3}等密度级。当小于 1.30 g/cm^3 密度级的产率大于 20%时，必须增加 1.25 g/cm^3 密度级。无烟煤可依具体情况适当减少或增加某些密度级。

用氯化锌（$ZnCl_2$）和水配制重液时，各种不同密度重液的配比，见表 3-2。

表 3-2　不同密度氯化锌重液中氯化锌含量

重溶液密度/(g/cm^3)	1.30	1.40	1.50	1.60	1.70	1.80	1.90	2.00
氯化锌含量/%	31	39	46	52	58	63	68	73

首先，配制不同密度的重液，然后对不同的煤样进行浮沉试验。通过浮沉试验可以考察任一部分煤样的密度组成与灰分（以及其他质量）之间的关系。如图 3-1 所示，浮沉试验过程及要求如下。

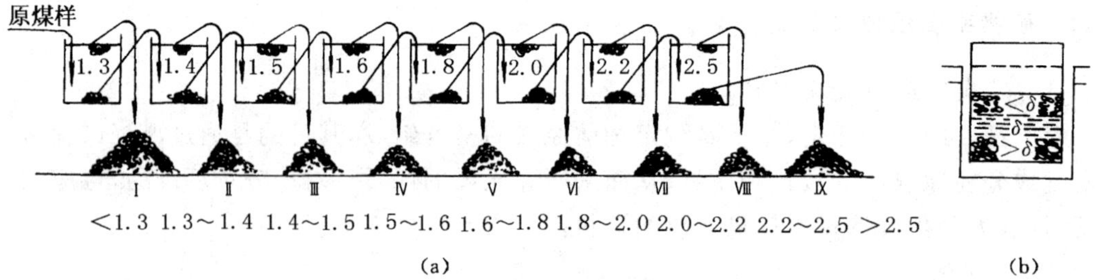

图 3-1　浮沉试验过程

① 将配好的重液装入重液桶中，并按密度大小顺序排好。要求每个桶中重液面不低于 350 mm。密度最低的重液应另备一桶，作为缓冲液使用。

② 试验时一般从低密度逐级向高密度进行。当煤样中含有易泥化的矸石或高密度物含量多时，可先在最高的密度液内浮沉。捞出的浮物仍按由低密度到高密度顺序进行浮沉试验。

③ 当煤样中含有大量中间密度的物料时，可先将煤样放入中间密度的介质中使之大致均匀地分开，再按照步骤②进行试验。

④ 进行浮沉试验之前先将煤样称量，放入网底桶内。每次放入的煤样厚度一般不超过 100 mm。用水洗净附着在煤块上的煤泥，滤干水后再进行浮沉试验。收集同一粒级冲洗出的煤泥水，用澄清法或过滤法回收煤泥，然后干燥称重，此煤泥通常称为浮沉煤泥。

⑤ 进行浮沉试验时，先将盛有煤样的网底桶在最低一个密度的缓冲液内浸润一下（同理，如先浮沉高密度煤样，则应在该密度的缓冲液内浸润一下），然后提起斜放在桶边上，滤尽重液，再放入浮沉用的最低密度的重液桶内，用木棒轻轻搅动或将网底桶缓缓地上下移

动，最后使其静止分层。分层时间不少于下列规定：

a. 当粒度大于 25 mm 时，分层时间为 1～2 min；

b. 当最小粒度为 3 mm 时，分层时间为 2～3 min；

c. 当最小粒度为 0.5～1 mm 时，分层时间为 3～5 min。

⑥ 小心地用捞勺按一定方向捞取浮物，捞取深度不得超过 100 mm。捞取浮物时应确保沉物不被搅起而混入浮物中。待大部分浮物捞出后，再用木棒搅动沉物，然后仍用上述方法捞取浮物，反复操作直到捞尽为止。

⑦ 把装有沉物的网底桶慢慢提起，斜放在桶边上，滤尽重液，再把它放入下一个密度的重液桶中。用同样方法逐次按密度顺序进行，直到该粒级煤样全部做完为止，最后将沉物倒入盘中，这样，就把煤样分成 $n+1$ 个密度级的煤样。在试验中应注意回收氯化锌溶液。

⑧ 在整个试验过程中应随时调整重液的密度，保证密度值的准确。

⑨ 各密度级产物应分别滤去重液，用水冲净(最好用热水冲洗)产物上残存的氯化锌，然后在低于 50 ℃温度下进行干燥，达到空气干燥状态后再称量。

⑩ 对各密度级产物和煤泥分别缩制成分析煤样，测定其灰分(A_d)。根据要求，确定是否测定水分(M_{ad})、硫分或增减其他分析化验项目。

在进一步整理数据之前，为保证试验的准确性，需要首先检验试验误差。只有质量误差与灰分误差同时满足 GB/T 478—2008 相关要求，浮沉试验才有效，否则应重新进行浮沉试验。试验误差要求如下。

a. 质量误差：试验结果要满足浮沉试验前空气干燥状态的煤样质量与浮沉试验后各密度级产物的空气干燥状态质量之和的差值，不应超过浮沉试验前煤样质量的 2%。

b. 灰分误差：灰分误差是浮沉试验前煤样灰分与浮沉试验后各密度级产物灰分的加权平均值的差值的绝对值。这里指的灰分差值可以是相对差值 ΔX，见式(3-1)；也可以是绝对差值 ΔJ，见式(3-2)。浮沉试验用的煤样的灰分和最大粒度不同，对灰分误差的要求也不一样。

$$\Delta X = \left| \frac{A_d - \overline{A}_d}{A_d} \right| \times 100\% \tag{3-1}$$

$$\Delta J = \left| A_d - \overline{A}_d \right| \tag{3-2}$$

式中　ΔX——灰分的相对差值；

ΔJ——灰分的绝对差值；

A_d——浮沉试验前煤样的灰分，%；

$\overline{A}_d$——浮沉试验后各密度级产物的加权平均灰分，%。

煤样中最大粒度大于或等于 25 mm 时，煤样灰分小于 20%，相对误差 ΔX 不能超过 10%；煤样灰分大于或等于 20%时，绝对误差 ΔJ 不应超过 2%。

煤样中最大粒度小于 25 mm 时，煤样灰分小于 15%，相对误差 ΔX 不能超过 10%；煤样灰分大于或等于 15%时，绝对误差 ΔJ 不应超过 1.5%。

(2) 粒度小于 0.5 mm 煤泥(粉)的浮沉试验

小浮沉试验由于物料粒度细、沉降速度慢，故其浮沉过程应在离心力场中进行。

试验所用的煤样必须是空气干燥状态，质量不得少于 60 g。若某密度级产物的质量不够化验用，该密度级应做双份煤样。

小浮沉试验一般用氯化锌的重液。当要求重液密度较高或煤样的粒度过细时，由于氯化锌水溶液具有黏度大、产物清洗困难等缺点，所以对小于1.0 mm的粒级和煤泥的浮沉试验，可采用四氯化碳、苯及三溴甲烷等有机溶液。不同密度有机溶液的配比见表3-3。

表3-3　不同密度有机溶液的配比(15 ℃条件下)

重液密度/(g/cm^3)	1.3	1.4	1.5	1.6	1.8	2.0
四氯化碳 CCl_4/%	60	74	81	98	79	59
苯 C_6H_6/%	40	26	19			
三溴甲烷 $CHBr_3$/%				2	21	41

小浮沉试验与前述浮沉试验在试验步骤上有区别。小浮沉试验步骤为：① 将60 g煤样分成4份，每份15 g，分别倒入4个离心管内，然后都倒入同一密度(从最低密度开始)的重液(如1.3 g/cm^3的重液)，并搅拌。② 管内液面的高度为离心管高度的85%，分别装入离心机对应位置上，使其在离心力场中浮沉。③ 达到分离时间后，取出离心管，将浮物倒出。④ 存留沉物的离心管再加入密度为1.4 g/cm^3的重液，再使其进行离心浮沉。⑤ 以此类推，直至加入1.8 g/cm^3密度重液的试验完毕为止。⑥ 将各密度级产物分别过滤、烘干、称重、化验和计算。

为保证试验的准确性，需要检验试验误差。① 质量误差：试验结果要满足浮沉试验前煤样重量与浮沉后各密度级产物质量之和的差值，不应超过浮沉前煤样质量的2%。② 灰分误差：煤样灰分小于20%时，相对误差ΔX不能超过10%；煤样灰分为20%～30%时，绝对误差ΔJ不能超过2%；煤样灰分大于30%时，绝对误差ΔJ不应超过3%。

(3) 煤炭浮沉试验资料整理与数据计算

通过分别对筛分试验各个粒度级别的煤样做浮沉试验，得到各密度级别的质量和灰分数据，然后再编制浮沉试验报告表，如表3-4所示。制表需要填写的内容包括试验煤样的编号、煤样的粒度级别、该粒度级别占全样的产率(筛分试验中该粒级的质量百分数)、试验日期、煤样的质量、各密度级物料的质量和灰分。

各密度级的产率，因计算基准的不同，分为占本级产率和占全样产率。① 占本级产率是指各密度级占本粒度级试验煤样自身质量的百分数。在重力选煤中，由于小于0.5 mm的煤泥一般情况无法按密度差别分选，所以为了分析原煤的可选性，只考虑大于0.5 mm的各粒级煤样，煤泥不参与计算。计算占本级产率时用各密度级的质量除以去除煤泥后的合计质量。煤泥占本级产率是煤泥的质量占该粒级试样的质量百分数；其反映煤样在浮沉试验过程中的泥化程度，也可作为制定分选工艺流程的依据，分析判断分选效果。② 占全样产率用各密度级占本级的产率乘以该试验粒级煤样在筛分试验中的质量百分数。

对于各粒级浮沉试验表内的浮物累计和沉物累计部分，如果不需要单独研究某一粒级的可选性或绘制可选性曲线，可以不进行计算和填写。

① 各粒级浮沉试验报告的整理。

各粒级浮沉试验报告以表的形式形成，如表3-4至表3-6所示。表3-4和表3-5所示是自然级煤样与破碎级煤样的浮沉试验资料，两者整理方法完全相同。表3-6所示为综合级煤样浮沉试验资料，其整理方法有所不同。

(A) 占本级产率的计算。

用表 3-4 中第(2)栏的小计 24.494 kg 除以各密度级产物的质量，得到第(3)栏中各密度级占本级产率。例如，<1.30 g/cm^3 密度级占本级产率为：1.645/24.494×100%=6.72%。

(B) 占全样产率的计算。

用表 3-4 中第(4)栏中各密度级占全样产率是用 18.146%分别乘以表 3-4 中第(3)栏占本级产率而得到的。例如，<1.30 g/cm^3 密度级占全样产率为：18.146%×6.72%=1.219%。

表 3-4　自然级煤样浮沉试验报告

浮沉试验编号：					试验日期：　年　月　日			
煤样粒级：25～13 mm(自然级)					本级占全样产率：18.322%，灰分：22.42%			
全硫(St,ad)/%：					试验前煤样质量(空气干燥状态)：24.965 kg			
密度级/g·cm^{-3}	质量/kg	占本级产率/%	占全样产率/%	灰分/%	浮物累计		沉物累计	
					产率/%	灰分/%	产率/%	灰分/%
(1)	(2)	(3)	(4)	(5)	(6)	(7)	(8)	(9)
<1.30	1.645	6.72	1.219	3.99	6.72	3.99	100.00	22.14
1.30～1.40	11.312	46.18	8.380	7.99	52.90	7.48	93.28	23.45
1.40～1.50	5.280	21.56	3.912	15.93	74.46	9.93	47.10	38.64
1.50～1.60	1.370	5.59	1.014	26.61	80.05	11.09	25.54	57.74
1.60～1.70	0.660	2.70	0.490	34.65	82.75	11.86	19.95	66.47
1.70～1.80	0.456	1.86	0.338	43.41	84.61	12,56	17.25	71.45
1.80～2.00	0.606	2.47	0.448	54.47	87.08	13.74	15.39	74.84
>2.00	3.165	12.92	2.345	78.73	100.00	22.14	12.92	78.73
小计	24.494	100.00	18.146	22.14				
浮沉煤泥	0.238	0.96	0.176	19.16				
合计	24.732	100.00	18.322	22.11				

表 3-5　破碎级煤样浮沉试验报告

浮沉试验编号：					试验日期：　年　月　日			
煤样粒级：25～13 mm(破碎级)					本级占全样产率：6.283%，灰分：19.32%			
全硫(St,ad)/%：					试验前煤样质量(空气干燥状态)：24.364 kg			
密度级/g·cm^{-3}	质量/kg	占本级产率/%	占全样产率/%	灰分/%	浮物累计		沉物累计	
					产率/%	灰分/%	产率/%	灰分/%
(1)	(2)	(3)	(4)	(5)	(6)	(7)	(8)	(9)
<1.30	3.437	14.26	0.893	4.48	14.26	4.84	100.00	20.37
1.30～1.40	11.768	48.82	3.075	9.20	63.08	8.21	85.74	22.96
1.40～1.50	3.967	46.46	3.031	15.89	79.54	9.80	36.92	41.10
1.50～1.60	1.407	4.59	0.287	26.74	84.13	10.73	20.46	61.47

表 3-5(续)

浮沉试验编号:					试验日期: 年 月 日			
煤样粒级:25～13 mm(破碎级)					本级占全样产率:6.283%,灰分:19.32%			
全硫(St,ad)/%:					试验前煤样质量(空气干燥状态):24.364 kg			
密度级/g·cm^{-3}	质量/kg	占本级产率/%	占全样产率/%	灰分/%	浮物累计		沉物累计	
					产率/%	灰分/%	产率/%	灰分/%
(1)	(2)	(3)	(4)	(5)	(6)	(7)	(8)	(9)
1.60～1.70	0.372	1.54	0.097	37.42	85.67	11.21	15.87	71.52
1.70～1.80	0.270	1.12	0.070	43.31	86.79	11.62	14.33	75.19
1.80～2.00	0.458	1.90	0.119	54.96	88.69	12.55	13.21	77.89
>2.00	2.725	11.31	0.708	81.74	100.00	20.37	11.31	81.74
小计	24.404	100.00	0.262	20.37				
浮沉煤泥	0.082	0.34	0.021	15.78				
合计	24.186	100.00	6.283	20.35				

表 3-6 综合级煤样浮沉试验报告

浮沉试验编号:					试验日期: 年 月 日			
煤样粒级:25～13 mm(综合级)					本级占全样产率:24.605%,灰分:21.63%			
全硫(St,ad)/%:								
密度级/g·cm^{-3}	质量/kg	占本级产率/%	占全样产率/%	灰分/%	浮物累计		沉物累计	
					产率/%	灰分/%	产率/%	灰分/%
(1)	(2)	(3)	(4)	(5)	(6)	(7)	(8)	(9)
<1.30		8.65	2.112	4.35	8.65	4.35	100.00	21.69
1.30～1.40		46.86	11.437	8.31	55.51	7.70	91.35	23.33
1.40～1.50		20.25	4.943	15.92	75.76	9.89	44.49	39.15
1.50～1.60		5.33	1.301	26.64	81.09	11.00	24.24	58.55
1.60～1.70		2.41	0.588	35.50	83.09	11.69	18.91	67.55
1.70～1.80		1.67	0.408	43.39	85.17	12.31	16.50	72.29
1.80～2.00		2.32	0.567	54.57	87.49	13.43	14.83	75.54
>2.00		12.51	3.053	79.43	100.00	21.69	12.51	79.43
小计		100.00	24.408	21.69				
浮沉煤泥		0.80	0.197	18.80				
合计		100.00	24.605	21.67				

(C) 加权平均灰分的计算。

加权平均灰分的计算是各密度级的占本级产率[表 3-4 中第(3)栏]与对应的灰分[表 3-4中第(5)栏]的乘积之和除以各密度级的占本级产率之和(累计产率),即:

$$\bar{A}_{dn}=\frac{\gamma_1 A_{d1}+\gamma_2 A_{d2}+\cdots+\gamma_n A_{dn}}{\gamma_1+\gamma_2+\cdots+\gamma_n} \tag{3-3}$$

例如，1.50 g/cm^3 密度级的浮物累计灰分为：

$$\frac{6.72\times 3.99+46.18\times 7.99+21.56\times 15.93}{6.72+46.18+21.56}\times 100\%=9.93\%$$

(D) 浮物累计产率和浮物累计灰分的计算。

(a) 浮物累计产率计算。表 3-4 中第(6)栏各密度级的浮物累计产率用表 3-4 中第(3)栏从上而下逐级相加得来。

(b) 浮物累计灰分计算。表 3-4 中第(7)栏各密度级的浮物累计灰分由相应各密度级的产率[表 3-4 中第(3)栏]和灰分[表 3-4 中第(5)栏]自上而下加权平均计算得来，即为相应各密度级的加权平均灰分。

(E) 沉物累计产率和沉物累计灰分的计算。

沉物累计产率和沉物累计灰分的计算分别与浮物累计产率和浮物累计灰分的计算方法相同，但沉物累计参数的计算是自下而上进行的。

例如，表 3-4 中第(8)栏中 2.0 g/cm^3 密度级的沉物累计产率为 12.92%，1.8 g/cm^3 密度级的沉物累计产率为 12.92%+2.47%=15.39%，以此类推可求得其他各密度级的沉物累计产率。当物料全部下沉时，沉物累计产率为 100%。

例如，表 3-4 第(9)栏中 2.0 g/cm^3 密度级的沉物灰分为 78.73%，1.8 g/cm^3 密度级的沉物累计灰分为(12.92×78.73 +2.47×54.47)/15.39×100%=74.84%。以此类推可求得其他各密度的沉物累计灰分。当物料全部下沉时，沉物累计灰分也就是各密度级沉物累计灰分的加权平均值，即小计行中的 22.14%。

② 综合级浮沉试验资料的整理。

综合级浮沉试验资料代表原料煤中 25～13 mm 级浮沉试验结果。将表 3-4 和表 3-5 合并即为综合级煤样浮沉试验报告，见表 3-6。以表 3-6 为例来介绍综合级煤样浮沉试验资料的整理与数据的计算。

(a) 占全样产率的计算。

综合级煤样浮沉试验报告是自然级和破碎级煤样浮沉试验报告的合并。因为占全样产率的计算是以原煤为基准的，所以相同密度级的占全样产率可以叠加。

表 3-6 第(4)栏中各密度级占全样产率是表 3-4 和表 3-5 中第(4)栏相应密度级占全样产率之和。例如，求<1.30 g/cm^3 密度级的占全样产率，由于表 3-4 中<1.30 g/cm^3 密度级的占全样产率是 1.219%，表 3-5 中<1.30 g/cm^3 密度级的占全样产率是 0.893%，故表 3-6 中<1.30 g/cm^3 密度级的占全样产率为：1.219%+0.893%=2.112%。以此类推，可求出表 3-6中各密度级的占全样产率，见表 3-6 中第(4)栏。

(b) 占本级产率的计算。

在计算自然级与破碎级煤样的浮沉试验数据时，首先根据各浮沉产物的质量先算出占本级产率，然后根据该粒级占全样产率换算出该粒级各密度级产物的占全样产率。在各粒级的综合级浮沉试验资料整理时，有了各密度级产物占全样产率同样可换算出占本级产率。

表 3-6 中各密度级占全样产率之和是 24.408%，各密度级占本级产率之和应是 100%，所以必须把 24.408%视为整体 100%。则各密度级占本级产率就是各密度级占全样产率百分数除以 24.408，再乘以 100%而得到的。例如，<1.30 g/cm^3 密度级占本级产率为：2.112/24.408×100%=8.65%。同理可得其他各密度级占本级产率，见表 3-6 中第(3)栏。

煤泥占本级的产率是以各密度级产率和浮沉煤泥产率之和作为100％，即以各密度级和浮沉煤泥占全样产率之和(24.408＋0.197)，即表3-6第(4)栏中总计24.605％作为100％计算而得的。所以，煤泥占本级产率为：0.197/24.605×100％＝0.80％。

(c) 各密度级的灰分计算。

表3-6第(5)栏中各密度级以及煤泥的灰分是表3-4和表3-5中各相应密度级以及煤泥灰分的加权平均值。用这两个表中第(4)、(5)两栏的数据进行计算。例如，求＜1.30 g/cm^3密度级的灰分时，用表3-4和表3-5中第(4)、(5)两栏的数据进行计算，其数据分别为1.219％×3.99％和0.893％×4.84％，则表3-6中＜1.30 g/cm^3 密度级的灰分为：

$$\frac{1.219\times3.99+0.893\times4.84}{1.219+0.893}\times100\%=4.35\%$$

以此类推，可分别求出各密度级和浮沉煤泥的灰分。

表3-6第(5)栏中的“小计”和“合计”灰分可通过表3-4和表3-5用上述方法计算，也可用表3-6中计算出的各密度级灰分以及浮沉煤泥的灰分分别计算其加权平均值，但无论用哪一种方法，其计算的结果应该一致。

表3-6中的浮物累计和沉物累计等方面参数的计算方法与表3-4中的完全相同。

各粒级浮沉试验报告内的浮物和沉物累计计算部分[表3-6中第(6)～(9)栏]，如果不需要专门研究每一粒级的可选性或绘制每一粒级的可选性曲线，那么可以不进行计算和填写。

当各粒级的浮沉试验资料都整理完毕并经检验试验误差符合规定要求后，可以将煤炭的筛分试验和浮沉试验综合起来填写一张“筛分浮沉试验综合表”(见表3-7)。

③ 筛分浮沉试验报告资料的整理。

筛分浮沉试验报告包括筛分试验和浮沉试验两部分。筛分试验部分是从筛分试验报告中转抄过来的，其中50～0.5 mm级产率为各粒级占全样产率之和，50～0.5 mm级灰分为各粒级灰分的加权平均值；浮沉试验部分各粒级的“占本级产率”、“占全样产率”及“灰分”是从各粒级的综合级浮沉试验报告中转抄过来的，其中50～0.5 mm级各栏的数据计算方法如下所述。

(a) 占全样产率的计算。

表3-7中第(18)栏各密度级和浮沉煤泥的“占全样产率”是各粒级中相应密度级和浮沉煤泥“占全样产率”之和，即：

$$(3)\text{栏}+(6)\text{栏}+(9)\text{栏}+(12)\text{栏}+(15)\text{栏}=(18)\text{栏}$$

(b) 各密度级及浮沉煤泥的灰分。

表3-7第(19)栏中各密度级以及浮沉煤泥的灰分是各粒级中相应各密度级及浮沉煤泥灰分的加权平均值，即：

$$(19)\text{栏}=\frac{(3)\text{栏}\times(4)\text{栏}+(6)\text{栏}\times(7)\text{栏}+(9)\text{栏}\times(10)\text{栏}+(12)\text{栏}\times(13)\text{栏}+(15)\text{栏}\times(16)\text{栏}}{(18)\text{栏}}\times100\%$$

表3-7第(19)栏中的小计灰分和合计灰分同样可用上述方法横向求出，也可用(18)、(19)两栏的数据用加权平均法竖向求出。不论是横向计算还是竖向计算，其结果应该一致。

(c) 占本级产率的计算。

这里的本级是指50～0.5 mm级。从表3-7中第(18)栏可看到50～0.5 mm级中各密

表 3-7　筛分浮沉试验综合表

密度级 /g·cm^{-3}	50～25 mm			25～13 mm			13～6 mm			6～3 mm			3～0.5 mm			50～0.5 mm		
	产率/%	灰分/%		产率/%	灰分/%		产率/%	灰分/%		产率/%	灰分/%		产率/%	灰分/%		产率/%	灰分/%	
	33.029	21.71		24.605	21.63		15.874	22.83		13.283	19.24		8.303	15.94		95.094	21.03	
	占本级 /%	占全样 /%	灰分 /%	占本级 /%	占全样 /%	灰分 /%	占本级 /%	占全样 /%	灰分 /%	占本级 /%	占全样 /%	灰分 /%	占本级 /%	占全样 /%	灰分 /%	占本级 /%	占全样 /%	灰分 /%
(1)	(2)	(3)	(4)	(5)	(6)	(7)	(8)	(9)	(10)	(11)	(12)	(13)	(14)	(15)	(16)	(17)	(18)	(19)
<1.30	7.37	2.519	4.49	8.65	2.112	4.35	9.35	1.478	2.97	15.51	2.047	2.69	24.17	1.906	2.32	10.69	10.062	3.46
1.30～1.40	52.94	17.38	9.29	46.86	11.437	8.31	43.30	6.847	7.12	38.78	5.117	6.83	33.68	2.656	6.47	46.15	43.437	8.23
1.40～1.50	19.50	6.401	17.03	20.25	4.943	15.92	20.48	3.238	14.77	20.94	2.764	13.65	20.41	1.610	12.72	20.14	18.965	15.50
1.50～1.60	3.33	1.191	26.68	5.33	1.301	26.64	6.37	1.007	24.87	6.40	0.844	24.39	6.64	0.524	23.01	5.17	4.867	25.50
1.60～1.70	2.08	0.683	34.92	2.41	0.587	35.11	2.99	0.473	33.67	3.11	0.410	34.05	3.13	0.247	32.07	2.55	2.400	34.28
1.70～1.80	1.36	0.447	44.33	1.67	0.408	43.39	1.85	0.292	42.08	1.92	0.254	42.34	1.62	0.128	39.81	1.62	1.529	42.94
1.80～2.00	1.96	0.642	53.46	2.32	0.567	54.57	2.17	0.344	52.32	2.17	0.286	50.88	2.16	0.170	49.94	2.13	2.009	52.91
>2.00	10.86	3.566	81.12	12.51	3.053	79.43	13.49	2.133	79.29	11.17	1.474	78.19	8.19	0.646	76.99	13.67	10.872	79.64
合计	100.00	32.828	20.74	100.00	24.408	21.69	100.00	15.812	21.59	100.00	13.196	19.19	100.00	7.887	15.90	100.00	94.132	20.50
煤泥	0.61	0.200	17.24	0.80	0.197	18.80	0.39	0.062	21.16	0.65	0.087	21.59	5.01	0.416	17.13	1.01	0.962	18.16
总计	100.00	33.029	20.72	100.00	24.605	21.67	100.00	15.874	21.59	100.00	13.283	19.21	100.00	8.303	15.96	100.00	95.094	20.48

度级占全样产率之和(小计)为94.132%,那么各密度级占本级产率为:

$$(17)\text{栏}=\frac{(18)\text{栏}}{94.132}\times 100\%$$

同样,煤泥的占本级产率是0.962/95.094×100%=1.01%。

为了评定煤的可选性等级,绘制可选性曲线,可把表3-7中的第(17)和第(19)两栏的数据摘引到另一个表中,此表即为50～0.5 mm粒级原煤浮沉试验综合表(见表3-8)。

表3-8　50～0.5 mm粒级原煤浮沉试验综合表

密度级/g·cm^{-3}	产率/%	灰分/%	浮物累计		沉物累计		分选密度±0.1 g/cm^3,产率		
			产率/%	灰分/%	产率/%	灰分/%	密度级/g·cm^{-3}	不去矸产率/%	去矸产率/%
(1)	(2)	(3)	(4)	(5)	(6)	(7)	(8)	(9)	(10)
<1.30	10.69	3.46	10.69	3.46	100.00	20.50	1.30	56.84	64.62
1.30～1.40	46.15	8.23	56.84	7.33	89.31	22.54	1.40	66.29	74.95
1.40～1.50	20.14	15.50	76.98	9.47	43.16	37.85	1.50	25.31	28.62
1.50～1.60	5.17	25.50	82.15	10.48	23.02	57.40	1.60	7.72	8.73
1.60～1.70	2.55	34.28	84.70	11.19	17.85	66.64	1.70	4.17	4.71
1.70～1.80	1.62	42.94	86.32	11.79	15.30	72.04	1.80	2.69	3.04
1.80～2.00	2.13	52.91	88.45	12.78	13.68	75.48	1.90	2.13	2.41
>2.00	11.55	79.64	100.00	20.50	11.55	79.64			
小计	100.00	20.50							
浮沉煤泥	1.01	18.16							
合计	100.00	20.48							

在表3-8中,第(2)、(3)两栏的数据摘引的是表3-7中的第(17)、(19)两栏数据,第(4)～(7)栏的浮物和沉物的累计产率和累计灰分,是由表3-8中第(2)、(3)两栏的数据计算而得的,其计算方法与各粒级浮沉试验报告(表3-4至表3-6)中的累计产率和累计灰分的计算方法完全相同。

表3-8的第(9)栏的分选密度±0.1 g/cm^{3}产率,是指密度比理论分选密度减0.1 g/cm^{3}至加0.1 g/cm^{3}密度区间物料的产率,又称为邻近密度物含量。例如,理论分选密度为1.40 g/cm^{3}的±0.1 g/cm^{3}产率为1.30～1.40 g/cm^{3}密度级(－0.1 g/cm^3)产率加上1.40～1.50 g/cm^{3}密度级(＋0.1 g/cm^3)产率,即:(1.40±0.1)g/cm^{3}密度级产率为46.15%＋20.14%＝66.29%。

同理得密度为1.50 g/cm^3、1.60 g/cm^3、1.70 g/cm^3、1.90 g/cm^{3}的±0.1 g/cm^{3}的产率。

当理论分选密度为1.30 g/cm^{3}和1.80 g/cm^{3}时,其±0.1 g/cm^{3}产率不能直接用表3-8中的数据算出,需借助可选性曲线查得。

3.1.1.1.2　快速浮沉试验

为了及时掌握原煤可选性和选煤厂生产检查煤样的密度组成,指导洗煤操作,应进行快速浮沉试验。

快速浮沉试验前后的煤样是在带水的状态下称重的(用湿煤样),量较少。快速浮沉试验重液密度一般为两级:一级与精煤分选密度相近,另一级与矸石分选密度相近。因为只做两个密度试验,可以在短时间内取得浮沉结果,所以比较快捷,但不够准确,只用于指导生产操作。快速浮沉试验主要针对重选产品,用来检查矸石和中煤中的浮物(带煤情况),以及精煤中的沉物(污染情况),方便岗位司机及时调整分选设备。

快速浮沉试验操作顺序如下:

① 用密度计(分度值为 0.02)检查重液,使之达到规定的密度。

② 做原料煤三级浮沉时,把煤样放在网底桶中脱泥,然后在略低于或等于规定密度的重液中浸润一下,把桶拿出稍稍滤去一部分重液,再放入试验用的低密度重液中,使煤粒松散。静止片刻后,用网勺沿同一方向捞起浮物,将浮物放入带有网底的小盘中。在桶内捞起浮物的深度不能过深,以免搅起沉下物。把重液表面上浮起的大部分煤用网勺捞出后,再上下移动网底桶,使沉下物中夹杂的浮物放出。等液面稳定后,再一次捞起浮物,直至全部捞完为止。捞尽浮物后把盛有沉物的网底桶慢慢提起,滤去重液,然后放入盛有高密度重液的桶中,重复低密度浮沉试验的操作方法。最后分别捞出高密度重液中的浮物和沉物,先后得到三个密度级的产物,滤去重液,用水冲洗产物表面残留的氯化锌溶液,滤干后称量。

③ 计算各产物的产率。设浮起物质量为 A,中间物质量为 B,沉下物质量为 C。

$$浮起物质量分数=\frac{A}{A+B+C}\times100\%$$

$$中间物质量分数=\frac{B}{A+B+C}\times100\%$$

$$沉下物质量分数=\frac{C}{A+B+C}\times100\%$$

浮起物、中间物和沉下物的质量分类之和应为 100%,用以校正计算。计算各级产物(浮沉物)质量百分数取到小数点后一位,第二位四舍五入。

④ 快速浮沉试验中煤样不需要达到空气干燥状态,始终是在湿的状态下进行试验的。但是,要将煤样带的水滤干后方可称量。

⑤ 原料煤浮沉时,需要脱泥。产品做浮沉时不需要脱泥。

⑥ 如果是一级浮沉,则浮沉前要称取浮沉物总质量;做三级浮沉时,可不称取浮沉物的总质量,用浮沉后 3 个密度物质量之和作为浮沉物总质量。

⑦ 快速浮沉试验的时间,由采样到得出结果不得超过 15～20 min。

3.1.1.2 *矿石密度组成及测定*

查明矿石中不同矿物的密度差别和含量组成,对判断矿石的重选可选性有重要意义。在接近理想的条件下,将矿粒分离为不同比重组分,根据不同比重组分的称量和化验结果,算出该矿样的比重组成以及有用和有害成分在不同比重组分中的分布率,并且对选后产物进行密度组成测定,帮助了解产物中所含杂质的性质及为如何进一步处理提供方向。矿石密度组成的测定与煤炭密度组成的测定方法相同,均是进行浮沉试验。这是矿石可选性研究工作中的重要内容。尤其当选择重介质选矿方案时,这项试验工作是必不可少的。

当矿石试样不很多时,可用重液作为分离介质进行浮沉试验。由于一般矿石密度都高于煤炭的密度，所以配制重液时所用的有机溶剂要求密度更高。测定金属矿石常用的重液如下所述。

① 三溴甲烷($CHBr_3$)或四溴乙烷($C_2H_2Br_4$)。其最高密度可达2.9～3.0 g/cm^3。应用苯、甲苯或四氯化碳与之混合，调整配比，可获得不同密度的重液。

② 杜列液。其是碘化钾与碘化汞按KI∶HgI_2=1∶1.24比例配成的水溶液，其最高密度可达3.2 g/cm^3。这种重液配制方便，实际工作中应用较多，但其对硫化矿物有分解作用。

③ 二碘甲烷(CH_2I_2)。用苯或其他有机溶剂稀释二碘甲烷，可配制密度高达3.3 g/cm^{3}的重液。

④ 克列里奇液。其是由甲酸铊(HCOOTl)和丙二酸铊[$CH_2(COOTl)_2$]配制成的水溶液。配制重液密度最高达4.25 g/cm^3。这种重液与硫化矿物不起反应，但对人体有伤害。

对于金属矿石的浮沉试验，由于受到重液所能达到的最高密度的限制，要获得纯净的金属矿物是很难的，而且多数情况下是不可能的。因此，对金属矿石来说，浮沉试验的应用远不如煤炭使用得那么普遍。

测定矿石密度组成和测定煤炭的密度组成是一样的，也以窄粒级进行，以便考查在不同粒度下矿石的可选性差异。准备试样时，应根据研究的目的来确定试样的上限粒度、下限粒度，以及必需的分级比等，然后根据要求的粒度将试样破碎、缩分和分级。

仅仅为了考查矿石用重介质选别的可选性时，小于3～0.5 mm的物料通常不进行研究，因为在目前技术水平下，重介质选矿法只能处理不小于3～0.5 mm的物料。若需全面地考察矿石的重选可选性，则可根据选别的下限粒度确定研究的下限。

为了考查矿石的入选粒度，可将试样缩分为几份，分别破碎到不同粒度进行试验。例如，可将试样缩分为四份，分别破碎到25 mm、18 mm、12(10) mm、6 mm，筛除不拟入选的细粒并洗去矿泥，晾干后分别进行试验；筛出的细粒(包括矿泥)也要计量和取样化验，以便编制金属平衡。一般可在岩矿鉴定的基础上，从较粗的粒度开始试验。若在较粗的粒度下已能得到满意的分离指标，则不必再对较细的试样试验，否则，应逐步降低入选粒度，直到得出满意的分离指标为止。试验的最初阶段，通常需要将试样筛分成窄级别，洗去矿泥并晾干后，分别进行试验。最后再按照选定的粒度范围，用宽级别物料进行校核试验。窄级别试样的分级比，一般为$\sqrt{2}$～2。

在可选性研究工作中，比重组分分析通常属于预先试验性质的工作，所用试样量通常较小，一般小于按$q=Kd^2$关系算出的试样质量数值。例如，对于25 mm的试样，若$K=0.1\sim0.2$，按$q=Kd^2$的关系，最小质量为62.5～125 kg，而实际工作中却常只用25～30 kg。逐块测比重时，则一般要求各级的矿块数不少于200即可。但在用宽级别试样进行重介质选矿的正式试验时，原始试样的质量必须满足$q\geq Kd^2$的关系。

用重液作为分离介质进行浮沉试验时，根据对测定精度要求的不同，可配制4～8个密度各相差0.5～1.0 g/cm^{3}的重液。例如，最简单情况是配制2.7 g/cm^3、2.8 g/cm^3、2.9 g/cm^3、3.0 g/cm^{3}四种密度不同的重液，分别置于容器内，将试样装入漏桶中，依次由低密度至高密度进行浮沉。每经一种密度的重液浮沉后，将浮物捞出，取出漏桶中的沉物，将沉物洗净、烘干，然后将其重新置于漏桶中，再放到高一密度级的重液中进行浮沉，以此类推，直到最高密度重液的浮沉做完为止。这样便可得到一系列密度为<2.70 g/cm^3、2.70～2.80 g/cm^3、2.80～2.90 g/cm^3、2.90～3.00 g/cm^{3}及>3.00 g/cm^{3}的各密度级产物。最终将各密度级产物分别称重、化验并计算出各密度级的产率、金属分布率等数据，这就基本展示了该矿石密度组成的情况。

在矿石可选性研究中，密度组成的情况可以解决下列问题：

① 对于需要采用重介质选矿法选别的矿石，密度组分分析就是重介质选矿实验室可选性研究的基本方法。通过密度组分分析，可以确定该矿石采用重介质选矿的可能性，适宜的入选粒度和分选比重，以及可能达到的选别指标。

② 对于需要采用其他重选方法选别的矿石，根据不同粒级试样不同密度组分中金属分布的规律，判断该矿石的可选性，估计必需的破碎粒度（即入选粒度）以及可能达到的最高指标。

③ 由于可以根据不同粒度试样的密度组分分析结果间接地判断有用矿物在不同破碎粒度下单体解离的情况，因而对于需要采用其他选矿方法的矿石，可根据密度组分分析结果估计必需的破碎粒度和可能达到的选别指标。

3.1.2　可选性曲线的绘制与应用

通过浮沉试验，了解到了某些特定密度下物料的数量、质量情况，但要了解到任意条件下的情况，只能是两种办法。一是把浮沉试验的密度间隔划得无限小，从而获得无穷多个极窄密度级产物的产率与灰分，实际上这显然是不可能的。二是利用浮沉试验中有限的几个密度级产物量与质的数据，用图示的方法，将其关系曲线化，从而解决在任意条件下都能提供各种密度范围的物料的量与质的关系。因此，根据物料浮沉试验结果而绘制出的一组曲线，称为可选性曲线。它能反映该物料所有密度级或任一密度物的质量分布情况。

可选性是按所要求的质量指标，从原料中分选出产品的难易程度。原料的可选性，与对产品的质量要求、分选的方法和原料本身所固有的特性等因素有关。

根据同一浮沉资料，绘制可选性曲线的方法可不同。目前物料的可选性曲线有两种：一种是亨利-列茵卡尔特曲线，简称 H-R 曲线。另一种是迈耶尔可选性曲线，简称 M 曲线。H-R 曲线使用得更多、更普遍。尤其是原煤可选性曲线更多采用 H-R 曲线，相比之下 M 曲线到目前为止使用较少。作为分析物料可选性的一种手段，可选性曲线在选煤工艺中是必不可少的。

3.1.2.1　煤炭可选性曲线绘制与应用

3.1.2.1.1　原煤可选性曲线绘制与应用

原煤可选性曲线（H-R 曲线）是根据表 3-8 的数据绘制出来的。表 3-8 中第（2）、（3）两栏的数据所表征的是 50～0.5 mm 级原煤特性。

（1）H-R 曲线的组成

H-R 曲线是一组曲线，包括灰分特性曲线（λ 曲线）、浮物曲线（β 曲线）、沉物曲线（θ 曲线）、密度曲线（δ 曲线）和密度±0.1 曲线（ε 曲线）等。

（2）H-R 曲线的绘制

按照规定，原煤可选性曲线一般绘制在 200 mm×200 mm 的坐标纸上。原煤可选性曲线绘制步骤如下所述。

① 确定坐标轴。

200 mm×200 mm 正方形坐标面积代表的是除去小于 0.5 mm 煤粉以后入选粒级的原

煤量。

图 3-2 所示是 100 mm×100 mm 正方形坐标系。在图 3-2 中,下方横坐标轴表示灰分 A_d,自左至右由 0 到 100%;上方横坐标轴表示密度,自右向左从 1.20 g/cm^3 标注到 2.10 g/cm^3 以上;左边纵坐标轴是浮物产率,自上而下由 0 到 100%;右边纵坐标轴是沉物产率,自下而上由 0 到 100%。

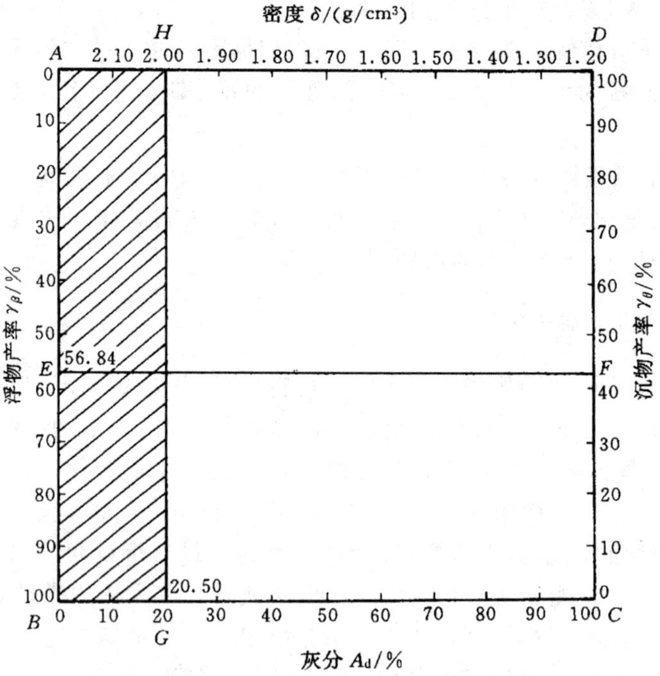

图 3-2 可选性曲线坐标的确定及其含义

② 绘制曲线。

在正方形 $ABCD$ 面积上,任做一条垂直于纵坐标轴的横线(如图 3-2 中的横线 EF,即小于 1.40 g/cm^3 煤的累计),将该正方形分成上、下两部分。EF 横线以上的面积,为该原煤中小于某一密度(图 3-2 中所示为小于 1.40 g/cm^3)的浮物所占的百分比;横线 EF 与纵坐标的交点,为浮物的产率;横线 EF 以下的面积,为该原煤中大于某一密度(图 3-2 中所示为大于 1.40 g/cm^3)的沉物所占的分量,横线 EF 与纵坐标轴 CD 的交点,为沉物的产率。浮物和沉物产率之和为 100%。整个正方形 $ABCD$ 面积代表除去小于 0.5 mm 粒级煤粉之后,入选粒级的原煤量,或者说表示 50～0.5 mm 粒级入选原煤浮沉试验所用的整个煤样。

同理,在灰分 A_d 横坐标轴上找到原煤灰分值(从表 3-8 中可知 50～0.5 mm 粒级煤的灰分为 20.50%),并从此点做垂线 GH,也将正方形 $ABCD$ 划分为两部分。此时垂线 GH 左侧画斜线阴影面积 $ABGH$,代表原煤完全燃烧后残余物(灰分)的分量;垂线 GH 右侧 $GHDC$ 面积则代表该原煤中可燃及挥发物之和的分量。当然,这两块面积之和,即面积 $ABCD$ 体现着整个入选原煤。

由上述可知:在可选性曲线的四个坐标轴中,两个纵坐标轴反映浮煤和沉煤的数量指标,而上、下两个横坐标轴,从不同意义上来表述煤炭的质量。

（3）具体曲线的绘制

① 灰分特性曲线的绘制。

灰分特性曲线，曾称基元灰分曲线，简称 λ 曲线，是可选性五条曲线中最基本的一条曲线。因为这条曲线能形象和完整地反映原煤中各成分间的结合特性，所以它最能集中体现原煤的可选性。

代表原煤的煤样，经浮沉试验之后，可划分若干个不同密度级，根据表 3-8 中第(2)栏数据将其画出来，如图 3-3 所示。如果说图 3-2 正方形 $ABCD$ 代表未经浮沉的原煤，各密度级物料是杂乱相混的，那么图 3-3 反映各密度级物料从低到高，且自上而下按顺序的排列。每一个横向长方形面积（图 3-3 中所示的 $A\beta_1\theta_7D$、$\beta_1\beta_2\theta_6\theta_7$、$\beta_2\beta_3\theta_5\theta_6$、$\beta_3\beta_4\theta_4\theta_5$、$\beta_4\beta_5\theta_3\theta_4$、$\beta_5\beta_6\theta_2\theta_3$、$\beta_6\beta_7\theta_1\theta_2$ 及 $\beta_7BC\theta_1$ 八个长方形面积），代表相应密度级产物所占的分量。

各密度级产物同样都是由可燃物和不可燃物（灰分）所构成的。若将各个密度级物料中的灰分量画出来（图 3-3 中所示的 $A\beta_1ba$、$\beta_1\beta_2dc$、$\beta_2\beta_3fe$、$\beta_3\beta_4hg$、$\beta_4\beta_5ji$、$\beta_5\beta_6lk$、$\beta_6\beta_7nm$ 及 β_7Bpo 八个长方形面积），使用表 3-8 中第(3)栏数据即可。图 3-3 中画有斜线阴影的阶梯形面积即为各个密度级灰分量之总和。当然该面积与图 3-2 中从原煤灰分点所画垂线之左侧长方形 $ABGH$ 面积相等。它们仅仅是图形有别，但都是反映该原煤中不可燃物灰分所占的多少。

每个密度级产物的灰分，是该密度级的平均灰分。因此，图 3-3 中围成阶梯面积的那条折线 $abcdefghijklmnop$，表示在浮沉原煤中，各密度级产物的产率与其平均灰分的关系。

若把浮沉试验所用的重液的密度间隔无限地减小，则各密度级产物的分量也就无限小，无限小的量可称其为“基元”。于是每个密度级产物中代表其灰分量的那块面积也就近于一条横线段，该线段的长度代表基元灰分。根据煤炭密度越高，灰分就越大这一规律，反映各密度级产物产率与其平均灰分关系的那条折线，就变成一条曲线了。这条曲线就是所要绘制的灰分特性曲线。

实际上，不可能令重液的密度间隔无限窄来进行浮沉试验，要以有限的几个密度级的浮沉试验所得数据为基础来画出灰分特性曲线，则只可借助图解与推理的方法加以解决。

从图 3-3 中任意抽出一个密度级产物，观察其产率与灰分的变化情况。例如，抽出 1.40～1.50 g/cm^3 密度级产物，即长方形 $\beta_2\beta_3\theta_5\theta_6$（见图 3-4 纵坐标上的 $\beta_2\beta_3$ 线段），其面积是该密度级物料的产率；而长方形 $\beta_2\beta_3fe$ 这块面积，是该密度级物料的灰分量。显然，实际上这级产物中，密度接近 1.40 g/cm^3 的煤，其灰分比平均灰分要低；密度接近 1.50 g/cm^3 的煤，其灰分比平均灰分要高。所以代表 1.40～1.50 g/cm^3 物料灰分量的面积，其形状不应是长方形（图 3-4 中的 $\beta_2\beta_3fe$）而应近似于梯形。该梯形的中线（即图 3-4 梯形 $\beta_2\beta_3A_{d2}A_{d1}$ 的中线 ys）长度大致等于原长方形（$\beta_2\beta_3fe$）的底边，梯形面积也与原长方形面积相等。

也就是说，当浮沉物密度级较窄时，可近似地将产率与灰分的变化情况看作一条斜线（图 3-4 中的 $A_{d1}A_{d2}$），而该斜线可以看成是该密度级的物料中，灰分由小到大全部基元灰分的累积。由于该密度级灰分量没有变化，故三角形 $A_{d1}es$ 和三角形 sfA_{d2} 应相等。

按照上述分析，定出图 3-3 中 ab、cd、ef、gh、ij、kl、mn 及 op 等 8 条垂直线段的中点，即 q、r、s、t、u、v、w 及 x 等 8 个点。然后将这 8 个点连成一条平滑曲线，曲线与上、下两个横坐标的交点，即为灰分特性曲线的两个端点。端点是根据曲线两端走向延伸来确定的。上端点 I 的横坐标，表示浮沉原煤中密度最小的那部分物料的灰分；下端点 J 的横坐标，表

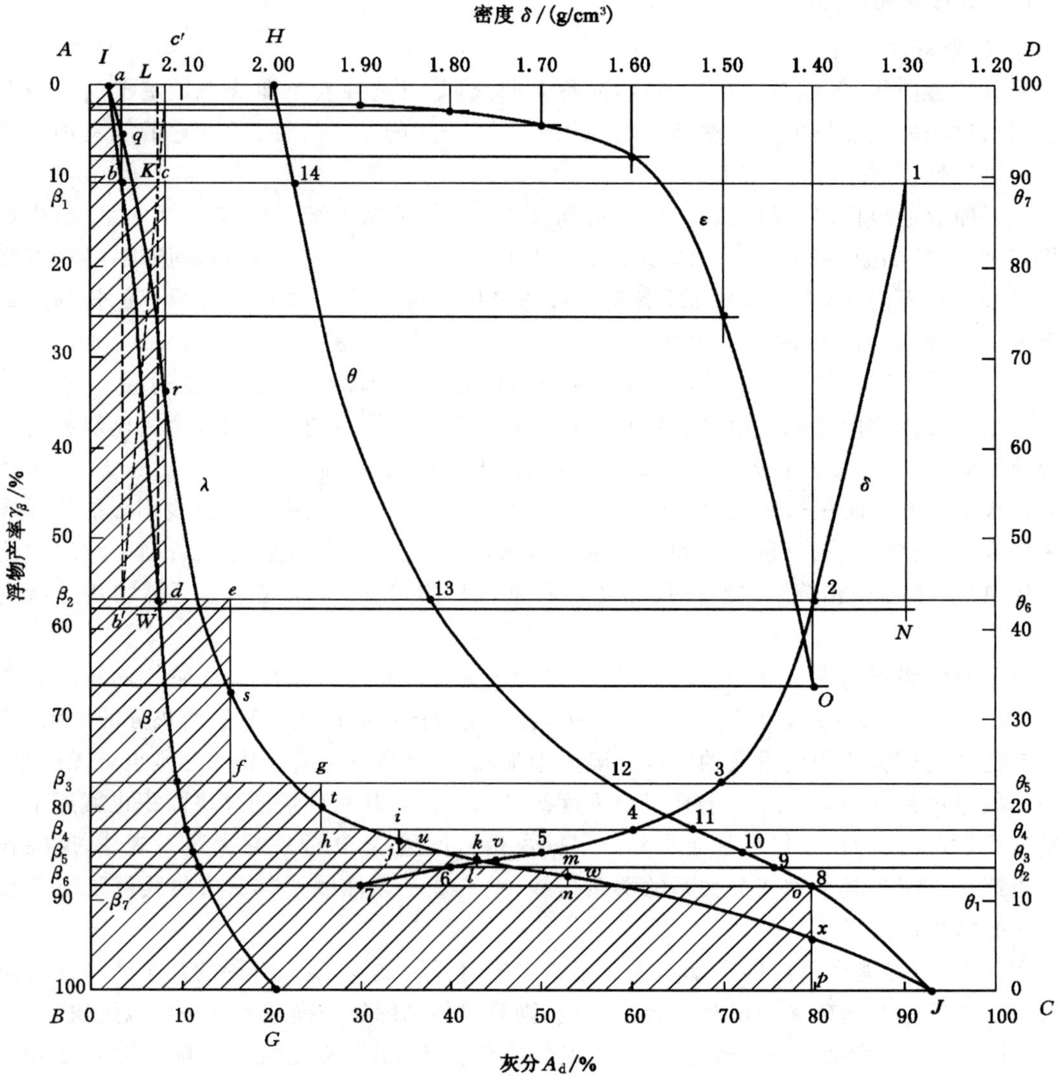

图 3-3 入选原煤 50～0.5 mm 粒级可选性曲线

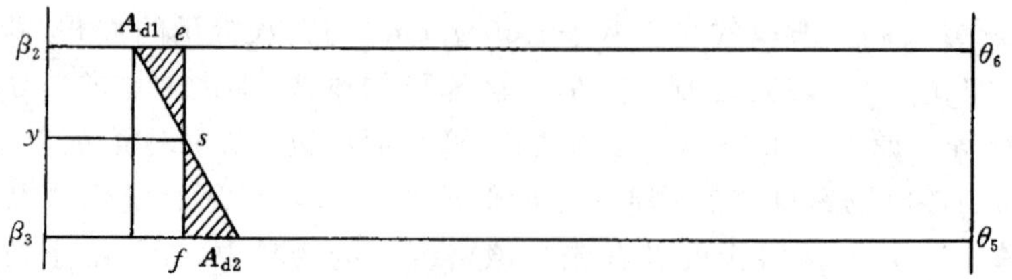

图 3-4 任一密度级产物其灰分非均匀性图标

示浮沉原煤中最高密度物的灰分。从 I 到 J 整个曲线，就是所要求绘制的灰分特性曲线（λ 曲线）。

经 λ 曲线上的任一点作一条横线，可将原煤分成上、下两部分。上部分为浮物数量，其纵坐标显示浮物占原煤的百分比，即浮物产率；下部分为沉物数量，其纵坐标显示沉物占原煤的百分比，即沉物产率。而被 λ 曲线任一点分为两段的那条横线，其左侧横线段在灰分 A_d 坐标轴上的读数，是浮物与沉物的分界灰分。该分界灰分既是浮物中的最高灰分，也是沉物中的最低灰分。因此，可将分界灰分称为边界灰分。

λ 曲线，可以理解为表示浮物(或沉物)产率与其分界灰分关系的曲线，或者说是小于某一规定密度的浮物(或大于某一规定密度的沉物)累计产率与密度刚好等于该密度时煤的灰分关系曲线。换言之，λ 曲线是小于某一规定灰分物的产率和这个灰分的关系曲线。上述概念均可用数学形式表述，即：

$$\gamma_{-\delta} = f(A_\delta) \text{ 或 } \gamma_{-A} = f(A) \tag{3-4}$$

式中　δ——某一规定密度；

$\gamma_{-\delta}$——小于某一规定密度之煤的产率；

A_δ——规定密度之煤的灰分；

A——某一规定灰分；

γ_{-A}——小于某一规定灰分之煤的产率。

② 密度曲线(δ 曲线)的绘制。

密度曲线是用表 3-8 中的第(4)栏和第(8)栏数据绘制而成的。δ 曲线是表示煤中浮物(或沉物)累计产率与相应密度关系的曲线。

该曲线的具体画法是：在图 3-3 中上方表示密度的横坐标上，自密度 1.30 g/cm³、1.40 g/cm³、1.50 g/cm³、1.60 g/cm³、1.70 g/cm³、1.80 及 1.90 g/cm³ 等 7 个点，各自向下引画垂线，分别与 $\beta_1\theta_7$、$\beta_2\theta_6$、$\beta_3\theta_5$、$\beta_4\theta_4$、$\beta_5\theta_3$、$\beta_6\theta_2$ 及 $\beta_7\theta_1$ 等 7 条横线相交于 1、2、3、4、5、6、7 等 7 个点。将这 7 个点连成一条平滑曲线，即为 δ 曲线。

密度曲线上任一点在横坐标 DA 上的读数是既定密度，该既定密度表示某一理论分选密度；该点在曲线左边纵坐标 AB 上的读数，是小于这个既定密度的浮煤产率，在曲线右边纵坐标 CD 上的读数，是大于这个既定密度的沉煤产率。

由于 δ 曲线是一条连续曲线，因此可以找出表 3-8 第 8 栏所列分选密度以外的任意一个分选密度时浮煤和沉煤的理论产率。

密度曲线的概念可用数学形式表述，即：

$$\gamma_{-\delta} = f(\delta) \tag{3-5}$$

式中　δ——某一既定密度；

$\gamma_{-\delta}$——小于某一既定密度的浮物产率。

③ 浮物曲线(β 曲线)的绘制。

浮物曲线(简称 β 曲线)，是根据表 3-8 中第(4)、(5)两栏数据绘制而成的。β 曲线表示煤中浮物累计产率与其平均灰分的关系。浮物曲线可用数学表达式表述，即：

$$\gamma_{-\delta} = f(A_{-\delta}) \tag{3-6}$$

式中　$\gamma_{-\delta}$——小于某一既定密度的浮物累计产率；

$A_{-\delta}$——小于该既定密度的浮物的平均灰分。

小于既定密度的浮物，可能包括两个或两个以上密度级的浮物。为了便于理解浮物混合的平均灰分的意义，可用作图法加以说明(见图 3-3)。例如，小于 1.40 g/cm³ 的浮物、包含＜1.30 g/cm³ 和 1.30～1.40 g/cm³ 两个密度级的煤。现求上述两密度级的煤混合之后的平均灰分。将 ab 线延长至 b'。再将 dc 延长至 c'，则构成矩形 $ab'dc'$。其中矩形 $bb'dc$ 是灰分实体，矩形 $abcc'$ 是不含灰分的可燃体。欲求两部分煤的平均灰分，就意味着从矩形 $bb'dc$ 灰分实体中取出一部分灰分，补到矩形 $abcc'$ 中去，构成新的灰分实体。为此，在矩形 $ab'dc'$ 中引一对角线 $c'b'$ 交 bc 于 K 点，把原来的矩形变成了两个全等三角形，即 $\triangle ab'c \cong \triangle b'dc'$。通过 K 点平行于纵坐标轴引直线 LKW，则新的灰分实体 $\triangle bb'K \cong \triangle b'WK$，可燃体 $\triangle LKc' \cong \triangle c'Kc$，因此，长方形 $abKL$ 等于长方形 $KWdc$。这意味着从 1.30～1.40 g/cm^3 密度级煤的灰分实体中取出一部分长方形 $KWdc$ 灰分量与小于 1.30 g/cm^3 密度级煤的可燃体长方形 $abKL$ 交换。于是直线 LKW 左侧面积是两部分煤混合后的灰分量；$\beta_2 W$ 则为平均灰分百分数，其值为 7.33％。该数也就是表 3-8 第(5)栏第 2 个数据，即密度小于 1.40 g/cm^3 的累计浮煤平均灰分。可见 1.40～1.50 g/cm^3、1.50～1.60 g/cm^3、1.60～1.70 g/cm^3、1.70～1.80 g/cm^3、1.80～2.00 g/cm^3 及＞2.00 g/cm^3 各密度级煤依次混合累计，便可逐步求出每混合一次之后的产率及平均灰分，直到＞2.00 g/cm^3 密度级煤全部作为浮物混合累计之后，其产率为 100％，平均灰分为 20.50％(此即原煤灰分)。当然，具体画时，不需如此，只要利用表 3-8 中第(4)、(5)两栏数据，在坐标纸上标点连线即可(见图 3-3 所画出的 β 曲线)。显然，β 曲线下端与横坐标交点 G，是原煤灰分，表示全部原煤均为浮物累计混合。β 曲线向上延伸势必与 λ 曲线端点 I 重合，因浮物中灰分最低的煤也是原煤中灰分最低的那部分煤。

总之，浮物曲线上的任意一点都是表示在某一既定浮煤产率下的浮煤灰分或某一既定浮煤灰分下的浮煤产率。

④ 沉物曲线(θ 曲线)的绘制。

沉物曲线是根据表 3-8 中第(6)、(7)栏数据绘制的，表示煤中沉物累计产率与其平均灰分的关系。沉物曲线用数学形式表述，即

$$\gamma_{+\delta} = f(A_{+\delta}) \tag{3-7}$$

式中 $\gamma_{+\delta}$——大于某一既定密度的沉物累计产率；

$A_{+\delta}$——大于该既定密度的沉物的平均灰分。

沉物曲线的具体画法是利用表 3-8 中第(6)、(7)栏中每行的一对数据，自下而上在图 3-3中逐个标定出 8、9、10、11、12、13 及 14 这 7 个点，由于这些点都代表着沉物的产率与灰分的关系，所以由这 7 个点连成的一条平滑曲线，就是所要求绘制的沉物曲线。沉物曲线上端与横坐标的交点 H 必然与 β 曲线下端与横坐标的交点 G 在同一垂直线上，因此 G 点表示原煤灰分(20.50％)，也就是说当 100％都是沉物时，沉物的平均灰分也就是原煤灰分了。沉物曲线下端势必与 λ 曲线同交于横坐标轴上的 J 点，因为沉物中灰分最高的煤必定是原煤中灰分最高的那部分煤。

显然，沉物曲线上的任意一点，都表示的是在某一既定沉煤产率下的沉煤平均灰分或在某一既定沉煤灰分下的沉煤产率。

⑤ $\delta \pm 0.1$ 曲线(ε 曲线)的绘制。

选煤工艺要求了解原煤在不同情况下分选的难易。实践表明，分选密度邻近物含量的多少，对煤炭可选性的影响很大。因此、需要绘制 $\delta \pm 0.1$ 曲线，从而可以提供任一分选密度时邻近物的产率。

$\delta \pm 0.1$ 曲线是根据表 3-8 中第(8)、(9)栏数据绘制的，表示分选密度邻近物的含量与

该密度的关系。ε 曲线用数学形式表述，即：

$$\gamma_{\delta\pm0.1}=f(\delta) \tag{3-8}$$

$\delta\pm0.1$ 曲线的具体画法是在浮物产率的纵坐标轴上，根据表 3-8 中第(9)栏数据，依次作出 7 条平行于横坐标的横线，再从密度坐标轴上按第(8)栏所既定的各分选密度点引下 7 条平行垂线，它们的 7 个交点，用平滑曲线连之，即得 $\delta\pm0.1$ 曲线。

注意，如前所述，表 3-8 中第(9)栏数据是以 50～0.5 mm 粒级入选原煤产率为 100%计算的，按规定当分选密度小于 1.70 g/cm^3 时，以扣除沉矸(+2.0 g/cm^3)为 100%来计算；当分选密度等于或大于 1.70 g/cm^3 时，以扣除低密度物(−1.50 g/cm^3)为 100%计算。例如，求出表 3-8 中第(9)栏各数据，以此为据再画 $\delta\pm0.1$ 曲线也可以。

$\delta\pm0.1$ 曲线上任何一点的坐标值都表示在某一既定分选密度 δ 时，其邻近密度物的产率($\gamma_{\delta\pm0.1}$)。由曲线形状还可以看出，分选密度越低，曲线越陡峭，表示邻近密度物含量越高，也就是说若分选密度稍有增减，则其邻近物增减幅度较大，故难以分选。

根据表 3-8 中第(9)栏的数据，分选密度为 1.30 g/cm^3 时，$\gamma_{1.30\pm0.1}$ 为 56.84%，该数值比 $\gamma_{1.40\pm0.1}$=66.29%小，说明前一分选密度已经十分接近煤的最低密度，而原煤中接近最低密度的物料又很少。如果把这一点也包括在 ε 曲线中，则在密度 1.30～1.40 g/cm^3 范围内线段应是一条折线 ON(见图 3-3)。实际上从 λ 曲线的形状可知，即使分选密度真的是 1.30 g/cm^3(实际上是不可能的，因原煤中只有极少数煤密度小于 1.30 g/cm^3)，也很难分选。因此曲线的两端没有什么实际意义。

3.1.2.1.2　原煤可选性曲线的应用

原煤可选性曲线的主要用途包括三个方面。一是评定原煤的可选性；二是利用曲线确定重力选煤过程的理论工艺指标；三是为计算数量效率和质量效率提供精煤理论产率及精煤理论灰分的数据。

(1) 评定原煤可选性

评定原煤可选性是指定性判断重力分选煤炭时的难易程度。其判断依据是灰分特性曲线 λ 或密度曲线 δ 的形状。

① 观察与分析 λ 曲线的形状。

λ 曲线的形状反映入选原煤中可燃物与不可燃物的结合特性。在一定产品质量要求的前提下，λ 曲线形状可用于判断原煤可否分选及分选时的难易。现举几种特殊情况的例子加以说明。

图 3-5(a)是根本无法分选的物料可选性曲线。从图 3-5(a)中可知，λ 曲线与纵坐标平行，说明在这种煤炭中，可燃的有机质与非可燃的矿物质，致密而又均匀地相互结构或浸染。因此不可能用物理的方法分离出质量(灰分)不同的两种产物。此时的 β 曲线、θ 曲线都与 λ 曲线合为一体。

图 3-5(b)与前一种恰好完全相反。其 λ 曲线与横坐标轴平行，说明该煤炭是由可以全部燃尽的“纯煤”与根本不能燃烧的“纯矸石”混合而成的。从图 3-5(b)中可以看出，当浮物产率为 70%时，浮物灰分为 0。而此时沉物产率为 30%，其灰分为 100%。可见其是极易分选的煤。

在图 3-5(c)所示的可选性曲线中，λ 曲线是由相互垂直的折线所构成的，其情况与图 3-5(b)所示的相似，其区别仅在于选出的浮物灰分为 A_{d1}，选出的沉物灰分为 A_{d2}。必须

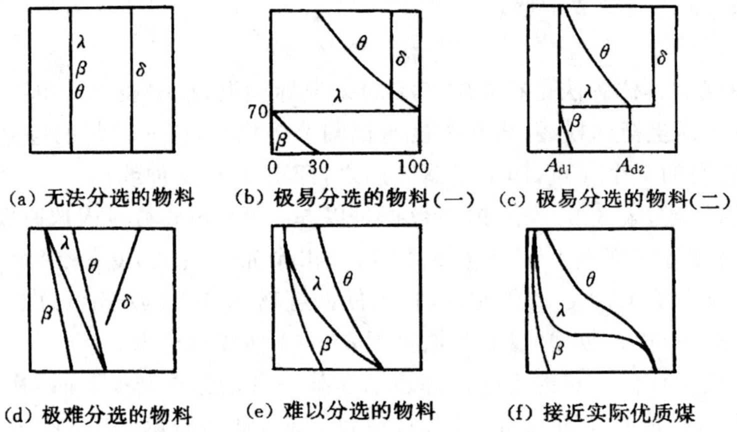

图 3-5 几种特殊煤炭的可选性曲线

指出，若想选出灰分低于 A_{d1} 的浮物和灰分高于 A_{d2} 的沉物，那是不可能的。因此，其也是极易选的煤。

图 3-5(d)所示的 λ 曲线是一条陡峭的斜直线，说明此种煤炭中有机质可燃物与矸石矿物微细而致密地结合在一起，并且随着密度的增大，矸石在煤中的含量成正比地增加，因此其极为难选。若 λ 曲线越接近垂直，则分选越趋向不可能。

图 3-5(e)所反映的原煤，从低密度到高密度灰分变化情况近于图 3-5(d)所示的情况，既不能从中选出低灰分精煤，也不能从中选出高灰分矸石。若对其进行分选，则精煤产率很低，这在经济上是不合理的。

对于图 3-5(f)所示的 λ 曲线，其上部呈陡峭状，灰分低并且质地均匀；下部灰分高也均匀；中间线段近于水平，表明中间密度级的物料极少，基本情况大致近似于图 3-5(c)所示的。只要合理确定分选密度，则煤与矸石易于分离，故仍属易选煤。

总之，在图 3-5 中所列几种煤的可选性曲线，有的属于极端情况，实际上是根本遇不到或极难遇到的。实际的 λ 曲线却往往是上述几种极端情况的综合或几种极端情况的过渡形式。因此，在实际生产中，要根据原煤总体性质，合理确定工艺指标，这是直接影响分选过程难易程度的关键。

② 观察和分析 δ 曲线的形状。

密度曲线的形状反映性质不同的煤以及其密度和数量在原煤中的变化关系。这种关系可以代表该原煤的某种特征。例如，δ 曲线上段(见图 3-3)的形状近于竖直，表示原煤中低密度很多，若密度稍有增减，则浮煤量增减很大；而 δ 曲线下段与 BC 坐标轴接近并且形状变化缓慢近于水平，这表示原煤中高密度的矸石较少，且在此处密度稍有变化，沉煤量变化不大。在 δ 曲线的中段，即在 1.40～1.50 g/cm^3 之间，其斜率变化越明显，说明中间密度的煤越多；分选密度稍有变化，浮煤和沉煤的变化均较大。由于重选设备不易严格维持某一既定的分选密度，实际上总有些波动，因此如中间密度的物料多或要求在接近 δ 曲线陡峭线段处的分选密度进行分选时，该原煤是属于难选的，或者说这种分选制度是难以收效的。故有时可用 1.40～1.80 g/cm^3 或 1.50～1.80 g/cm^3 这个范围的中间密度物占原煤的百分比，作为评定原煤分选难易程度的指标，这一评定可选性的方法，曾称为全量中煤法。

当然，用 $\delta\pm0.1$ 曲线同样可以评定入选原煤的可选性，而且比用全量中煤法更为科学合理。

(2) 确定重力选煤的理论分选指标

原煤可选性曲线作为煤的性质的图示，可以解决选煤工艺中的理论指标和分选条件问题。

① 欲得到某一种质量要求的精煤，要从原煤可选性曲线上查出精煤的产率 γ_j、边界灰分 λ、分选密度 δ、邻近密度物含量 ε。

例如，当精煤灰分为 $A_j=10.0\%$ 时，求理论工艺指标。

由图 3-6 中可查出，$\gamma_j=80.0\%$，$\lambda=26.0\%$，$\delta_t=1.56\ g/cm^3$，$\gamma_{1.56\pm0.1}=17.0\%$。具体分析过程如下所述。

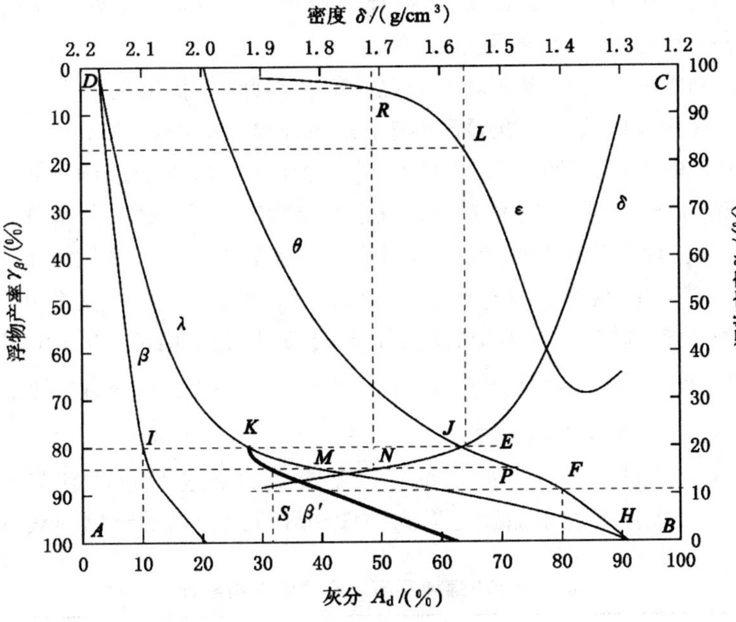

图 3-6　原煤可选性曲线

根据精煤的灰分指标，在灰分横坐标为 10% 处引一垂线，与 β 曲线交于点 I，I 点的纵坐标为 80.0%(左侧纵坐标)，即为精煤灰分为 10.0% 时的精煤理论产率 γ_j；再由 I 点作水平线与 θ 曲线交 J 点，J 点的横坐标 62.5% 是尾煤的灰分，纵坐标 20.0% 是尾煤的理论产率；I-J 线与 λ 曲线相交于 K 点，K 点的横坐标 26.0% 是分选的分界灰分 λ，也就是说入选原煤理论上是以这个灰分为界进行分选的，精煤中的最高灰分和尾煤中的最低灰分理论上应为 26.0%；I-J 线与 δ 曲线交于 E 点，E 点的上横坐标 1.56 g/cm³，是获得精煤灰分为 10.0% 的理论分选密度 δ_t，再由 E 点作垂线与 $\delta\pm0.1$ 曲线相交于 L 点，L 点的左纵坐标 17.0% 是分选密度为 1.56 g/cm³ 时的邻近密度物含量。

② 下面说明指定两种产品的灰分指标的情况。

例如，精煤灰分为 $A_j=10.0\%$，矸石灰分为 $A_g=80.0\%$，求其他理论工艺指标。

当精煤灰分为 $A_j=10.0\%$ 时，按照前例方法，可以得到精煤段的指标，精煤的理论产率 $\gamma_j=80.0\%$，边界灰分 $\lambda=26.0\%$，理论分选密度 $\delta_t=1.56\ g/cm^3$，邻近密度物含量 $\gamma_{1.56\pm0.1}=$

17.0%。

根据矸石的灰分指标，在灰分横坐标为 80.0%处引一垂线，与 θ 曲线交于点 F，F 点的纵坐标为 11.5%（右侧纵坐标），即为矸石灰分为 80.0%时的矸石理论产率 γ_g。其他指标按照前例方法，矸石灰分为 $A_g=80.0\%$，矸石理论产率 $\gamma_g=11.5\%$，理论分选密度 $\delta_t=1.90\ g/cm^3$，邻近密度物含量 $\gamma_{1.9\pm0.1}=7.9\%$，分界灰分为 $\lambda=57.5\%$。

中煤的数量为：$\gamma_z=100.0\%-80.0\%-11.5\%=8.5\%$。

中煤的灰分为：$A_z=\dfrac{100\times20.50-80.0\times10.0-11.5\times80.0}{100.0-80.0-11.5}\times100\%=38.82\%$。

③ 下面说明指定两种产品的灰分指标的情况。

例如，精煤灰分为 10.0%，中煤灰分为 32.0%，求其他指标。

根据精煤灰分为 10.0%的要求，求出精煤理论产率为 80.0%，精煤段理论分选密度为 1.56 g/cm³，分选密度的 $\delta\pm0.1$ 含量为 2.3%。

精煤选出后，剩下的煤是中煤和矸石的混合物。因此，要找出灰分为 32.0%的中煤理论产率，就不能从原有的 β 曲线上去找，而应该作精煤分出后的中煤和矸石混合物的浮物曲线 β'，再从 β' 曲线上查中煤理论产率。β' 曲线可利用余下的一段 λ 曲线画出。

从表 3-8 中第(4)栏可知，密度为 1.50 g/cm³ 的浮物产率是 76.98%，密度为 1.60 g/cm³ 的浮物产率是 82.15%。现在精煤产率 80.0%，因此，1.50～1.60 g/cm³ 密度级中尚有部分灰分较高的物料没有进入精煤中，这部分物料产率是 82.15%－80%＝2.15%；这部分物料的平均灰分 $\overline{A}_d$，可根据物料在分选前后灰分量不变的原理进行计算，即分选前＜1.60 g/cm³ 密度级的灰分量是 82.15%×10.48%，分选后其灰分量为 80%×10%＋2.15%×$\overline{A}_d$，那么有，82.15%×10.48%＝80%×10%＋2.15%×$\overline{A}_d$，所以，$\overline{A}_d=28.00\%$。

再按照加权平均法把 1.50～1.60 g/cm³ 密度级中剩下这部分煤与表 3-8 中密度大于 1.60 g/cm³ 的各密度级浮沉物累加就可得到中煤和矸石混合物的浮物曲线资料，见表 3-9。

表 3-9　中煤和矸石混合物的浮物累计

密度级 /g·cm⁻³	产率/%	灰分/%	浮物累计		浮物累计的纵坐标/%
			产率/%	灰分/%	
(1)	(2)	(3)	(4)	(5)	(6)
1.56～1.6	2.15	28.00	2.15	28.00	82.15
1.6～1.7	2.55	34.28	4.70	31.41	84.70
1.7～1.8	1.62	42.94	6.32	34.36	86.32
1.8～2.0	2.13	52.91	8.45	39.04	88.45
＞2.0	11.55	79.64	20.00	62.49	100.00
合计	20.00	62.49			

表 3-9 中第(2)、(3)两栏的数据引自表 3-8 中的第(2)、(3)两栏；表 3-9 中第(4)、(5)两栏计算方法如前面介绍的从上到下逐级累计，由于第(4)栏数据是除去精煤理论产率80.0%后的浮物累计产率，所以加上 80.0%就得到第(6)栏的数据。利用第(5)栏和第(6)栏的数据在图 3-6 上分别定出点(28.00%，82.15%)、(31.41%，84.70%)、(34.36%，86.32%)、

(39.04%,88.45%)、(62.49%,100.00%),连接 K(26%,80%)和以上各点,得一条平滑曲线,就是中煤和矸石混合物的浮物曲线,简称 β' 曲线。

根据中煤灰分为 32%的要求,作灰分横坐标轴垂线交 β' 曲线于 S 点,S 点的纵坐标为 85.0%,其中包括精煤产率 80.0%,所以中煤产率为:85.0%−80.0%=5.0%。

过 S 点作水平线交 λ 曲线于 M 点,该点的灰分坐标 39.5%为中煤与矸石的分界灰分;与 θ 曲线交于 P 点,P 点的纵坐标 15.0%为矸石的产率,P 点横坐标 72.5%为矸石的灰分;与 δ 曲线交于 N 点,该点密度坐标 1.71 g/cm^3 为矸石段理论分选密度;过 N 点作垂线交 $\delta\pm0.1$曲线于 R 点,该点纵坐标 4.0%为分选密度(1.71±0.1)g/cm^3 的含量。

(3) 计算重力选煤其分选作业的数量效率(η_e)和质量效率(η_z)

分选作业的数量效率是指精煤的实际产率与相当于精煤实际灰分时的理论产率的百分比,可用代号 η_e 表示。当已知精煤的实际产率后,利用图 3-6 中的 β 曲线,找出在该实际灰分时的精煤理论产率。η_e 公式为:

$$数量效率\ \eta_e=\frac{精煤实际产率\ \gamma_j}{精煤理论产率\ \gamma_{j0}}\times100\% \tag{3-9}$$

分选作业的质量效率是指相当于精煤实际产率时的精煤理论灰分与精煤实际灰分的百分比,可用代号 η_z 表示。当已知精煤的实际产率后,利用图 3-6 中的 β 曲线,找出在该实际产率时的精煤理论灰分。η_z 公式为:

$$质量效率\ \eta_z=\frac{精煤理论灰分\ A_{j0}}{精煤实际灰分\ A_j}\times100\% \tag{3-10}$$

3.1.2.2　*矿石可选性曲线绘制与应用*

查明矿石中不同矿物的密度差别和含量组成,通常用可选性曲线。为此须将原始数据首先按表 3-10 所示整理。

表 3-10　−5+0.1 mm 锰矿石重液分离试验结果

密度级 /g·cm^{-3}	各单元组分					沉物累计				浮物累计			
	质量 /kg	产率 $\gamma_个$/%	品位 $\beta_个$/%	金属量 $\gamma_个\beta_个$	分布率 $\varepsilon_个$/%	产率 $\gamma_沉$/%	品位 $\beta_沉$/%	金属量 $\varepsilon_沉\beta_沉$	分布率 $\gamma_浮$/%	产率 $\varepsilon_沉$/%	品位 $\beta_浮$/%	金属量 $\gamma_浮\beta_浮$	分布率 $\varepsilon_浮$/%
(1)	(2)	(3)	(4)	(5)	(6)	(7)	(8)	(9)	(10)	(11)	(12)	(13)	(14)
+3.1	0.953	12.7	41.43	526.2	21.9	12.7	41.43	526.2	21.9	100.0	24.02	2 401.7	100.0
−3.1～+2.9	1.710	22.8	29.24	666.7	27.8	35.5	33.60	1 192.9	49.7	87.3	21.48	1 875.5	78.1
−2.9～+2.7	2.453	32.7	23.34	763.2	31.8	68.2	28.68	1 956.1	81.5	64.5	18.74	1 208.8	50.3
−2.7～+2.6	1.020	13.6	17.56	238.8	9.9	81.8	26.83	2 194.9	91.4	31.9	14.01	445.6	18.5
−2.6～+2.5	0.840	11.2	11.68	130.8	5.4	93.0	25.01	2 325.7	96.8	18.2	11.36	206.8	8.6
−2.5	0.525	7.0	10.85	76.0	3.2	100.0	24.02	2 401.7	100.0	7.0	10.85	76.0	3.2
合计	7.501	100.0	24.02	2 401.7	100.0								

表 3-10 中第(1)、(2)、(4)三栏是原始数据,第(3)、(5)、(6)栏 $\gamma_个$、$\gamma_个\beta_个$、$\varepsilon_个$ 由计算得出,其中金属量的单位是万分率,即每处理 10 000 kg(10 t)原样进入该产品中的金属的千克数。第(7)～(10)栏是沉物累计,即大于某分离密度的各产品的累计指标。例如:

$$\gamma_{+2.7}=\gamma_{+3.1}+\gamma_{-3.1\sim+2.9}+\gamma_{-2.9\sim+2.7}=68.2\%$$

$$(\gamma\beta)_{+2.7}=(\gamma\beta)_{+3.1}+(\gamma\beta)_{-3.1\sim+2.9}+(\gamma\beta)_{-2.9\sim+2.7}=1\ 956.1^{0}/_{000}$$

$$\beta_{+2.7}=\frac{(\gamma\beta)_{+2.7}}{\gamma_{+2.7}}=\frac{1\ 956.1}{68.2}=26.68\%$$

$$\varepsilon_{+2.7}=\varepsilon_{+3.1}+\varepsilon_{-3.1\sim+2.9}+\varepsilon_{-2.9\sim+2.7}=81.5\%$$

第(11)～(14)栏是浮物累计，即小于某分离比重的各产品的累计指标。例如：

$$\gamma_{-2.7}=\gamma_{-2.5}+\gamma_{-2.6\sim+2.5}+\gamma_{-2.7\sim+2.6}=31.8\%$$

可选性曲线是用以表示各项指标间关系的图形。矿石经典的可选性曲线主要包括三根曲线（即 λ 曲线、β 曲线、θ 曲线），有时还加上密度 δ 曲线和回收率 ε 曲线。

如图 3-7 所示，经典可选性曲线用以表示品位和产率的关系，选矿工艺上习惯用横坐标表示产率，纵坐标表示品位；而选煤工艺上则与此相反。现按选矿工艺上的习惯介绍。

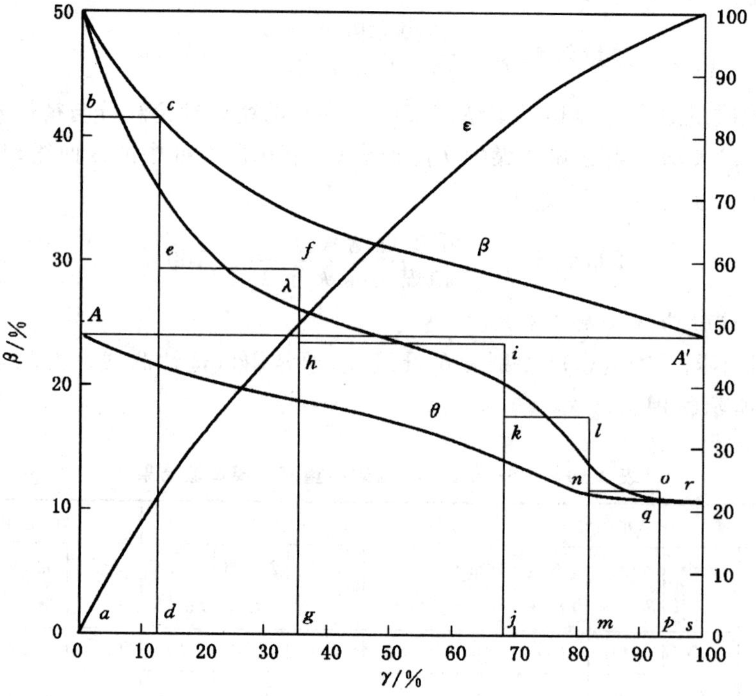

图 3-7　－5＋0.1 mm 锰矿石可选性曲线

λ 曲线（单元品位曲线），反映 $\beta_{个}$ 与 $\gamma_{个}$ 即表 3-10 中第(3)、(4)两栏数字间的函数关系。绘制时，须首先绘出表示各单元组分金属量的直方图。例如，矩形 $abcd$，横边长 ad 代表第一个单元组分（＋3.1 组分）的产率，纵边长 ab 代表它的品位，其面积就代表该组分的金属量；第二个矩形 $defg$ 代表－3.1～＋2.9 组分的产率，依次可绘制全部组分的直方图，将各个小矩形顶边的中点连成曲线，即 λ 曲线。在描绘曲线时应使代表各单元组分的小矩形的顶边被曲线代替后其面积不变。λ 曲线与两坐标轴间的总面积即等于各个小矩形面积的总和，相当于原矿中的金属量。

β 曲线（沉物累计平均品位曲线），反映 $\beta_{沉}$ 与 $\gamma_{沉}$ 的函数关系，由表 3-10 中第(7)、(8)两栏数据绘出；θ 曲线（浮物累计平均品位曲线），反映 $\beta_{浮}$ 与 $\gamma_{浮}$ 的函数关系，由表 3-10 中第(11)、(12)两栏数据绘出。

除了以上三根基本曲线以外，有时还可绘制 ε 曲线（表示沉物累计回收率与累计产率的关系），以及 δ 曲线（表示分离比重与浮物或沉物累计产率的关系）。

矿石的可选性，可直接根据曲线的形状，特别是 λ 曲线的形状判断，故 λ 曲线也常称为特性曲线。

若原矿品位为 a（纵坐标上的截距为 aA），纯矿物的品位为 β_m（纵坐标上的截距为 ab），原矿中矿物含量(%)为 γ_c（横坐标上的截距为 ac），则不同可选性的矿石的 λ 曲线和 β 曲线的形状如图 3-8(a)、(b)、(c)所示。

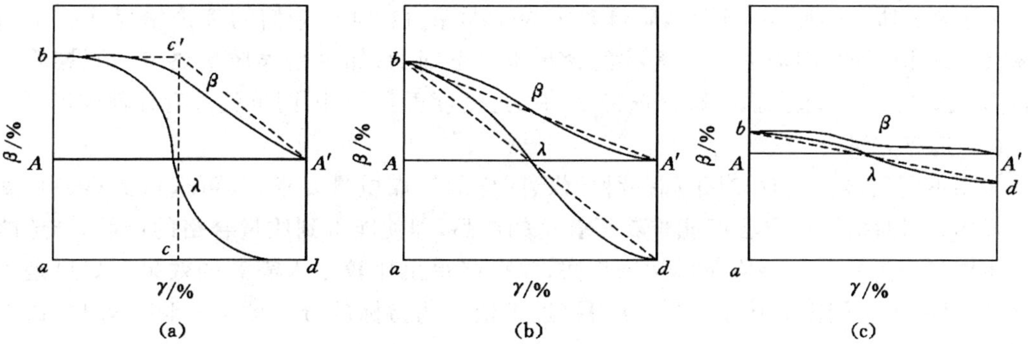

图 3-8　各种典型矿石可选性曲线

① 对于易选矿石[图 3-8(a)]，λ 曲线为一明显的反 S 形，接近折线 $bc'cd$，表明矿石主要由单体有用矿物和单体脉石组成。当精矿产率小于 γ_c 时，品位 β 接近纯矿物品位 β_m，产率大于 γ_c 后，β 随 γ 的增加而降低。β 曲线则接近折线 $bc'A'$。

② 对于难选矿石[图 3-8(b)]，λ 曲线的形状近似一根斜直线，没有明显的转折点，表明矿石主要由不同比率的连生体组成；β 曲线也接近直线，没有明显的转折点，很难判断适宜的分选界限。

③ 对于不可选矿石[图 3-8(c)]，λ 曲线接近水平线 AA'，即矿石中不同比重组分的品位均与原矿相近，因而实际无法分选。

将图 3-7 与此三类曲线对比，可知锰矿石属难选矿石。

3.1.2.3　中国煤炭可选性评定标准

煤炭的密度组成特征用可选性曲线表示。λ 曲线的形状或 β 曲线的形状可以反映出该煤分选的难易程度，但这仅是性质上的概念，而没有数值上的概念，不便于比较和评定。为此，需要对煤炭的可选性有一个比较科学而又能切合实际的评定标准。中国煤炭可选性评定标准如表 3-11 所列。

表 3-11　中国煤炭可选性评定标准

$\delta\pm0.1$ 含量/%	≤10.0	10.1～20.0	20.1～30.0	30.1～0.0	＞40.0
可选性等级	易选	中等可选	较难选	难选	极难选

注意：

① 该评定标准适用于大于 0.5 mm 粒级的煤炭。

② $\delta\pm0.1$ 含量按理论分选密度计算。

③ 理论分选密度按指定的精煤灰分确定(取小数点后二位)。

④ 当采用的理论分选密度小于 1.70 g/cm^3 时，则以扣除沉矸(+2.00 g/cm^3)为 100% 计算 $\delta\pm0.1$ 含量；当采用的理论分选密度等于或大于 1.70 g/cm^3 时，以扣除低密度物(−1.50 g/cm^3)为 100%计算 $\delta\pm0.1$ 含量。

⑤ $\delta\pm0.1$ 含量以百分数表示，计算结果取小数点后一位。

3.1.2.4　原煤可选性影响因素

(1) 精煤质量要求

如表 3-8 所示的原煤，当产品质量要求为 10%和 11%时，它们的理论精煤回收率和分选密度是不相同的，因而邻近密度物的含量也是不同的，如果精煤质量要求与原煤质量相同，即也是 20.50%，那也就没有分选密度和邻近密度可言了，因而也就没有任何难度了。

(2) 选煤方法

采用不同选煤方法时，对于同一种原煤、同样的精煤质量要求，其可选性的难易程度是不一样的。用溜槽选煤方法可能难获得合格的产品，即使能得到质量合格的产品，分选的效果也可能是很差的。如果应用跳汰选煤法，就可能得出比较令人满意的效果。如果是采用重介选煤法，就可能没有什么难度，获得接近理论工艺指标的分选效果，因为不同的选煤方法的分选精度是不同的。

(3) 原煤本身固有特性

原煤本身固有特性(即原煤的密度组成)，也影响可选性难易。由于产品质量要求是随用户要求而人为确定的，并且是随时可变的，以跳汰选煤方法为标准是固定的了，不再考虑它的变化了，因而一些人接受不了可选性难易程度是受三个因素的影响，而认为是只受原煤本身固有特性的影响，而且认为是原煤可选性难易决定采用什么样的选煤方法而不是方法影响可选性难易。其实，没有适用于一切选煤方法的可选性难易程度，而是采用不同的选煤方法，对于同一种原煤、同一个产品质量要求，其难易程度不同。

3.2　重选工艺效果评定

3.2.1　分配曲线

3.2.1.1　分配曲线概念

重选作业时，在分选设备中每一次按密度分选只能得到两种产物，即重产物和轻产物。对于出三种产品的分选机，物料在设备中实际上是进行了两次分选。物料在分选机中理想的分选结果是：一切密度大于分选密度要求的高密度级别物料应百分之百地分配到重产物中去，一切密度小于分选密度要求的低密度级别物料应百分之百地分配到轻产物中去。图 3-9(a)所示的情况，是理想的分选。但是，实际上这是不可能的。较好的分选情况是：高密度级别物料只能是大部分的进入重产物，低密度级别物料必然会有一少部分误入重产物中去；同样，低密度级别物料也只能是大部分的进入轻产物中去，高密度级别物料也必然会有一少部分误入到轻产物中去，如图 3-9(b)所示。这种情况是服从数理统计中的统计规律的。

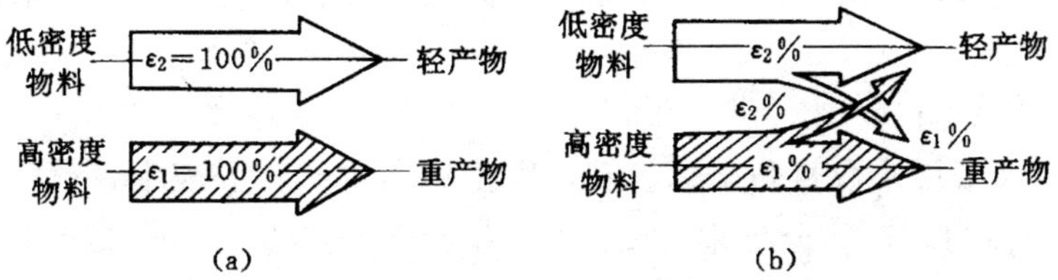

图 3-9　物料在产物中分配规律

把矿粒在产物中按密度分配的统计规律用分配率来表示。在分选过程中，把原料中某个密度级别进入到重产物中去的数量占原煤中该密度级别的百分数称为该密度级别在重产物中的分配率，以符号“$\varepsilon_1\%$”表示。这个密度级别进入到轻产物中去的数量占原料中该级别的百分数，称为该密度级别在轻产物的分配率，以符号“$\varepsilon_2\%$”表示。由于每一次分选只有两种产物，因此 $\varepsilon_1\%$ 和 $\varepsilon_2\%$ 之和恒等于百分之百，即

$$\varepsilon_1\% + \varepsilon_2\% = 100\% \tag{3-11}$$

从分配率的上述定义可以看出，一个密度级别的分配率 $\varepsilon_1\%$，实际上就是这个密度级别在分选过程中落入重产物中去的概率。例如，$\varepsilon_1\%=70\%$，意味着该密度级在分选机中有 70%的可能性或 70%的机会进入重产物中去。重选分选结果服从数理统计规律。

在生产、科研实践中，可以根据技术资料计算出每个密度级在重产物(或轻产物)中的分配率 $\varepsilon_1\%$(或 $\varepsilon_2\%$)。以密度级别的平均密度值为横坐标，以分配率 $\varepsilon_1\%$(或 $\varepsilon_2\%$)为纵坐标，将资料中各密度级别的相应数值标在坐标系中，将各点连成曲线，该曲线称为分配曲线。按重产物分配率 $\varepsilon_1\%$ 值绘出的曲线称为重产物分配曲线，见图 3-10 中的实线；按轻产物分配率 $\varepsilon_2\%$ 值绘出的曲线称为轻产物分配曲线，见图 3-10中的虚线。

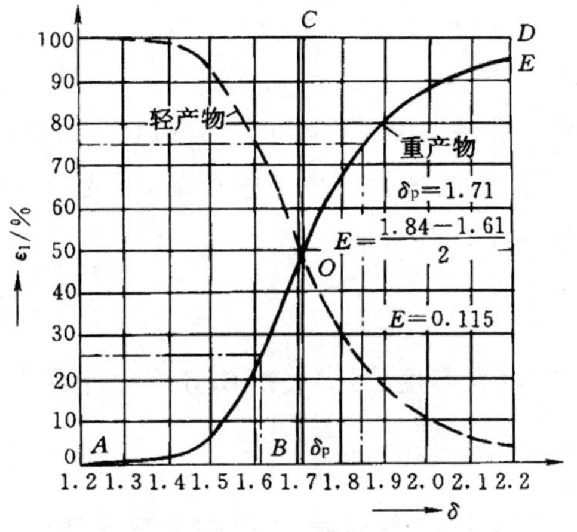

图 3-10　分配曲线

由于 $\varepsilon_1\%+\varepsilon_2\%=100\%$，所以这两条曲线是完全对称的，而且必然在分配率为 50%处相交。使用时只画其中一条曲线就够了，在习惯上经常使用重产物分配曲线。密度愈大，进入重产物中去的机会自然愈多，$\varepsilon_1\%$ 愈大。因此，重产物分配曲线表现为一条单调上升的曲线。

分配率为 50%处的密度称为分配曲线的实际分选密度，以符号“δ_p”表示。分配曲线的统计意义说明分配率为 50%时的密度级别进入到轻、重两种产物中的机会均等，各为 50%。密度小于实际分选密度 δ_p 的物料，大部分进入了轻产物；密度大于 δ_p 的物料，大部分进入了重产物。

在按密度分选的理想条件下，密度小于 δ_p 者，在重产物中的分配率 $\varepsilon_1\%$ 均为 0；密度大于 δ_p 者，$\varepsilon_1\%$ 均应为 100%；此时所得的分配曲线应是图 3-10 中的折线 $ABCD$。但是在实

际生产过程，这条折线不可能达到如此完善的程度。因此，实际的分配曲线将偏离这条折线。分配曲线形状愈平缓，偏离程度愈大，表明分选效果愈差；分配曲线形状愈陡，偏离程度愈小，表明分选效果愈好。因此，可以根据分配曲线的形状陡与缓的程度来评定分选效果的好与差。

3.2.1.2 分配曲线绘制

绘制分配曲线采用常数直角坐标。左边纵坐标为重产物分配率，下原点为 0，上面终点为 100；右边纵坐标为轻产物分配率，上面原点为 0，下面终点为 100，以 2 mm 长度代表 1% 分配率。横坐标为密度，密度范围视需要而定，以 2 mm 长度代表 0.01 g/cm^3，总长度可取 200 mm。按规定只画重产物分配曲线。

绘制分配曲线时，采用重产物分配率。

① 分选过程产出两种产品时，重产物分配率计算式为：

$$\varepsilon=\frac{G}{J+G}\times 100 \tag{3-12}$$

式中 J,G——精煤及矸石中某密度级的数量占原煤的百分数。

② 分选过程产出三种产品，且先分选出重产物（如矸石）时，第一段（高密度分选）重产物分配率计算式为：

$$\varepsilon_1=\frac{G}{J+Z+G}\times 100 \tag{3-13}$$

第二段（低密度分选）重产物分配率计算式为：

$$\varepsilon_2=\frac{Z}{J+Z}\times 100 \tag{3-14}$$

式中 Z——中煤中某密度级的数量占原煤的百分数。

③ 分选过程产出三种产品，但先分选出轻产物（如精煤）时，第一段（低密度分选）重产物分配率计算式为：

$$\varepsilon_1=\frac{Z+G}{J+Z+G}\times 100 \tag{3-15}$$

第二段（高密度分选）轻产物分配率计算式为：

$$\varepsilon_2=\frac{G}{Z+G}\times 100 \tag{3-16}$$

以下通过实例，叙述分配率的计算和分配曲线的绘制。

我国某选煤厂，采用立轮重介分选机处理 80～0.5 mm 粒级经跳汰机分选后的中煤，选出精煤和最终中煤两种产物，精煤实际产率 $\gamma_j=18.60\%$，中煤实际产率 $\gamma_z=81.40\%$，其入料及各产物的密度组成见表 3-12。

表 3-12 分配率计算

密度级 /g·cm^{-3}	平均密度 /g·cm^{-3}	入料密度组成/%	中煤密度组成		精煤密度组成		计算原煤 /%	分配率 ε/%
			占产物/%	占入料/%	占产物/%	占入料/%		
(1)	(2)	(3)	(4)	(5)	(6)	(7)	(8)	(9)
<1.30	1.25	1.9	0.3	0.24	8.8	1.64	1.88	12.8

表3-12(续)

密度级 /g·cm^{-3}	平均密度 /g·cm^{-3}	入料密度组成/%	中煤密度组成		精煤密度组成		计算原煤 /%	分配率 ε/%
			占产物/%	占入料/%	占产物/%	占入料/%		
1.30～1.40	1.35	16.3	6.4	5.21	67.7	12.59	17.80	29.3
1.40～1.50	1.45	20.6	21.3	17.34	16.9	3.14	20.48	84.7
1.50～1.60	1.55	14.6	17.6	14.33	3.4	0.63	14.96	95.8
1.60～1.80	1.70	16.9	17.9	14.57	2.4	0.45	15.02	97.0
＞1.8	2.10	29.7	36.5	29.71	0.8	0.15	29.86	99.5
合计		100.0	100.0	81.40	100.0	18.60	100.00	

第一步：将产物的密度组成中各密度级占产物的百分数换算成占入料的百分数。

根据已知产物的产率 γ_z、γ_j，将产物密度组成中各密度级的质量百分数，即表 3-12 中第(4)栏和第(6)栏的各项数据，换算成占入料质量的百分数，并填入第(5)栏及第(7)栏。这样两产物的密度组成质量百分数具有统一的基础。其具体换算方法是：

$$第(5)栏数据=第(4)栏数据\times\gamma_z/100$$

$$第(7)栏数据=第(6)栏数据\times\gamma_j/100$$

第二步：计算原煤的密度组成。

将中煤及精煤中各密度级占入料的百分数两两相加[即第(5)栏和第(7)栏数据对应相加]求得原煤的密度组成，并把结果列入第(8)栏中。

第(8)栏计算原煤是根据产物的密度组成综合求得的。与第(3)栏对比可以看出：计算原煤的密度组成与实际入选原煤的密度组成虽然相近，但并不相同。① 虽然两者同指同一原料的密度组成，但是因试验资料本身不可避免地存在误差，两者不可能完全吻合。② 原料煤在分选过程发生解离与泥化也会导致两者不能完全吻合。入选原料煤的密度组成是选前取样得到的，而计算原煤则是由选后产品的浮沉组成，再经综合计算求出的。故两者当然会有差异。在计算分配率时应采用计算原料煤的数据。

第三步：计算分配率。

根据分配率定义，按下式可求出各密度级在重产物(中煤)中的分配率。

$$\varepsilon=\frac{第(5)栏数据}{第(8)栏数据}\times 100$$

将上式计算结果列于第(9)栏中。

第四步：画分配曲线。

根据第(2)栏平均密度值，在常数坐标纸上画出各密度级的分配点，用描点法将各点连成曲线，如图 3-11 所示。

如前所述，各密度级的分配率所对应的密度为该密度级上下限的算术平均值。至于小于 1.30 g/cm^3 及大于 1.80 g/cm^3 的两个密度级的平均密度以采用实测值为佳，从该选煤厂入选原煤的密度-灰分关系曲线上查得也可以。由于原煤性质的不同，没有下限或没有上限的密度级的原煤的平均密度有时差别很大。表 3-13 中列出了某选煤厂各种原煤中－1.30 g/cm^3 和＋1.80 g/cm^3 平均密度。

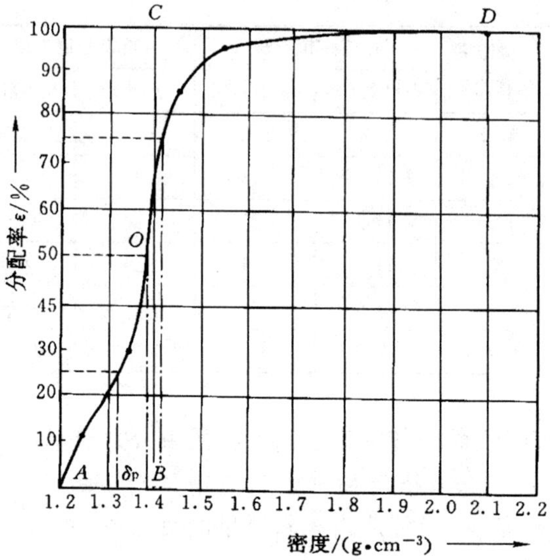

图 3-11 分配曲线

表 3-13 某选煤厂 −1.30 g/cm³ 和 +1.80 g/cm³ 密度级的原煤的平均密度

项目		萍乡煤	资兴煤	石节煤	笠山煤	牛马司煤	五阳煤	桥头河煤	王庄煤
−1.30 g/cm³	灰分/%		1.96	2.20			3.84		
	平均密度/g·cm⁻³		1.26	1.27			1.27		
+1.80 g/cm³	灰分/%	78.65	80.64	74.73	69.34	81.45	71.05	75.16	80.06
	平均密度/g·cm⁻³	2.39	2.35	2.25	2.31	2.40	2.50	2.50	2.31

在缺乏资料时，−1.30 g/cm³ 密度级的原煤的平均密度可近似地取 1.25 g/cm³ 密度级原煤的平均密度；+1.80 g/cm³ 密度级原煤的平均密度由矸石的组成和灰分而定，一般可取 2.20～2.30 g/cm³。

对于产出三种产物的跳汰机，应分别绘制跳汰机第一段和第二段的分配曲线。在第一段，重产物是矸石，轻产物是中煤加精煤的中间产物。中间产物进入跳汰机第二段以后继续进行分选，得到第二段的重产物（中煤）及轻产物（精煤）。三产品跳汰机产物的浮沉组成、分配率见表 3-14。三产品跳汰机分配曲线见图 3-12。根据需要，有时把矸石和中煤合在一起作为重产物，精煤作为轻产物，而绘出的分配曲线称为整机的分配曲线。

表 3-14 三产品跳汰机分配率计算

密度级别/g·cm⁻³	平均密度/g·cm⁻³	入料浮沉组成/%	矸石浮沉组成 占产物/%	矸石浮沉组成 占入料/%	中煤浮沉组成 占产物/%	中煤浮沉组成 占入料/%	精煤浮沉组成 占产物/%	精煤浮沉组成 占入料/%	计算原煤浮沉组成/%	计算精煤和中煤浮沉组成/%	分配率/% 第一段 ε_{I-1}	分配率/% 第二段 ε_{II-2}
(1)	(2)	(3)	(4)	(5)	(6)	(7)	(8)	(9)	(10)	(11)	(12)	(13)
<1.30	1.25	19.38	0.68	0.21	20.17	3.72	36.10	18.20	22.13	21.92	0.95	17.00

表3-14(续)

密度级别 /g·cm⁻³	平均密度 /g·cm⁻³	入料浮沉组成/%	矸石浮沉组成		中煤浮沉组成		精煤浮沉组成		计算原煤浮沉组成/%	计算精煤和中煤浮沉组成/%	分配率/%	
			占产物/%	占入料/%	占产物/%	占入料/%	占产物/%	占入料/%			第一段 ε_{I-1}	第二段 ε_{II-2}
(1)	(2)	(3)	(4)	(5)	(6)	(7)	(8)	(9)	(10)	(11)	(12)	(13)
1.30～1.40	1.35	33.79	1.19	0.37	30.28	5.61	44.52	22.62	28.60	28.23	1.29	19.90
1.40～1.50	1.45	12.02	0.89	0.28	18.25	3.38	13.75	6.94	10.60	10.32	2.64	32.75
1.50～1.60	1.55	5.80	2.45	0.76	13.34	2.47	3.89	1.96	5.19	4.43	14.67	55.70
1.60～1.80	1.70	5.59	8.09	2.52	11.16	2.06	1.12	0.57	5.14	2.63	48.90	78.40
＞1.80	2.30	23.42	86.70	26.96	6.80	1.26	0.22	0.11	28.34	1.37	95.00	92.10
合计		100.00	100.00	31.10	100.00	18.50	100.00	50.40	100.00	68.90		

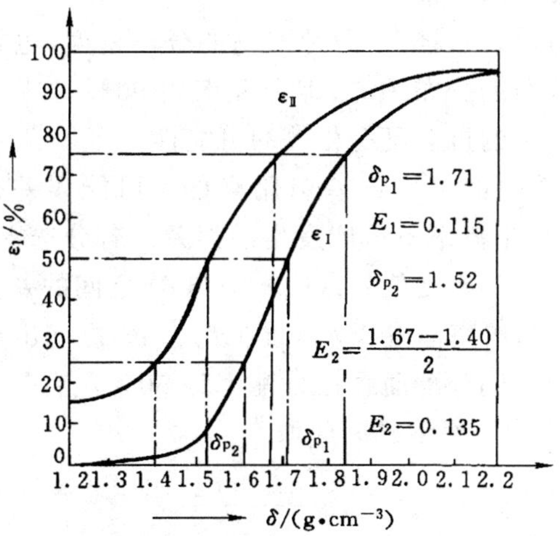

图 3-12　三产品跳汰机分配曲线

为了获得绘制分配曲线所需的浮沉试验资料，在理想情况下是多做几个密度级的浮沉试验。对于其含量较高那些密度级，尤其是分选密度附近的那些密度级，最好按密度间隔为 0.05 g/cm³ 将其进一步划窄后再进行浮沉试验。浮沉试验的最高密度级，在理想情况下为 2.00 g/cm³。对于用于无烟煤排矸的重介分选机，由于实际分选密度较高，所以浮沉试验只能配到 1.80 g/cm³ 密度级。这造成分配曲线的右方只有一个密度点，甚至没有密度点，进而画不出一条完整的曲线。一般来说，在分选密度处，分配曲线两侧都能有 2～3 个密度点才合适。

在分配曲线上分配率为 50%的分选密度与在可选性曲线上所求的分选密度是不同的。在分配曲线上查得的分选密度表示选煤过程中实际的分选密度；而在可选性曲线上查得的分选密度则是理想的（或称理论的）分选密度。分配曲线是根据产物的实际产率计算的分配率绘制的，而可选性曲线上所查得的产率则是理论产率。

3.2.1.3　分配曲线特性参数

经重力分选后获得了物料按密度分选的结果。这个结果可通过分配曲线的图形最直观和最详尽地描述。但是分配曲线的形态是多种多样的，为了便于对比和分析，将整个分配曲线归纳成几个特性参数。分配曲线正态分布或非正态分布时，其特性参数不一样。

（1）呈正态分布分配曲线的特性参数

分配曲线在坐标中的位置及其形状决定分配曲线的特性。根据脱拉理论，分配曲线符合按密度分布的正态累积概率曲线，可用分选密度 δ_p 作为表示分配曲线位置的特性参数，可用可能偏差 E_p 作为衡量分配曲线形状的特性参数。呈正态分布的分配曲线表达式为：

$$P=\frac{1}{\sigma\sqrt{2\pi}}\int_{-\infty}^{\delta}e^{-\frac{(\delta-\delta_p)^2}{2\sigma^2}}d\delta \tag{3-17}$$

式中 σ——任一随机变量 δ 偏离分布中心 δ_p 的方根差，在数理统计中称为标准误差；

e——自然对数的底。

别留戈提出分配曲线应符合按 lg $(\delta-\rho)$分布的理论后，可用不完善度 I 作为分配曲线的特性参数，以评定分选过程的效果。

分选密度是实际重选过程中，轻、重两种产物的分离密度，也就是实际分选密度。从数学上说，分选密度是正态分布的分布中心，即分配率为 50％时所对应的密度。在分选密度时，物料进入到两种产物中去的机会具有相等的可能性。

可能偏差 E_p 是从数学中的可能误差引用来的。可能误差是指有一半的概率（即有 50％的机会）可能发生，有一半概率不可能发生的误差。若分选密度为 δ_p，则可能误差相当于分配率为 25％（或 75％）处的密度值 δ_{25}（或 δ_{75}）与 δ_p 之间的差值。从累积概率曲线的意义上看，误差超过 δ_{25} 及 δ_{75} 的概率都占 25％，故在 $\delta_{75}-\delta_{25}$ 之间出现的概率正好为 50％。若分配曲线呈完全的正态分布，则分配曲线在分配率为 50％左右是对称的，即 $\delta_{75}-\delta_p=\delta_p-\delta_{25}$，但是实际上分配曲线往往不对称。因此取

$$E_p=\frac{\delta_{75}-\delta_{25}}{2} \tag{3-18}$$

对于一个重选过程或者说对于一台重选设备，其分选效果的好坏，可用 E_p 作为一个评定指标。基于分配曲线符合正态分布规律，除分配曲线位置取决于分配密度 δ_p 外，分配曲线形状则完全由标准误差 σ 来决定。由统计学可知：

$$E_p=\delta_{75}-\delta_p=\delta_p-\delta_{25}$$

且

$$t_{75}=\frac{1}{\sigma}(\delta_{75}-\delta_p)=0.674\ 5 \tag{3-19}$$

式中 t_{75}——分配率为 75％时的标准化离差。

正态分布的标准误差 σ 与可能偏差 E_p 间有下列函数关系：

$$E_p=\delta_{75}-\delta_p=0.674\ 5\sigma \tag{3-20}$$

因此可能偏差 E_p 可以用来表征分配曲线的形状特点。

实际的分配曲线往往不呈正态分布，此时 E_p 就难以反映整个分选过程的精确程度。如图 3-13所示，两个分选过程的 E_p 值相同，但是在密度 δ 大于 δ_{75} 及密度 δ 小于 δ_{25} 以外的区域，两者偏离正态的程度不同。曲线 1 所反映的分选效果显然要优于曲线 2。由于这个原因，过去和现在都有人反对使用 E_p 作为分配曲线的评定指标。

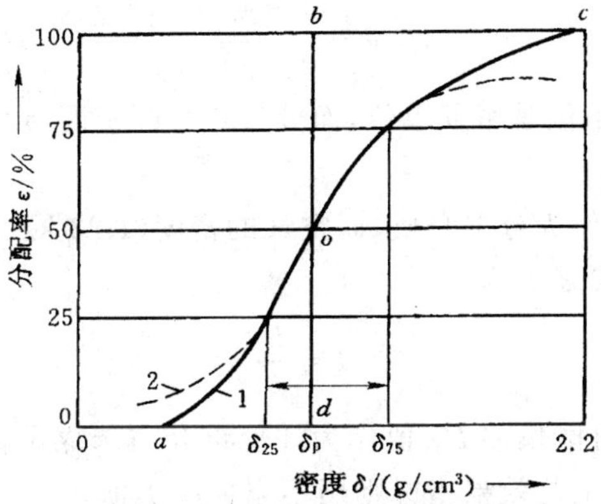

图 3-13　两个分选过程的曲线

在提出使用 E_p 之前,最初特鲁姆普曾提出用误差面积作为评定指标。所谓误差面积是指分选密度 δ_p 左半部分曲线下部 aod 的面积(见图 3-13)及右半部分曲线上部 boc 的面积。当然,这两块面积越小,说明分选效果越好。但误差图形作为评定指标的方法有三个缺点:① 有时分配曲线两端不与坐标轴相交,不闭合的图形不能求其面积大小。② 使用不方便,用求积仪或用数学方格的方法来计算,都很烦琐。③ 由于曲线左右不对称,左边和右边误差面积分别说明两种不同的污染情况;左边误差面积越大,说明轻产物(精煤)回收越不良;右边误差面积越太,说明重产物(矸石)对轻产物的污染越严重。若将这两个误差面积组合在一起计算就分不清问题的所在了。使用误差面积虽然能比较全面地反映分配曲线形状的特征,进而评定分选过程的好坏,但是基于上述缺点,很少有人采用误差面积作为分配曲线评定指标。

别留戈认为分配曲线是符合 $\lg(\delta-1)$ 分布的正态累积概率曲线。在这种情况下,可能偏差仍应是指概率为 75%或 25%时所对应的随机变量与分布中心之间的差值。在此种条件下可能偏差(E'_p),应写成

$$E'_p=\frac{\lg(\delta_{75}-1)-\lg(\delta_{25}-1)}{2} \tag{3-21}$$

所以

$$E'_p=\frac{1}{2}\lg\frac{\delta_{75}-1}{\delta_{25}-1}$$

因为

$$\delta_{75}=\delta_p+E_p,\delta_{25}=\delta_p-E_p$$

所以

$$E'_p=\frac{1}{2}\lg\frac{\delta_p-1+E_p}{\delta_p-1-E_p}=\frac{1}{2}\lg\frac{1+\dfrac{E_p}{\delta_p-1}}{1-\dfrac{E_p}{\delta_p-1}} \tag{3-22}$$

由式(3-22)可知,反映整个分配曲线形状的特性参数 E'_p 实际上不再是原来含义上的 E_p,而是由 $E_p/(\delta_p-1)$ 的值来决定的。只要 $E_p/(\delta_p-1)$ 值一定,则 E'_p 就是固定的,因而分配曲线的形状也就完全可以确定下来。于是令 I 满足

$$I=\frac{E_p}{\delta_p-1} \tag{3-23}$$

式(3-23)分子 E_p 的单位是密度单位，而分母是分配密度与水介质密度的差值。所以 I 是一个无量纲的量。

风力选煤设备以空气作为分选介质，而空气的密度(1.23 kg/m^3)很小，与分配密度相比可略而不计，故此时不完善度 I 为：

$$I=\frac{E_p}{\delta_p} \tag{3-24}$$

目前国内外规定，用可能偏差 E_p 值作为评价重介质选煤设备工艺效果的指标，而评价跳汰机等水介质分选设备工艺效果指标则用不完善度 I 值。

(2) 呈非正态分布的特性参数

分配曲线一般均呈非正态分布，其形状如何利用特性参数加以描述，迄今尚未圆满解决。对其理论形态的数学表述，虽然近 30 年来先后提出 10 多个公式，都难尽如人意。张荣增在这方面的研究是引人注目的。他将分配曲线看成有效分选密度波动的累积概率曲线，分配曲线不一定呈正态分布，而是一种经验分布。他建议按照数理统计的一般方法，用三个参数来描述分配曲线的特征。一是取有效分选密度的数学期望 $E(\delta)$，即以它的分布中心 δ_c 作为实际的分选密度；二是取它的标准误差 σ 作为分选误差参数；三是用偏度系数 S_p 反映分选密度两侧分选误差分布的不对称程度。

有效分选密度的数学期望，即它的分布中心 δ_c 为：

$$\delta_c=E(\sigma)=\sum_{i=1}^{n+1}\frac{\delta_i+\delta_{i-1}}{2}(\varepsilon_i-\varepsilon_{i-1})/100 \tag{3-25}$$

分选误差参数 σ(标准误差)为：

$$\sigma=\sqrt{\sum_{i=1}^{n+1}(\frac{\delta_i+\delta_{i-1}}{2}-\delta_c)^2\ \frac{(\varepsilon_i-\varepsilon_{i-1})}{100}} \tag{3-26}$$

偏度系数 S_p 为：

$$S_p=\frac{\sigma_2}{\sigma_1}\backsimeq\frac{\delta_2-\delta_c}{\delta_c-\delta_1} \tag{3-27}$$

式中 δ_i,δ_{i-1}——密度级 i 及密度级($i-1$)的平均密度；

$\varepsilon_i,\varepsilon_{i-1}$——密度级 i 及密度级($i-1$)的分配率；

ε_c——实际有效分选密度 δ_c 的分配率；

σ_1,σ_2——实际有效分选密度 δ_c 左、右两侧的分选标准误差。

3.2.2 重选工艺效果评定

3.2.2.1 重力选煤工艺效果评定

(1) 可能偏差与不完善度

可能偏差和不完善度是国际评定重选作业效率的通用标准。

可能偏差 E_p 按式(3-18)计算，即

$$E_p=\frac{1}{2}(\delta_{75}-\delta_{25})$$

式中　E_p——可能偏差，kg/L。

不完善度 I 按式(3-23)计算，即

$$I=\frac{E_p}{\delta_p-1}$$

式中　I——不完善度(评定方法规定，数值取到小数点后第三位，而且只用于评定水介重选设备)

(2) 数量效率

数量效率指标是一种相对指标。它是指灰分相同时，精煤实际产率和理论产率的比值，是生产、技术管理中的一个重要指标。数量效率按下式计算：

$$\eta_e=\frac{\gamma_p}{\gamma_t}\times 100\% \tag{3-28}$$

式中　η_e——数量效率，计算精度取到小数点后第一位；

γ_p——精煤实际产率，%；

γ_t——精煤理论产率，可以从原煤可选性曲线上求出，即原煤中与精煤质量(灰分)相同时的浮煤量，%。

数量效率指标的试验与计算工作量均较大，不能及时指导生产。数量效率反映了分选设备的分选精度。分选精度越高，实际精煤产率越接近理论精煤产率，数量效率也就越高。但是数量效率还受煤可选性的影响，可选性越差，邻近密度物含量越高，对精煤的污染也就越严重。因此，不同可选性的煤种数量效率的可比性较差。用数量效率只能对同一煤种的分选效果进行比较。

(3) 错配物总量

物料分选或分级时，混入各产品中非规定成分的物料称为错配物。错配物总量按下式计算：

$$M_0=M_h+M_l \tag{3-29}$$

式中　M_0——错配物总量，%，精度取到小数点后第一位；

M_h——轻产品中大于分选密度的数量占原料的百分数，%；

M_l——重产品中小于分选密度的数量占原料的百分数，%。

一般情况下，计算错配物总量时分选密度采用分配密度 δ_p 或等误密度。等误密度指在两重选产品中，错配物相等时的密度。等误密度用符号“δ_e”表示。

错配物总量能较为明确地表达出物料分选的结果及设备的潜力。试验与计算的工作量也较小。在日常检查中可用占产品的百分数来表达(即污染指标或快速浮沉指标)，分选密度采用接近理论分选密度的数值，密度级差取 0.05 kg/L。理论分选密度，即相应于分选过程中获得的实际灰分的产品，从密度曲线上查得的相应密度。若理论分选密度用符号“δ_t”表示，则公式为：

$$\delta_e=\delta_t-0.05 \tag{3-30}$$

在原煤可选性变化不大的情况下，只要注意分选密度的一致性，就可以把日常检查、月综合、年度检查等结果联系对比加以分析，具有了对比性。故用此指标指导生产比用数量效率方便。

例如，根据表 3-14 资料计算产物错配物指标。

第一步：列表计算各密度级的错配物数量，见表 3-15

表 3-15　错配物数量计算

密度级别 /g·cm^{-3}	高密度分割						低密度分割					
	数量/%		密度 /(kg/L)	错配量/%			数量/%		密度 /(kg/L)	错配量/%		
	精煤＋中煤	矸石		精煤＋中煤中的沉物	矸石中的浮物	合计	精煤	中煤		精煤中的沉物	中煤中的沉物	合计
	表 3-14 (11)	表 3-14 (5)		↑Σ(2)	↓Σ(3)	(5)＋(6)	表 3-14 (9)	表 3-14 (7)		↑Σ(8)	↓Σ(9)	(11)＋(12)
(1)	(2)	(3)	(4)	(5)	(6)	(7)	(8)	(9)	(10)	(11)	(12)	(13)
＜1.3	21.92	0.21		68.90	0.00	68.90	18.20	3.72		50.40	0.00	50.40
1.3～1.4	28.23	0.37	1.3	46.98	0.21	47.19	22.62	5.61	1.3	32.20	3.72	35.92
1.4～1.5	10.32	0.28	1.4	18.75	0.58	19.33	6.94	3.38	1.4	9.58	9.33	18.91
1.5～1.6	4.43	0.76	1.5	8.43	0.86	9.29	1.96	2.47	1.5	2.64	12.71	15.35
1.6～1.8	2.63	2.52	1.6	4.00	1.62	5.62	0.57	2.06	1.6	0.68	15.18	15.86
＞1.80	1.37	26.96	1.8	1.37	4.14	5.51	0.11	1.26	1.8	0.11	17.24	17.35
				0.00	31.10	31.10				0.00	18.50	18.50

第二步：绘制错配物曲线。

根据表 3-15 中第(4)、(5)栏和第(4)、(6)栏数据绘制高密度分割错配物曲线：污染曲线和损失曲线，见图 3-14。

由图 3-14 可查出高密度分割时错配物指标。

分选密度 $\delta_{p1}=1.71$ kg/L^3 时，轻产品中的错配量 $M_h=2.0\%$；重产品中的错配量 $M_l=3.1\%$；错配物总量 $M_0=5.1\%$。

等误密度 $\delta_{e1}=1.67$ g/cm^3 时，轻产品中的错配量 $M_h=2.6\%$；重产品中的错配量 $M_l=2.6\%$；错配物总量 $M_0=5.2\%$。

根据表 3-15 中第(10)、(11)栏和第(10)、(12)栏数据，分别绘制精煤和中煤的低密度分割错配物曲线，见图 3-15。

由图 3-15 查出低密度分割时错配物总量指标。

分选密度 $\delta_{p2}=1.52$ kg/L^3 时，轻产品中的错配量 $M_h=2.2\%$；重产品中的错配量 $M_l=13.2\%$；错配物总量 $M_0=15.4\%$。

等误密度时 $\delta_{e2}=1.405$ kg/L^3，轻产品中的错配量 $M_h=9.5\%$；重产品中的错配量 $M_l=9.5\%$；错配物总量 $M_o=19.0\%$。

3.2.2.2　重力选矿工艺效果评定

通常用以判断重力选矿工艺分选过程(也包括筛分分级等其他分离过程)效果的指标有回收率 ε、品位 β、产率 γ、金属量 P、富矿比和选矿比等。但是其中任一个指标都不能同时从数量和质量两个方面反映选矿过程的效率。例如，回收率和金属量是数量指标，品位和富矿比是质量指标；若产率和选矿比不与其他指标联用，则根本不能说明问题。在实际工作中，通常都是一个数量指标与一个质量指标联用。

但是如用一对指标作判据常常出现不易分辨的情况。例如，两个试验，一个品位较高而回收率较低，另一个品位较低而回收率较高，就难以评定它们结果的优劣。为此，长期以来

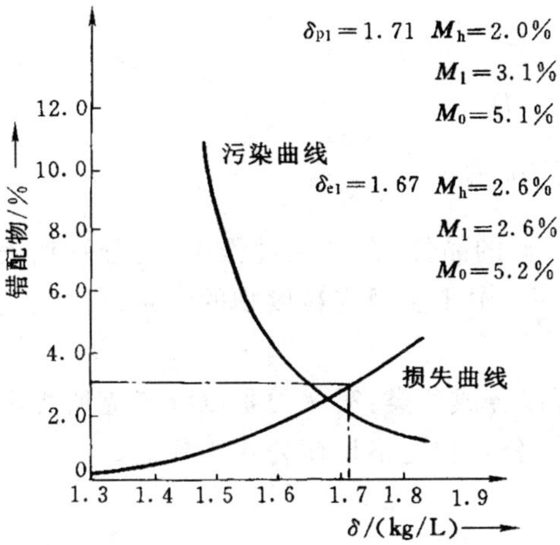

图 3-14　高密度分割错配物曲线

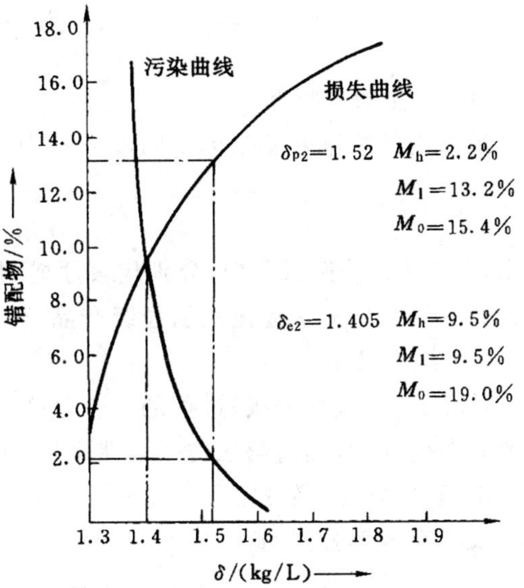

图 3-15　低密度分割错配物曲线

不少人致力于寻求一个综合指标来代替对指标作判据的方法，为此提出了各式各样的效率公式。可是，由于选矿工艺遇到的各种具体情况，对分选效率在数量方面和质量方面的要求，往往有不同的侧重，故也无法找到能反映这种不同要求的灵活的理想公式。因此，与重力选煤工艺效果的评定一样，只得采取在不同情况下，选择不同的判据，并在利用某一综合指标为主要判据的同时，再选用一两个质量指标和数量指标作为辅助指标。

采用图解的方法也可评定选矿效率。所谓图解法，其实质也是利用一对指标作判据，但可利用图中曲线推断出，当其中一个指标相同时，另一个指标是高是低，因而不会出现不易比较的情况。用图解法评定选矿工艺效果的一个重要实例，是分配曲线法。

总之，重力选矿工艺效果的评定，与选煤一样，都是采用两种基本方法，一是选矿效率的计算，另一是利用分配曲线的特性参数。

3.2.2.2.1　选矿效率的计算

(1) 质量效率指标

用实际精矿品位 β 同理论最高品位 β_{max} 的比值，表示质量效率，即

$$\frac{\beta}{\beta_{max}}\times 100\%$$

例如，某黄铜矿石，理论上可达到的最高精矿品位，是纯黄铜矿含铜量，即 $\beta_{max}=34.5\%$ Cu，若实际精矿品位 $\beta=25\%$Cu，应该可以满意；而辉铜矿矿石，理论最高品位应是纯辉铜矿的含铜量，即 $\beta_{max}=79.8\%$Cu，如实际精矿 $\beta=25\%$Cu，则说明选矿效率太低了。显然，若只用 β 作为分选过程质量效率的判据，是不合适的，故用 β 与 β_{max} 的比值。

但是，若原矿品位为 α，那么即使是一个简单的分样过程，毫无分选作用，精矿品位 β 也不会等于 0，而是等于 α，当然，这决不会被看作反映了选矿过程的质量效率。因此，提出用 $(\beta-\alpha)$ 代替 β 作为度量分选过程的质量效率。这时，前述分析过程，$\beta=\alpha$，$\beta-\alpha=0$。显然，如以 $(\beta-\alpha)$ 作为质量效率指标，对于分样过程来说，其分选的质量效率为 0。

经上述分析，分选过程的质量效率公式应写为：

$$\frac{\beta-\alpha}{\beta_{max}-\alpha}\times 100\% \quad (3\text{-}31)$$

（2）数量效率指标

最常用的质量效率指标是回收率 ε，其计算公式为：

$$\varepsilon=\frac{\beta(\alpha-\theta)}{\alpha(\beta-\theta)}\times 100\% \quad (3\text{-}32)$$

式中，α、β、θ 在分选过程中，分别代表原矿、精矿、尾矿的品位；在分级过程中，则分别代表原矿、细粒级产品（分级溢流）、粗粒级产品（分级的沉砂）中小于规定粒度物的含量。

（3）综合效率

计算分选（包括分级）过程的综合效率公式，可以分成两类：第一类是以汉考克所提出的分离效率公式为代表；第二类是以弗来敏-斯梯芬斯公式和道格拉斯公式为代表。

① 第一类效率公式。

汉考克效率公式为：

$$\eta=\frac{(\alpha-\theta)(\beta-\alpha)100}{\alpha(\beta-\theta)(100-\alpha)}\times 100\% \quad (3\text{-}33)$$

式中　η——分选效率；

α，β，θ——原矿、精矿及尾矿中有用矿物的含量。

由于实际生产或试验工作中获得的品位数据一般均为元素（或化合物）含量，故利用上式时，应预先将化验品位换算为矿物含量，即

$$\text{有用矿物量}=\frac{\text{该产品中有用元素（或化合物）的含量}}{\text{纯有用矿物中有用元素（或化合物）的含量}}\times 100\%$$

若以 β_m 表示纯矿物中有用元素（或化合物）含量，则只要将上述公式中含量指标均除以 $\beta_m/100$，即可直接按化验品位计算分选效率 η。此时，式(3-33)则变换成：

$$\eta=\frac{(\alpha-\theta)(\beta-\alpha)}{\alpha(\beta-\theta)(1-\alpha/\beta_m)}\times 100\% \quad (3\text{-}34)$$

可见，这类综合效率公式推导的指导思想，不仅考虑有用成分在精矿中的回收率，而且还考虑无用成分在精矿中的混杂率，设法从“有效回收率”中扣除“无效回收率”的影响。这样便使综合效率公式既反映过程的量效率，又反映过程的质效率。

② 第二类综合效率公式。

(a) 弗来敏-斯梯芬斯公式为：

$$\eta=\frac{\beta(\alpha-\theta)(\beta-\alpha)}{\alpha(\beta-\theta)(\beta_{max}-\alpha)}\times 100\% \quad (3\text{-}35)$$

(b) 道格拉斯公式为：

$$\eta=\frac{(\alpha-\theta)(\beta-\alpha)}{\alpha(\beta-\theta)\left(1-\frac{\alpha}{\beta_{max}}\right)}\frac{(\beta-\alpha)}{\beta_{max}-\alpha}\times 100\% \quad (3\text{-}36)$$

式中各符号意义同前。

该类综合效率公式，是将质效率同量效率的乘积作为综合效率。

3.2.2.2.2　图解法评定分选效率

利用分配曲线评定分选的工艺效果，是图解法的一个重要应用。该方法主要应用于重

力选矿过程工艺效果的评定，但也可以用于磁选（磁性组分的分配）、分级（粒度组分的分配）等。它的主要优点是最终判据为单一数据，容易得出明确结论。分配曲线的绘制及应用前已详述，不再赘述。

在一般场合下，也可以利用下列方法作图来评价分选效果。首先将每个待比方案采用分批截取的方法进行试验，然后分别绘制回收率 ε 与产率 γ 的关系曲线、金属量 P 与产率 γ 的关系曲线及回产率 ε 与精矿品位 β 的关系曲线等。这时再看哪一个方案的曲线位置比较高，高的分选效果必然也较好，例如在 $\varepsilon=f(\gamma)$ 图上（图 3-16），曲线位置较高，意味着在给定的相同精矿产率下，回收率 ε 较高，既然产率相同，ε 较高则精矿品位 β 也必然较高；而在 $\varepsilon=f(\beta)$ 曲线（即图 3-17）中，曲线位置较高表明在相同的给定精矿品位时 ε 较高。

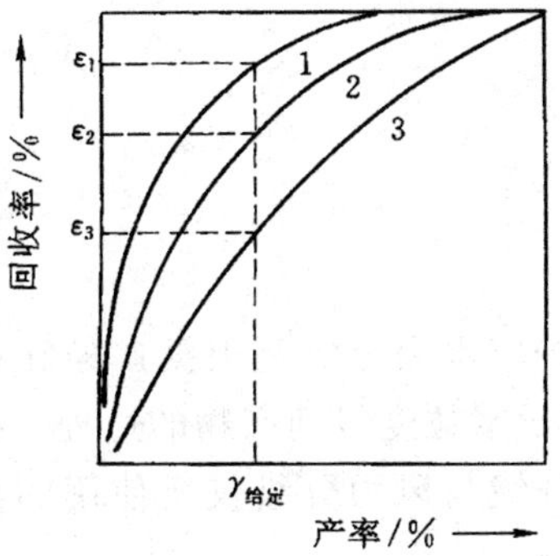

图 3-16　$\varepsilon=f(\gamma)$关系曲线

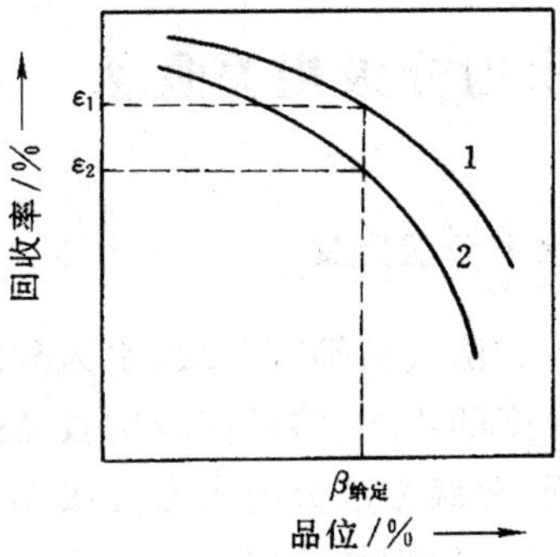

图 3-17　$\varepsilon=f(\beta)$关系曲线

思考题

3-1　简述煤炭大浮沉和小浮沉试验用的浮沉介质，大浮沉的操作步骤、注意事项、试验误差规定。

3-2　可选性曲线包括哪几条？每条曲线的意义是什么？

3-3　可选性曲线有哪些应用？影响煤炭可选性的因素是什么？

3-4　如何定性评定中国煤炭的可选性？煤炭可选性的评定依据和等级分别是什么？

3-5　简述分配曲线定义及用途，绘制分配曲线应具有的原始数据和绘制方法。

3-6　可能偏差 E_p 与不完善度 I 分别用于评价何种分选效果的指标？各个指标正常的变化范围是什么？

3-7　重力选煤工艺效果的评定指标有哪些？其物理意义分别是什么？

3-8　简述错配物总量的计算方法及错配物曲线的绘制方法。

第4章 水力分级

本章概要 介绍重力选矿概念、特点、可选性、发展方向。

4.1 水力分级相关概念

4.1.1 水力分级定义

分级方法包括筛分分级、水力分级和风力分级三种。水力分级是根据矿粒在运动介质中沉降速度的不同,将粒度级别较宽的矿粒群,分成若干窄粒度级别产物的过程。按所使用介质不同,分级方法分为水力分级和风力分级。水力分级与风力分级仅所使用的分级介质不同,其分级原理是相同的。

水力分级是指在水介质中,依据不同粒度的矿粒沉降速度的不同,将宽级别粒群分成两个或多个粒度相近的窄粒级产物的过程。应指出的是,在水力分级过程中,相同粒度或粒度相近的矿粒,若其密度及形状上有差别,则其在水中的沉降速度会受到影响。水力分级不是严格依据粒度差别进行分选的过程,矿粒密度及形状上的差异影响矿粒按粒度分级的精确性,这是水力分级与筛分分级的主要区别。

筛分分级通常只能处理粒度大于 2 mm 的矿粒。粒度小于 2 mm 的矿粒很难用筛分分级处理。在工业生产中进行粒度为 1 mm 以下的矿粒分级作业,多采用水力分级。水力分级的费用一般比筛分分级的高。水力分级的给料最大粒度一般不超过 6 mm,以小于 2 mm 为宜。

4.1.2 水力分级的分级粒度

水力分级的分级粒度可用两种方法来衡量。一是按理论计算在分级设备中沉降的固体颗粒,以它的最小当量直径来表示。也就是说,根据水力分级机内的水流速度条件,以沉降速度等于上升水流速度的矿石颗粒的当量直径代表分级产品的界限尺寸,称为分级粒度。等于分级粒度的颗粒称为临界颗粒。但因为计算上存在着误差以及水速难以保持完全稳定,所以用此法求出的分级粒度与实际的分级粒度有所偏离,所求的分级粒度称为理论分级粒度。二是对分级产品进行筛分分析或水力分析,求出各粒级物料在产物中的分配率,绘制分配曲线,以实际产物在沉砂和溢流中分配率各占 50%的某极窄粒级的尺寸作为实际界限粒度,写成 d_{50},称为分级粒度或分离粒度。大于分离粒度的颗粒大多进入沉砂中,小于分离粒度的颗粒大多进入溢流中。后一种方法比较科学,且为实际的分级界限尺寸,但它只能在分级过程之后才能查定。

4.1.3　水力分级过程

在实现水力分级的过程中，分级介质的运动形式大致有三种：一是介质的流动方向与矿粒沉降方向相反的垂直上升介质流；二是介质流动方向与矿粒沉降方向接近垂直的水平介质流；三是做旋转运动的介质流。

在垂直介质流运动中，水流常是逆着颗粒沉降方向向上流动，而不同粒度颗粒则依自由或干涉沉降速度之差，或者向上运动，或者向下沉降；上升介质流中颗粒是依据绝对速度的方向分离的，由式(4-1)判断。

$$v = v_0 - u_a \tag{4-1}$$

式中　v_0——矿粒在静止介质中的沉降末速；

u_a——上升介质流速。

分级过程见图 4-1(a)。沉降末速大于上升介质流速的矿粒下沉到分级设备的底部，作为沉砂或底流排出；沉降末速小于上升介质流速的细粒级产物从上端溢出，成为溢流。若要得到多个粒级产物，则可在溢流(或沉砂)依次减小(或增大)的上升水流中继续进行分级。

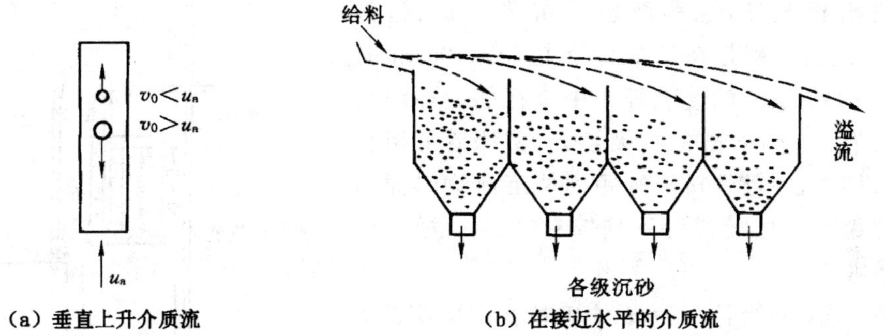

图 4-1　颗粒在垂直介质流及水平介质流中分级示意图

在接近水平的介质流中，颗粒水平运动的速度可以认为与介质流的速度相同，但沉降速度则随颗粒粒度的大小而变化。颗粒因沉降速度的不同，有着不同的运动轨迹。粗颗粒沉降速度大，在水平运动过程中最先沉降下来；粒度中等的颗粒沉降速度小一些，向前运动的距离要远一些；细颗粒的沉降速度比较小，向前运动的距离必然更远；十分微细的颗粒在运动中就不会沉降下来。由此可根据颗粒沉降速度，在水平运动的不同距离处将颗粒截取下来，各分级室可得到不同粒度的沉砂，最细粒级由分级室末端溢出，见图 4-1(b)。

在旋转运动的介质流中，利用旋转介质流进行分级能够给分级过程提供一个离心力场，从而使分级过程获得强化。不同粒度的颗粒根据在径向运动速度的差别，得以分离成粗、细粒两种粒级的产物。介质流的向心流速是决定分级粒度的基本因素。

水力分级在选矿工艺中的四个主要的应用方向：① 作为磨矿时的检查性分级和预先分级。一般常用它与磨矿作业构成闭路作业，在筛时分出合格粒度的产物，避免或减少过磨碎现象的出现。② 在某些重选作业(如摇床、溜槽选等)之前，作为准备作业。对原料进行分级，且分级后的各产物，分别给入不同设备或在不同操作条件下分选。③ 对原料或选后产物进行脱泥或脱水。在选煤工艺中，水力分级主要用于煤泥水的沉淀与浓缩。④ 在实验室内利用水力分级的方法，测定微细(多为－0.075 mm)物料的粒度组成，进行粒度分析。

4.2 水力分析

在实际生产和试验研究中，经常要对物料进行粒度分析。对于粗粒物料，常采用筛分分析。对于细粒物料，筛分分析比较困难时，采用分级方法进行分析。通过测定颗粒在水中的沉降速度，间接计算颗粒粒度的方法称为水力分析，简称水析。水力分析常用于小于 0.1 mm 物料的粒度组成测定。当颗粒粒度极其细微、沉降速度极慢或者难以沉降时，可以采用激光粒度分析法测定物料的粒度组成。

常用的水析方法有沉降法、上升水流法、离心沉降法等。为了防止颗粒在水中的团聚，影响分析的准确性，在进行水析时可以加入水玻璃、六偏磷酸钠、焦磷酸钠等分散剂。

4.2.1 沉降水析法

比较简单而又可靠的方法是淘析法。淘析法的基本原理是利用逐步缩短沉降时间的方法，由细至粗，逐步地将各粒级物料从试料中淘析出来。

淘析法水析装置，也称萨巴宁沉降分析仪，如图 4-2所示。淘析过程是在一个直径为 70～100 mm、高度为 150～170 mm 的玻璃杯 1 中进行的。杯内装有一根直径为 6～10 mm 的虹吸管 2。虹吸管的短管部分应插入杯内，使其管口下端距固体沉淀物料面留有 5 mm 的距离。虹吸管另一端带有管夹 3，插入到溢流收集槽 4 内。

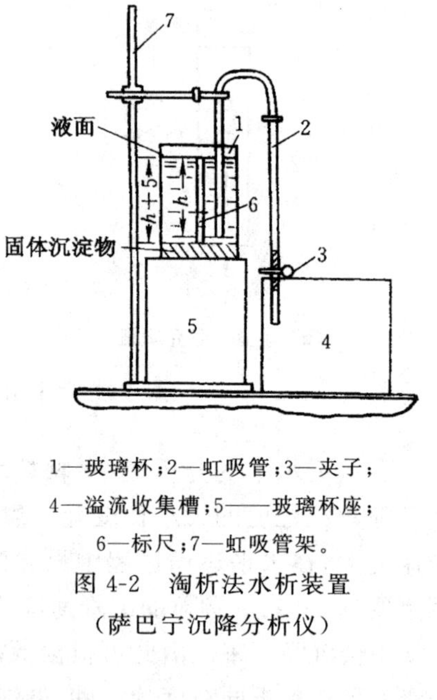

1—玻璃杯；2—虹吸管；3—夹子；
4—溢流收集槽；5——玻璃杯座；
6—标尺；7—虹吸管架。
图 4-2 淘析法水析装置
(萨巴宁沉降分析仪)

试验前，先将分级粒度为 d 的矿粒在水中沉降 h 距离所需的时间 t 按斯托克斯公式计算出来。再将一定量(准确称量 50～100 g)配成液固比等于 6∶1(泥质物料为 10∶1)的矿浆倒入玻璃杯中，补加清水到规定的刻度零处(补加清水后最大固体体积浓度应小于 3%)，并用带橡皮头的玻璃棒充分搅拌。停止搅拌后使矿浆静置沉降，经过所计算的分级粒度为 d 的矿粒沉降 h 距离所需时间 t，便立即用虹吸管将 h 上部的矿浆全部吸出。显然吸出的矿浆中全是粒度小于分级粒度的矿粒，但是遗留在杯中的沉淀物内，还会有一部分未能吸出的小于分级粒度的矿粒，应再往杯中补加清水，然后重复上述操作，直到吸出的液体中不含有小于分级粒度矿粒为止。

设预定的分级粒度为 d，在水中的自由沉降速度为 v_0，则沉降 h 距离所需时间 t 为：

$$t=\frac{h}{v_0}=\frac{h\mu}{54.5d^2(\delta-\rho)} \tag{4-2}$$

将每次吸出的矿浆汇合烘干后，即得试料中全部小于分级粒度的粒级产物。把获得的细粒产物称重、化验后，即可标出该粒级在试样中的含量及品位。若要求进行几个粒级的分析，则需首先按预定的几个分级粒度分别算出沉降 h 距离所需的时间 t 值，由细到粗依次进行上述操作，将各个粒级全部淘析完为止，就可以获得该试样的粒度组成。

由淘析法测定微细物料的粒度组成虽然比较简单、准确，但费时、费工。淘析法多用来对其他水析法校核，或没有连续水析仪器时使用。

4.2.2　上升水流法

上升水流法典型的装置是连续水析器。连续水析器的基本原理是：利用相同的上升水量，在不同直径的分级管中，产生不同的上升水速。粒度不同的矿粒按不同沉降速度，分成若干粒级。该水析器除主要工作部件外，还有给水装置、水玻璃添加装置、给矿装置和溢流接收装置等。连续水析器结构见图 4-3。

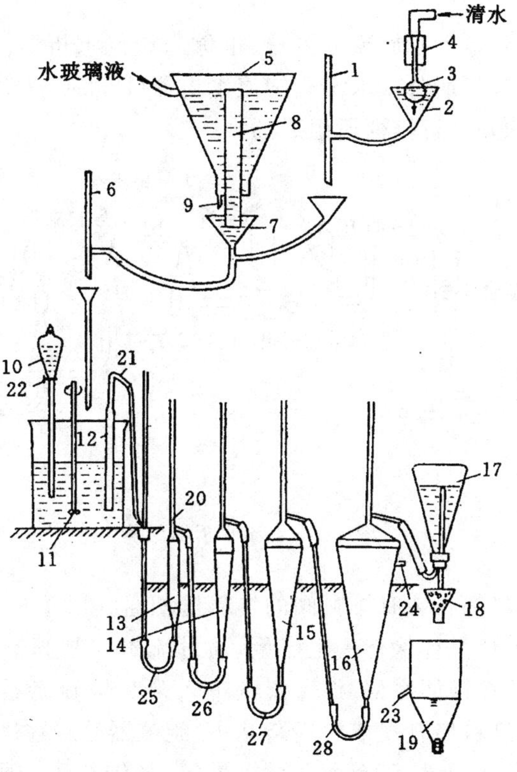

1—清水滴管；2、7—漏斗；3—浮标；4—水阀；5—盛水玻璃锥瓶；6—水玻璃调节滴管；
8—进气中心管；9—水玻璃液排放管；10—盛矿锥型漏斗；11—搅拌器；12—矿浆吸管；
13、14、15、16—74、37、19、10 μm 的分级管；17—调节液面的锥瓶；
18—盛明矾漏斗；19—盛－10 μm 粒级的锥瓶；20—气泡排放管；21—虹吸管；
22—矿浆排放阀；23、24—溢流管；25、26、27、28—乳胶管。

图 4-3　连续水析器结构

分级管的直径由给水量和分级粒度确定。例如，分级管断面积为 A，给水量为 Q，分级管的内径为 D，存在如下关系式：

$$A=\frac{\pi}{4}D^2=\frac{Q}{v_0} \tag{4-3}$$

在每个分级管中，沉降速度 v_0 大于管内上升水流速度 u_a 的颗粒便沉降下来，小于 u_a 的颗粒便进入下一个分级管内依次进行分级。在每个分级管内保持悬浮的颗粒即是该次分级的临界粒度。每次水析的试料约为 50 g。装入带搅拌器的玻璃杯内，给矿前各分级管及连续管内均充满水，打开管夹使矿浆流入各分级管内。在一般情况下，给料时间约 1.5 h。2 h后停止搅拌，大约 6 h 后停止给水(以溢流水是否清澈为准)。然后用夹子夹住各分级管下端的软胶管，按粗细顺序将各粒级产物清洗排出，进行澄清、过滤烘干、称重、化验等一系列处理。

这种连续水析器一次可获得多级产品，操作简便，只要保持工作正常(及时放出管内气泡且不使矿粒堵塞胶管)，所得结果就较为准确，但水析时间较长。

4.2.3 离心沉降法

离心沉降法所用装置是串联旋流分级器，也称为旋流水析器。旋流水析器内颗粒的径向沉降速度依然可按斯托克斯公式求出。旋流水析器(图 4-4)是由 5 个倒置(底流口垂直向上)水力旋流器互相串联并平行排列所组成的。

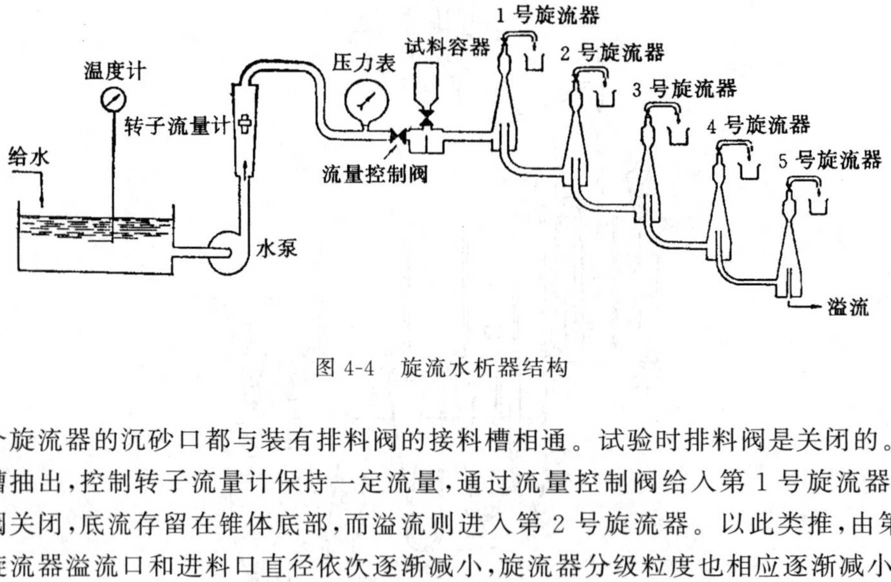

图 4-4 旋流水析器结构

每个旋流器的沉砂口都与装有排料阀的接料槽相通。试验时排料阀是关闭的。水经水泵从水槽抽出，控制转子流量计保持一定流量，通过流量控制阀给入第 1 号旋流器，因沉砂口排料阀关闭，底流存留在锥体底部，而溢流则进入第 2 号旋流器。以此类推，由第 1 号到第 5 号旋流器溢流口和进料口直径依次逐渐减小，旋流器分级粒度也相应逐渐减小。因此，物料分级完成后，第一个旋流器底流产品粒级最粗，最细粒级产物则是最后一个旋流器的溢流。

4.3 水力分级设备

在选矿和选煤工业中所使用的水力分级设备繁多。许多水力分级设备还具有浓缩、脱泥及脱水的功能。

按矿粒在分级过程中所处的力场不同，水力分级设备可分为重力场水力分级设备和离心力场水力分级设备。重力场水力分级设备，按粗粒级产物排出的方式不同，还可分为一般水力分级机和机械分级机。离心力场水力分级设备，根据旋转介质流产生旋转运动的力源方式不同,又可分为水力旋流器和离心沉降分级机。

一般水力分级机中的上升水流分级设备,包括自由沉降式水力分级机和干扰沉降式水力分级机。这类分级设备均属于干扰沉降式,包括角锥形水力分级设备、圆锥形水力分级设备以及煤泥沉淀池。

金属选矿厂的水力分级机用来对入选原料进行分级,以获得几个窄级别物料。选矿厂所用的分泥斗、倾斜浓缩箱等脱泥设备也属于选矿厂的水力分级设备。

4.3.1 机械分级机

在众多的水力分级设备中,具有提升运输沉砂机构的分级机,称为机械分级机。机械分级机是借助颗粒在水介质中的沉降速度差异而实现分级的。机械分级机主要作为磨矿的辅助设备,对物料进行预先分级和检查分级,也可用于含黏土矿石的洗矿以及矿浆脱泥和脱水。根据运输沉砂的机构不同,机械分级机可分为螺旋分级机、耙式分级机和浮槽分级机等。螺旋分级机因构造简单、操作方便、分级槽的倾斜角度大,便于同磨矿机做自流连接,因而应用较为普遍。其他几种分级机用得较少。

螺旋分级机的沉降分级为干涉沉降分级,在生产上就是通过调节溢流浓度来控制螺旋分级机分级粒度的。

螺旋分级机根据螺旋数目的不同,可分为单螺旋分级机和双螺旋分级机。螺旋分级机按分级液面的高低又可分为高堰式、沉入式和低堰式。高堰式分级机的溢流堰高于螺旋轴下端轴承的中心,而低于溢流端螺旋叶片的上缘。由于分级液面的长度不大,液面可直接受到螺旋叶片的搅动作用,故适合于粗粒级分级使用,分级粒度多在 0.15 mm 以上。沉入式分级机的下端螺旋叶片完全浸入在液面以下,分级面积大而又平稳,适用于细粒级的分级,分级粒度均在 0.15 mm 以下。低堰式分级机的溢流堰低于下端螺旋轴的中心,分级液面长度短,分级面积小,螺旋搅动对分级液面的影响很大,主要用于含泥矿石的洗矿,一般不作为分级机使用。各类螺旋分级机的基本区别如图 4-5 所示。

4.3.1.1 螺旋分级机构造及工作过程

螺旋分级机(见图 4-6)主要由分级槽、螺旋、溢流堰、沉砂口、螺旋提升机构、螺旋传动装置组成。分级槽呈倾斜安置,其倾角一般为 12°～18.59°,其底部为半圆形。矿浆从分级槽的中间部位进砂口给入,在分级槽下端的分级带完成分级。细粒级经槽子下端溢流堰 8 随水流从溢流排出口 9 流走。粗粒级产物在分级带沉降,然后由螺旋 1 将其运至槽子上端的沉砂排出口 10 排出机外。螺旋安装在中空主轴 3 上。主轴两端由轴承 4 支承,轴的上端设有传动装置 5,轴的下端置于提升机构之内,必要时可调节螺旋在槽内的高度。连续不断给入矿浆,则溢流与沉砂也就连续分别排出。若分级机与磨矿机构成闭路,则分级机的沉砂经溜槽进入磨矿机,再磨送回磨矿机的沉砂称为“返砂”。

4.3.1.2 螺旋分级机工艺效果影响因素

分级机工艺效果的优劣,主要有两方面:一是分级机的工作质量,如沉砂中小于分级粒度的细粒级含量及溢流中大于分级粒度的粗粒级含量以及沉砂水分的高低;二是分级机的生产能力,包括按溢流中固体含量计算的生产量以及按沉砂中固体含量计算的生产量。

影响分级机工艺效果的因素很多,概括起来主要有以下几个方面。

(1) 矿石性质

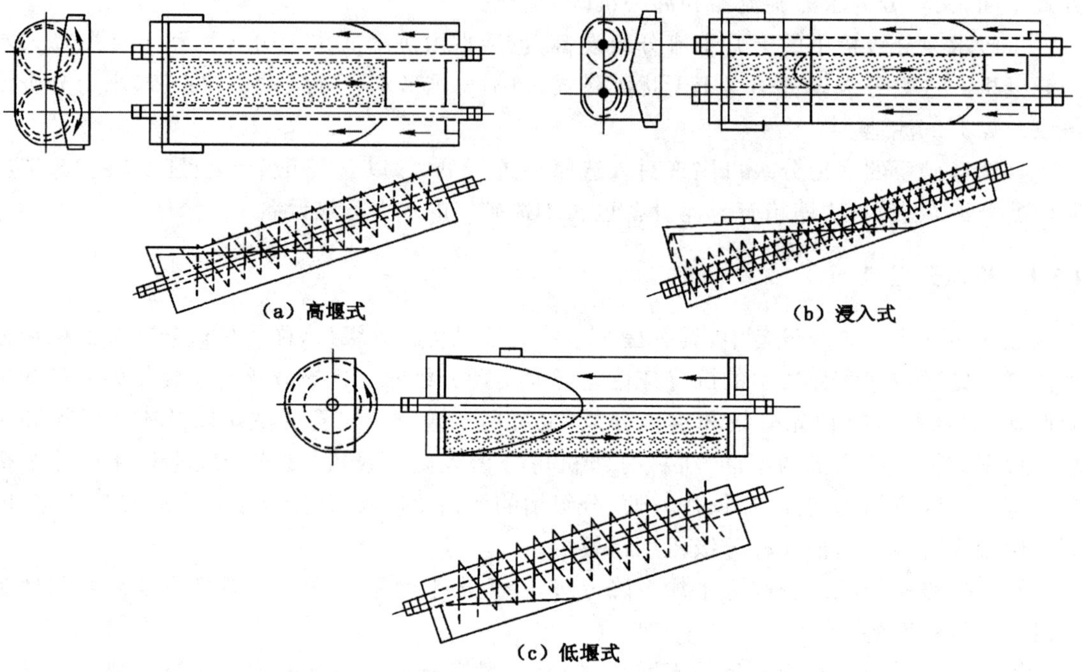

图 4-5　螺旋分级机分类

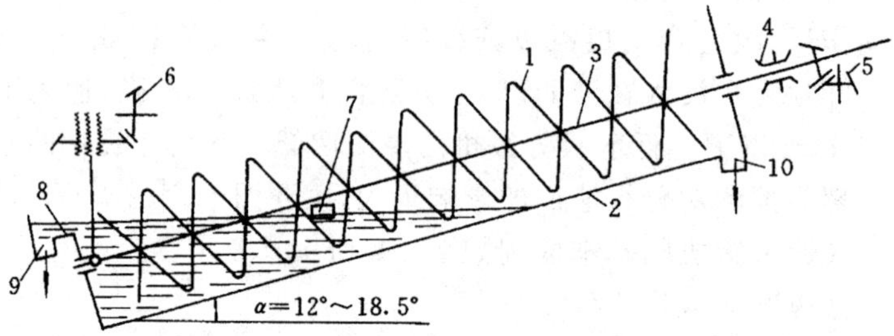

1—螺旋；2—分级槽；3—螺旋轴；4—轴承；5—螺旋传动装置；6—螺旋提升机构；
7—进砂口；8—溢流堰；9—溢流排出口；10—沉砂排出口。

图 4-6　螺旋分级机结构

矿石性质主要指矿石的密度、粒度组成和含泥量。矿石密度几乎正比地影响按质量计的分级机的生产能力，矿石密度越大，生产能力越高。矿石的粒度组成和含泥量的影响，反映在矿浆的黏度上。黏度增大，矿粒沉降速度减少，处理能力和分级的精确性均降低。当矿泥含量较高时，常采用降低分级浓度的办法，但这又导致处理量的降低。给矿中含有适量的矿泥，对分级并非全然不利，因为借助矿泥增加矿浆的黏性，可以抑制螺旋搅动时引起矿浆紊动的发展。

(2) 分级机结构

分级机中矿粒群沉降的液面面积，称为分级面积。分级面积的大小影响分级机处理能力并决定分级粒度。由于分级过程是发生在靠近表面层的水平矿浆流中，如图 4-7 所示。矿粒在这层水平流中，一方面以自身的沉降速度向下沉降，同时又被水平介质流带动，以接

近矿浆水平流速 u 的速度向溢流端行进。因此，它的运动方向是两个速度的矢量和。粒度不同的两个矿粒（假定密度和形状相同）处于同一分级槽中，其水平流速一致，而两矿粒沉降速度有别，于是合速度与水平面的夹角 β 也有差异。粗颗粒的 β 角大，运行到分级槽终端被溢流堰挡住，故留在槽内而成沉砂。细颗粒的 β 角小，运行到分级槽终端时，依然位于溢流堰上面，随水平流从溢流口排出机外。从分级机面积对分级过程的影响中可以看出，分级机面积大，分级机处理能力也大，但分级粒度减小。按图 4-7 所示，分级液面长为 l，分级槽宽若为 B，分级槽下端高度若为 H，倾角为 α，则分级机面积为 A，即

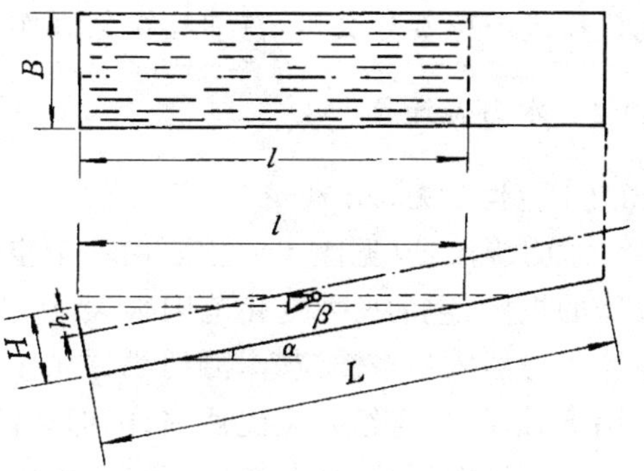

图 4-7 螺旋分级机分级面积与分级过程、槽体大小及槽体倾角的关系

$$A = Bl = \frac{BH}{\sin\alpha} \tag{4-4}$$

可见，增大分级槽的宽度提高溢流堰的高度或减小槽体的倾角都可以使分级机面积增大。分级机面积增大，按溢流的体积处理能力便增大，分级精度便更细。

螺旋的转速影响液面的搅动程度和运输返砂的能力。转速与螺旋直径成反比。对于粗粒分级可有较大的搅动程度而不致影响颗粒的沉降。对于细颗粒分级则应避免强烈搅动，其螺旋运转速度达到足以将返砂沿外槽运出即可。

（3）给矿浓度

给矿浓度不仅影响分级粒度，而且还影响在该分级粒度下的处理能力。生产中常常通过调节浓度来控制分级粒度。浓度对分级粒度和生产率的影响存在一个临界值。一方面，增大矿浆浓度，沉降的干涉程度变大，颗粒的沉降速度将变小。这样使一些较粗的颗粒未来得及沉降便被水平流带到溢流中，因而使溢流的粒度变粗。另一方面，当浓度很小时，为了保持一定的按固体计的生产率，溢流流量便会增大，增高的水平流速又会将较粗颗粒带到溢流中，使溢流粒度变粗。因此，对一定的矿石应用其最适宜的临界矿浆浓度，在此浓度下，保持固体生产率一定，则可得到最细的分级粒度；保持一定的分级粒度，则可得到最大的生产率。

基于选别作业对浓度的要求，分级机的给矿浓度常比临界浓度高。此时若再增加给入的水量，仍可使溢流粒度变细，相应地沉砂量增加。但是分级机本身毕竟不能制造细粒级，随着循环的返砂量增大，进入分级机的矿量又复增多，于是给矿浓度随之增大，溢流粒度又恢复变粗。归根结底，这是由于分级粒度要由磨矿机的细级别生成量决定。分级机的溢流产物即是磨矿的最终产物。分级机的功能只在于及时分离出合格的粒级，减少过磨；并为磨矿机提供适当的高浓度返砂，借以提高磨矿效率。分级机在这些方面对磨矿机服务好了，磨矿设备的能力充分发挥出来，溢流粒度才能有限度地降低。所以对机械分级机工作条件的选择既要服从选别作业的要求，又要考虑为磨矿机充分服务。

为了了解分级机的工作情况，生产中对分级机溢流浓度一般每隔 20～30 min 测定一次，以确保对分级粒度的控制。为了提高分级效率，近年来有的选矿厂开始使用筛分设备取

代粗粒级的螺旋分级机，在细粒级分级作业中，水力旋流器获得广泛应用。

4.3.2 水力旋流器

4.3.2.1 水力旋流器构造

水力旋流器（见图 4-8）主要由一个空心圆柱体和圆锥连接而成。圆柱体的直径代表旋流器的规格，它的尺寸变化范围很大，由 50 mm 到 1 000 mm，通常为 125～500 mm。在圆柱体中心插入一个溢流管，沿切线方向接有给矿管，在圆锥体下部留有沉砂口。矿浆在压力作用下，沿给矿管给入旋流器内，随即在圆筒形器壁限制下做回转运动。粗颗粒因惯性离心力大而被抛向器壁，并逐渐向下流动由底部排出成为沉砂。细颗粒向器壁移动的速度较小，被朝向中心流动的液体带动由中心溢流管排出，成为溢流。

4.3.2.2 水力旋流器分级原理

矿浆在一定压力下通过切向进料口给入旋流器，于是在旋流器内形成一个回转流。在旋流器中心处矿浆回转速度达到最大，因而产生的离心力亦最大。矿浆向周围扩展运动的结果，是在中心轴周围形成了一个低压带。此时通过沉砂口吸入空气，而在中心轴处形成一个低压空气柱。

作用于旋流器内矿粒上的离心力与矿粒的质量成正比，因而在矿粒密度接近时便可按粒度大小分级（密度不同则得到的是等降颗粒）。

矿浆在旋流器内既有切向回转运动，又有向内的径向运动，而靠近中心的矿浆又沿轴向上（溢流管）运动，外围矿浆则主要向下（沉砂口）运动。所以它属于三维空间运动。在轴向，矿浆存在一个方向转变的零速点，连接各点在空间构成一近似锥形的面，称作零速包络面（见图 4-9）。细小颗粒离心沉降速度小，被向心的液流推动进入零速包络面由溢流管排出成为溢流产物；而较粗颗粒则借较大离心力作用，保留在零速包络面外，最后由沉砂口排出，成为沉砂产物。零速包络面的位置大致决定分级粒度。

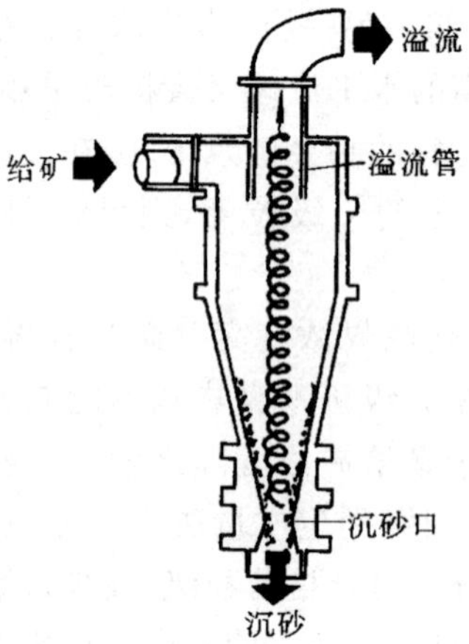

图 4-8 水力旋流器

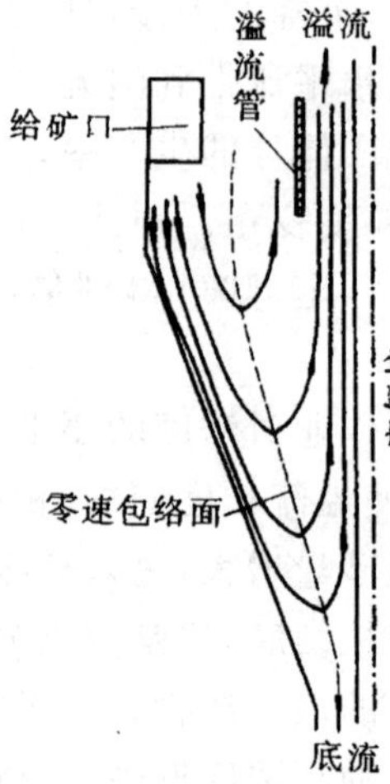

图 4-9 水力旋流器分级原理

4.3.2.3 水力旋流器工艺参数计算

水力旋流器工艺参数计算，包括分离粒度和处理量的计算。它们的计算公式有很多。

(1) 旋流器的处理能力

旋流器处理能力 Q(L/min)为：

$$Q=K_1 d_G d_Y \sqrt{gp} \tag{4-5}$$

式中 d_G,d_Y——给矿管直径和溢流管直径,cm,当矿口为矩形断面时,$d_G=\sqrt{\frac{4}{\pi}bl}$,$b$ 和 l 为给矿管矩形断面的宽和长,cm;

p——旋流器的进口压力(表压力),MPa;

g——重力加速度,以 9.8 m/s^2 计;

K_1——系数,按表 4-1 选取。

表 4-1 旋流器在不同 d_G/D 值条件下的 K_1 值

d_G/D	0.10	0.15	0.20	0.25	0.30
K_1	1.83	2.46	3.10	3.85	4.93

注:D 指旋流器直径。

(2) 旋流器的分离粒度

旋流器分级的临界粒度 d_F(cm)为：

$$d_F=\frac{0.075d_G^2}{\phi_x}\sqrt{\frac{\pi\mu}{Qh(\delta-\rho)}} \tag{4-6}$$

式中 h——溢流管下缘到锥壁的轴向距离,为方便计算可取锥体高度的 2/3;

μ——介质黏度;

Q——给矿矿浆体积;

ϕ_x——速度变化系数,其值大于 1。

ϕ_x计算方法常用两种。

① 达尔扬提出的公式为：

$$\phi_x=\left(\frac{D}{d_Y}\right)^n \tag{4-7}$$

式中 $n=0.5\sim0.9$,一般取 $n=0.64$。

② 苏联选矿研究设计院提出的公式为：

$$\phi_x=\frac{6.64A_G\alpha^{0.3}}{Dd_Y} \tag{4-8}$$

式中 A_G——给矿口的面积,cm^2;

D——旋流器内径,cm;

α——旋流器锥角,(°);$\alpha^{0.3}$取值见表 4-2。

表 4-2 $\alpha^{0.3}$的值

α	10°	15°	20°	60°	90°
$\alpha^{0.3}$	2	2.25	2.46	3.40	3.85

4.3.2.4 影响水力旋流器工作的因素

影响水力旋流器工作的因素包括结构参数、操作条件和矿石性质等。旋流器的直径

D、给矿口直径 d_G 和溢流口直径 d_Y，是影响处理量 Q 和分级粒度 d_F 的主要结构参数。将式(4-5)加以转换，可以得出矿浆体积处理量与旋流器直径的大致关系为：

$$Q \propto D^2$$

随着矿浆流量增加，矿浆的向心流速亦增加，分级粒度变粗。将式(4-6)中 Q、d_G 和 h 均换算成 D 的比例值，则得：

$$d_F \propto \sqrt{D}$$

因此，进行粗分级时常选用较大直径旋流器；进行细分级时则用小直径旋流器。如果后者处理能力不够时，可以将多台旋流器并联使用。

(1) 给矿管直径 d_G 对旋流器工作的影响

给矿口的大小对处理能力、分离粒度以及分级效率均有一定影响。给矿管直径常与旋流器直径呈一定比例，一般情况下 $d_G=(0.08\sim0.25)D$。给矿口的横断面形状以矩形为好，而其纵断面常为图 4-10(a)所示的切线形。这种进料易使矿浆在进入旋流器时与器壁冲击产生局部旋涡进而影响分级效率。因此出现如图 4-10(b)所示的渐开线形及其他型式的给矿管。

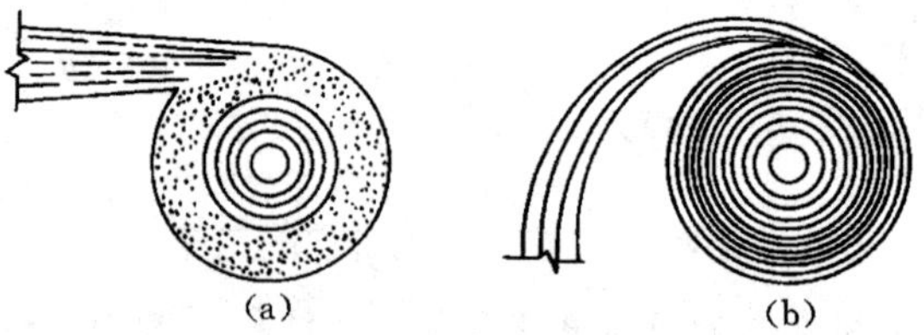

图 4-10　切线形及渐开线形给矿管

(2) 溢流管直径 d_Y 对旋流器工作的影响

溢流管大小应与旋流器直径呈一定比例，一般情况下 $d_Y=(0.2\sim0.4)D$。增大溢流管直径，溢流量增加，溢流粒度变粗，沉砂中细粒级减少，沉砂浓度增加。

(3) 沉砂口直径 d_C 对旋流器工作的影响

沉砂口直径常与溢流口直径呈一定比例关系，其比值$\dfrac{d_Y}{d_C}$称为角锥比。角锥比是影响溢流和沉砂体积产率和分级效率的重要参数。由试验得出，角锥比值以 3～4 为宜。沉砂口是旋流器中最易磨损的零件，常因磨损而增大排出口面积，使沉砂产量增加，沉砂浓度降低。若沉砂口过小，则粗颗粒在锥顶越积越多，会引起沉砂口堵塞。沉砂口大小的变化对旋流器处理能力影响不大。

(4) 锥角对旋流器工作的影响

锥角影响矿浆向下流动的阻力和分级自由面的高度。一般说来，细分级或脱水用旋流器应采用较小的锥角，为 10°～15°；粗分级或浓缩用旋流器采用大锥角，为 20°～45°。旋流器圆柱体高度 h 主要影响物料在旋流器中的停留时间，一般取 $h=(0.6\sim1.0)D$。溢流管插入深度 h_Y，大体接近圆柱高度，$h_Y=(0.7\sim0.8)h$。溢流器插入过深或过浅均将引起溢流跑粗。

(5) 给矿压力 p 对旋流器工作的影响

给矿压力是旋流器工作的重要参数。提高给矿压力，矿浆流速增大，可以提高分级效率和沉砂浓度。通过增大压力来降低分级粒度收效是甚微的，而动能消耗却将大幅度增加，且旋流器特别是沉砂口的磨损将更严重。故在处理粗粒物料时，应尽可能采用低压力(0.05～0.1 MPa)操作；只有在处理细粒及泥质物料时，才采用较高压力(0.1～0.3 MPa)操作。

旋流器给矿方式主要有三种，如图 4-11 所示。

① 借高差自流给矿——这种给矿方式是一种最理想的给矿方式，借高差用管道自流给入旋流器或用砂泵将矿浆扬送到高处给矿箱中，再引入旋流器，动能消耗少，但是多数选厂难以有这种工作条件。

② 砂泵直接给矿——这种给矿方式可获得较高的给矿压力，配置方便，管路少，便于维护，因此使用广泛。

③ 稳压箱给矿——借高差用管道自流给入旋流器或用砂泵将矿浆扬送到高处稳压箱中再引入旋流器，人为造成这种高差，但这种给矿受高差条件限制，只能在低压给矿时使用，因为设置稳压箱的厂房需得有很大高差。

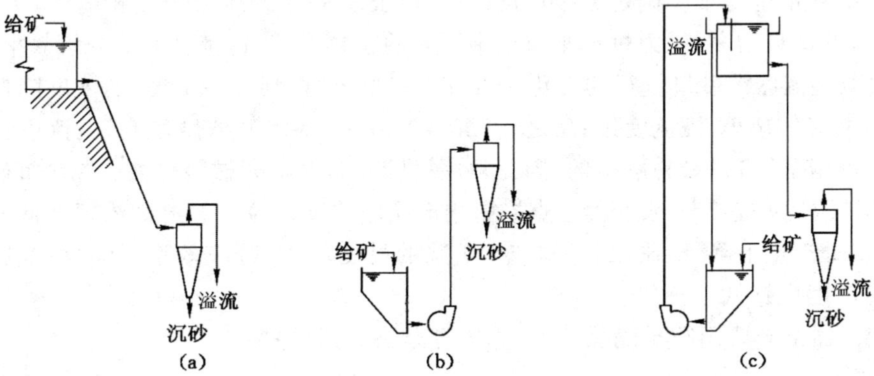

图 4-11 水力旋流器给矿方式

(6) 给矿性质对旋流器工作的影响

其中最主要的是给矿粒度组成(包括含泥量)和给矿浓度。给矿粒度组成和对产物的粒度要求影响选用的旋流器直径和给矿压力。当旋流器尺寸及压力一定时，给矿浓度对溢流粒度及分级效率有重要影响。给矿浓度高，分级粒度变粗，分级效率亦将降低。例如我国的锡矿重选厂由试验得出，当分级粒度为 0.074 mm 时，给矿浓度以 10%～20%为宜；分级粒度为 0.019 mm 时，给矿浓度应取 5%～10%。处理含泥量大或微细原料时并应采用较高给矿压力或以小直径旋流器多台并联工作。

用于分级的旋流器最佳工作状态应是沉砂呈伞状喷出，伞的中心有不大的空气吸入口。这样使空气在向上流动时能携带内层矿浆中的细颗粒从溢流中排出，因而有利于提高分级效率。此时伞的锥角应取图 4-12 所示的大小。如旋流器用于浓缩时可取绳状排出，此时沉砂浓度最高。而在用于脱水时，沉砂应以最大角度的伞状排出，这时沉砂浓度最低，相应可获得含固体量最少的溢流。

4.3.2.5 使用旋流器应掌握的要点

① 根据分离粒度和处理的矿浆量，选择好旋流器的结构参数(各部尺寸)。

② 选择适当的旋流器给矿方式。

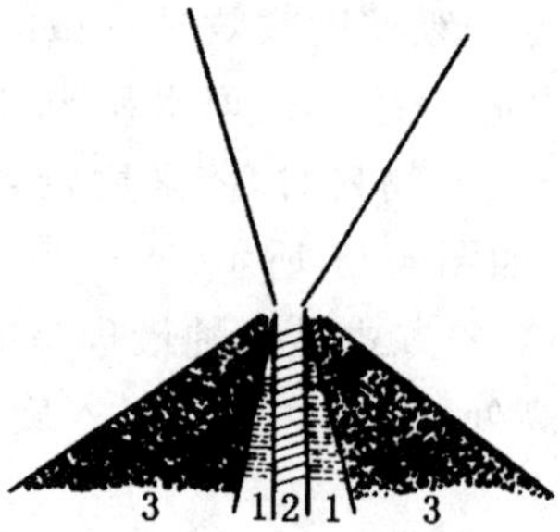

1—伞状;2—绳状(底流口很小);3—大锥角伞状(底流口很大)。

图 4-12　旋流器底流不同排出状况

③ 稳定旋流器的给矿压力。因为给矿压力直接影响旋流器的处理量和分级粒度,给矿压力越大,矿浆流速越高,旋流器的处理量就越大,同时矿浆在旋流器中旋转速度和离心力也越大,分级粒度也越细。确定分级粒度以后,就要求一定的压力与之相适应,压力过大则沉砂中混入的细粒增多,压力过小则溢流中混入的粗粒增多,这都会降低分级效率。

④ 注意旋流器沉砂口直径的变化。若沉砂口增大时,则沉砂量增大,浓度降低,沉砂中细粒增多,溢流量减小,溢流变细;反之,若沉砂口减小,则沉砂浓度增高,溢流中粗粒增多,溢流量增大。沉砂口是最易磨损的,因此常用衬胶或其他耐磨材料的方法减缓沉砂口磨损。

⑤ 给矿浓度要适当。浓度大小直接影响产品的浓度和粒度。给矿浓度太低时,分级效率高但干矿处理量下降;给矿浓度太高时,矿浆的黏度增大,分级效率下降。一般分级粒度越细,给矿浓度应越低。

⑥ 旋流器给矿要用筛子隔除草渣、木屑等杂物,防止堵塞。

思考题

4-1　选矿中的分级方法有哪几种?

4-2　常用的水析方法有哪几种?

4-3　简述影响螺旋分级机工艺效果的因素。

4-4　简述水力旋流器分级原理及影响旋流器工作的因素。

4-5　使用旋流器应掌握哪些要点?

第 5 章　重介质选矿技术

本章概要　介绍重介质选矿基本原理、重介质分选设备；分别介绍重悬浮液性质、回收与净化工艺等。

5.1　重介质选矿基本原理

通常将密度大于水的介质称为重介质，在这样的介质中进行的选矿称为重介质选矿。依据阿基米德原理，浸在介质里的物体受到的浮力 F 等于物体所排开的同体积介质的重量，即有：

$$F = V\rho_{zj} g \tag{5-1}$$

颗粒在介质中的有效重力 G_0 与重力加速度 g_0 分别为：

$$G_0 = G - F = V(\delta - \rho_{zj})g \tag{5-2}$$

$$g_0 = [(\delta - \rho_{zj})/\delta]g \tag{5-3}$$

式中　G_0——颗粒在介质中的重力，N；

G——颗粒在空气中的重力，N；

g——颗粒在空气中的重力加速度，m/s^2 或 cm/s^2；

g_0——颗粒在介质中的重力加速度，m/s^2 或 cm/s^2；

δ——颗粒的密度，kg/m^3；

V——颗粒的体积，m^3；

ρ_{zj}——重介质悬浮液的平均密度，kg/m^3。

由式(5-2)和式(5-3)可知，G_0 及 g_0 均随 ρ_{zj} 增大而减小。

在重介质中，当 $\delta > \rho_{zj}$ 时，g_0 为正，与 g 的方向一致，矿粒将向下沉降；当 $\delta < \rho_{zj}$ 时，g_0 为负，与 g 的方向相反，矿粒将向上浮起。为使分选过程能有效进行，重介质密度应介于矿石中轻、重两种矿物的密度之间，即 $\delta_2 > \rho_{zj} > \delta_1$。在这样的介质中，分选完全属于静力作用过程，流体的运动和颗粒的沉降不再是分层的主要作用因素，而介质本身的性质却是影响分选的重要因素。

重介质选矿是以一定密度的流体作为介质进行分选的过程，分选密度介于组成入料的轻、重物料密度之间。密度低于分选密度的物料漂浮成为轻产物，而密度高于分选密度的物料下沉成为重产物。分选介质的特性决定物料的去向和分离的效果。

在金属、非金属矿物分选方面，重介质分选一般作为预选作业，用于除去单体脉石或混入的围岩。重介质分选最适合处理有用矿物为集合体嵌布的有色金属矿石。这类矿石在中碎以后产生大量的单体脉石，若用重介质分选技术预先将这些脉石抛除，可以减少进入磨矿和分选作业的矿石量，可以大大降低每吨原矿的生产成本，并在实际上提高选矿厂主选车间的处理能力。

例如：用重介质分选处理铁矿石和锰矿石时，主要是去除开采过程中混入的围岩，恢复地质品位。在煤炭洗选方面，用重介质分选可以产出精煤和抛弃矸石。此外，重介质分选被应用于回收宝石（如绿宝石、红宝石、黄玉、锆石和石榴子石等），也可用于将萤石和菱镁矿与石英和方解石分离的作业。重介质分选还可以实现钾盐与页岩、石灰岩和砂岩的分离。

5.2 重介质选择影响因素

重介质悬浮液是由颗粒状的固体（粒度在 1～500 μm 之间）和水混配而成的。配制重介质悬浮液的固体称为重介质（也称为加重质）。

5.2.1 常用重介质

工业上常用重介质有以下几种。

（1）硅铁

硅铁具有耐氧化、硬度大、带强磁性等特点，使用后经筛分和磁选可以回收再用。根据制造方法的不同，硅铁又分为磨碎硅铁、喷雾硅铁和电炉刚玉废料（属含杂硅铁）等。选矿用的硅铁含 Si 量为 13%～18%。这样的硅铁密度为 6.8 g/cm^3，可配制密度为 3.2～3.5 g/cm^3 的重介质悬浮液。喷雾硅铁外表呈球形，在同样浓度下配制的悬浮液黏度小，便于使用。

（2）方铅矿

纯方铅矿密度为 7.5 g/cm^3。工业通常所用的为方铅矿精矿，其品位为 60%，其配制的悬浮液密度为 3.5 g/cm^3。方铅矿悬浮液用后可用浮选法回收再用。但方铅矿硬度低，易泥化，配制的悬浮液黏度高，且容易损失，因此，现已逐渐少用。

（3）磁铁矿

纯磁铁矿密度为 5.0 g/cm^3 左右，用含 Fe 60%以上的铁精矿配制的悬浮液密度最大可达 2.5 g/cm^3。磁铁矿在水中不易氧化，可用弱磁选法回收。

此外，还可用选矿厂的副产品（如砷黄铁矿、黄铁矿等）作为重介质。

5.2.2 重介质选择基本依据

从生产的角度，选择重介质时主要考虑重介质具有合适的密度、较高的机械强度（不易粉碎和泥化）、较好的化学稳定性、回收容易、来源广泛和价格低廉等。下面以密度要求和粒度组成要求简要介绍如何选择重介质。

5.2.2.1 要有合适的密度

重介质分选所选用的重介质要有合适的密度，以便用它来配制的重介质悬浮液的平均密度及其他性质能符合分选的要求。选煤用的重介质悬浮液的平均密度为 1 350～2 000 kg/m^3。所以选用的重介质，要能配成上述范围的平均密度的重介质悬浮液，同时又要求使其中的重介质所占的体积浓度保持在合理的范围内（一般为 20%～30%）。这是因为重介质悬浮液中重介质的体积浓度与其黏度及稳定性有密切关系。重介质悬浮液的黏度和稳定性还与重介质的粒度组成有关。为配制某密度的重介质悬浮液，既要求它有足够的稳定性，又要求其黏度不至于太高而影响分选，这就需要在选择重介质的密度、粒度（稳定性）和悬浮液黏度之间做合理的平衡。

图 5-1 表示粒度为 0.044～0.074 mm 的各种重介质配制的悬浮液密度与黏度和沉降速度（稳定性）的关系曲线。由图 5-1 可见，悬浮液的密度随重介质的浓度而增加，但其黏度也逐渐增加，重介质沉降分层的速度逐渐减小，即悬浮液的稳定性逐渐增大。开始悬浮液的黏度随密度增加较慢，但达到某一临界值后，黏度增加很快。显然，任何一种重介质的使用都不应超过该临界密度（浓度）。选用较高密度的重介质，在同样的条件下，可以降低悬浮液的黏度，但稳定性减小即沉降分层速度加大。图 5-1 的应用是有局限性的，因为既没有标明与切变率的关系，而且限定在很窄的重介质粒度范围内，所有这些条件都会与生产条件有很大差别，只能作为定性地选择重介质时参考。例如对密度较低的黏土和石英砂，能配制悬浮液的密度极限为 1 300～1 500 kg/m³，对选煤来说有时偏低；而硅铁、方铅矿和铅，用于配制密度小于 2 000 kg/m³ 的悬浮液，稳定性较差；还有价格、来源以及回收再用的难度等因素都不如采用磁铁矿。磁铁矿的密度范围是 4 300～5 200 kg/m³，在较容易得到的粒度范围可配制的悬浮液密度范围在 1 300～2 200 kg/m³ 之间，在实际生产条件下能符合要求。

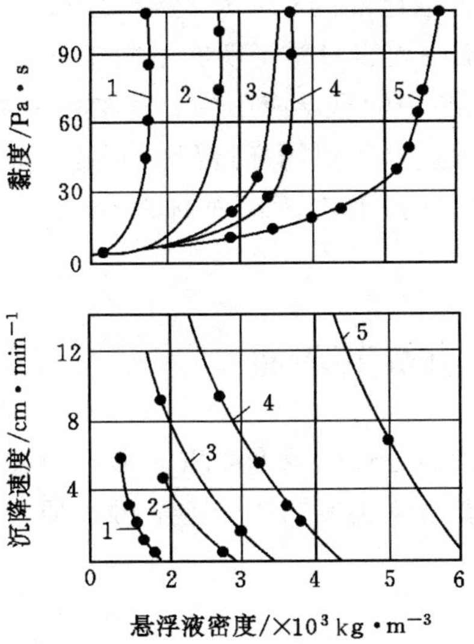

1—石英；2—磁铁矿；3—硅铁；4—方铅矿；5—铅。

图 5-1　以粒度为 0.044～0.074 mm 的各种重介质配制成的悬浮液密度与黏度和沉降速度的关系曲线

在选择重介质的密度时要考虑在生产条件，进入重介质悬浮液系统中的煤泥量和煤泥的性质对悬浮液稳定性及黏度的影响。另外在离心力分选设备（旋流器）中黏度对分选效果影响较小，可选用密度较低的重介质。

5.2.2.2　要有合适的粒度组成

重介质的粒度组成主要影响重介质悬浮液的稳定性。现在重介质选煤用的重介质一般都是磁铁矿精矿粉。各种分选设备对重介质有不同的要求。分选密度高时可以用较粗的重介质。

根据国内常用的分选设备的需要和磁铁矿粉生产的情况，磁铁矿粉重介质的粒度大致分为 4 级(见表 5-1)。

表 5-1　选煤用磁铁矿粉的粒度组成

级别	1(特粗)	2(粗)	3(细)	4(特细)
真密度/$kg \cdot m^{-3}$	>4 700	>4 300	>4 300	>4 300
磁性物含量/%	>95	>90	>90	>90
+150 μm	<15	<10	0	0
−40 μm	<40	40～70	80～90	90～100
−5 μm			10	15～20
推荐应用范围	① 分选密度>1 900 kg/m^3的+13 mm 静力重介质分选；② 下降流式块煤分选机	① 分选密度 1 300～1 900 kg/m^3 的+8 mm 静力重介质分选；② 三产品重介质旋流器	分选密度 1 300～1 700 kg/m^3 的两产品重介质旋流器	分选密度<1 300 kg/m^3 的+0.5 mm 或不脱泥的重介质旋流器

由于煤泥的含量和性质对悬浮液的稳定性有较大的影响，所以表 5-1 中所列举的应用范围仅供选用时参考。表 5-1 中内容只是说明在不同情况下使用的磁铁矿粉添加时的粒度组成情况，实际上其与介质系统中的悬浮液中的磁性物的粒度组成是有较大区别的。因为粒度越细，磁选机回收的能力越差，所以循环过程中微细介质的损失将大于粗粒的损失。因此介质在循环中会越来越粗，这需要在不断补加新介质的条件下，达到某一平衡的粒度组成。

5.3　重介质悬浮液性质及其表征

悬浮液性质对重介质旋流器分选效果产生重大影响，不仅影响分选精度(效率)，还影响设备生产能力。对生产有重要意义的重介质悬浮液的性质一是悬浮液的密度及其稳定性，二是悬浮液的黏度及流变性。

5.3.1　重介质悬浮液密度

重介质悬浮液由密度不同的固相和液相组成，固相微粒分散于液相之中。只有当在重介质悬浮液中分选的矿粒粒度比重介质的粒度大得多时，这个固液两相的分散体系才可以被看作是一个统一体，这样才具有密度的概念。

这里的密度实质上是悬浮液的平均密度，在生产中简称为密度，其公式为：

$$\rho_{zj} = \lambda \delta_j + (1-\lambda)\rho_L \tag{5-4}$$

式中　λ——悬浮液的重介质的体积浓度，%；

δ_j——重介质的密度，kg/m^3；

ρ_L——悬浮液中液体的密度，kg/m^3。

计算配制一定体积某种平均密度的重介质悬浮液所需要的重介质的质量 G，可以由质量平衡方法求出。在一定体积的重介质悬浮液中，固体质量和液体质量之和等于悬浮液的质量。

$$G+(V-\frac{G}{\delta_j})\rho_L=V\rho_{zj} \tag{5-5}$$

式中　G——重介质悬浮液中固体（重介质）的质量，kg；

δ_j——重介质悬浮液中固体（重介质）的密度，kg/m^3；

V——重介质悬浮液的体积，m^3；

ρ_{zj}——重介质悬浮液的平均密度，kg/m^3；

ρ_L——悬浮液中液体的密度，kg/m^3；

$\frac{G}{\delta_j}$——悬浮液中重介质的体积 V_s，m^3；

$(V-\frac{G}{\delta_j})$——悬浮液中液体的体积 V_w，m^3。

式（5-5）整理后得：

$$G=\frac{V\delta_j(\rho_{zj}-\rho_L)}{\delta_j-\rho_L} \tag{5-6}$$

若用水配制重介质悬浮液时，式（5-6）变为：

$$G=\frac{V\delta_j(\rho_{zj}-1\ 000)}{\delta_j-1\ 000} \tag{5-7}$$

例如，若要用水配制 1 m^3 平均密度为 1 500 kg/m^3 的重介质悬浮液，取磁铁矿粉的密度为 5 000 kg/m^3 时，则所需添加的磁铁矿粉的质量为：

$$G=\frac{1\times 5\ 000\times(1\ 500-1\ 000)}{5\ 000-1\ 000}=625\ (kg)$$

在该密度的重介质悬浮液中，每 1 m^3 所含磁铁矿粉的体积 V_s 为：

$$V_s=\frac{G}{\delta_j}=\frac{625}{5\ 000}=0.125\ (m^3)$$

此时磁铁矿粉重介质的体积浓度为：

$$\lambda=\frac{0.125}{1}=0.125$$

于是该重介质悬浮液中水所占的体积 V_w 为：$V_w=1-0.125=0.875$ m^3，显然其质量为 875 kg。

前面所讨论的都是用磁铁矿粉配制的重介质悬浮液。重介质的密度用的是磁铁矿粉的密度（5 000 kg/m^3）。但是在实际生产系统中重介质悬浮液含有一部分煤泥，固体的密度应为磁铁矿粉密度和煤泥密度的加权平均值，即

$$\bar{\delta}_j=\frac{100}{(\gamma_1/\delta_f)+(\gamma_2/\delta_c)}\bar{\rho}_s \tag{5-8}$$

式中　$\bar{\delta}_j$——固体的平均密度，kg/m^3；

γ_1,γ_2——悬浮液固体中磁铁矿和煤泥的含量，%；

δ_f,δ_c——磁铁矿粉和煤泥的密度，kg/m^3。

用磁铁矿粉作为重介质时，重介质悬浮液的固体中煤泥含量（γ_2）参考表 5-2。

表 5-2 磁铁矿粉悬浮液固体中煤泥含量

项目	重力分选机		重介质旋流器	
悬浮液密度范围/kg·m^{-3}	1 900～2 150	1 300～1 900	1 300～1 700	<1 300
磁铁矿粉粒度	特粗	粗	细	特细
煤泥含量/%	<10	50～10	50～20	<20

表 5-2 中的煤泥含量范围很宽。当煤泥中粘土含量多时，或要求分选的粒度下限较细、分选密度较高时应取小值。

5.3.2 重介质悬浮液稳定性

重介质悬浮液的稳定性是指悬浮液维持自身密度不变的性质。稳定性有两个含义：一是指各部位之间的密度在同一时间上保持相对稳定，二是重介质悬浮液整体的密度在时间上保持相对稳定。对于前者，固体颗粒沉降分离会产生的各点密度的变化。对于后者，在生产过程中各种因素引起的重介质悬浮液固体浓度变化而产生的整体密度随时间的波动。这两种波动，对分选结果都产生决定性的影响。前者主要与重介质的性质和浓度有关，而后者主要受工艺与控制系统的影响。重介质的沉降速度直接影响重介质悬浮液的稳定性。通常用重介质在悬浮液中的沉降速度 v 的倒数表示稳定性，称为稳定性指标 Z，即

$$Z=\frac{1}{v} \tag{5-9}$$

Z 愈大，重介质悬浮液稳定性愈好。只要不明显增加黏度，这对分选有利。

稳定性指标测定的最简单的方法是量筒沉降法。采自生产系统的试验样品或专门配制(通常密度为 1 500 kg/m^3)的重介质悬浮液放入 1 000 mL 的量筒中。搅拌均匀后静置沉降。经过一段时间，上部开始出现清水层，清水层与混浊液界面的下降速度可看作是重介质的沉降速度。用直角坐标纸，纵坐标自上而下表示清水层高度，横坐标自左向右表示沉降时间，将沉降开始后的各时间段内的清水层高度对应地标于坐标纸上，即可获得沉降曲线，如图 5-2 所示。沉降曲线上任一点的切线与横坐标轴的夹角的正切即为该时刻重介质的沉降速度。从图 5-2 可见，在开始沉降的一段时间内，沉降曲线斜率基本不变，即沉降曲线为一直线段；往后沉降结束，逐渐进入压缩阶段，清水界面下降减慢。评定重介质悬浮液稳定性的指标是以开始沉降不久的直线段的沉降速度为准，通常为 1～2 cm/min。

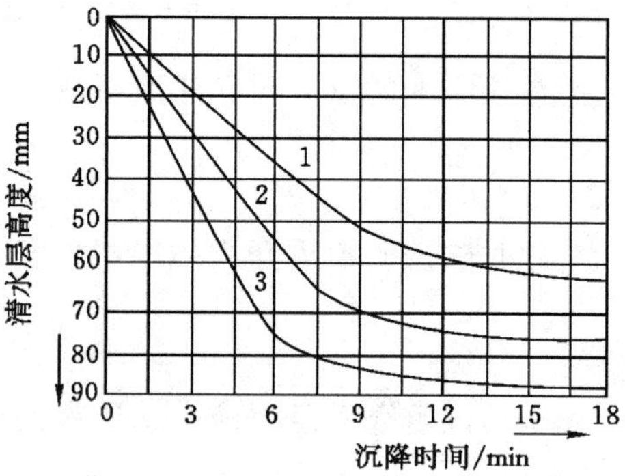

1—0.074 mm 占 85.83%；2—0.074 mm 占 61.42%；
3—0.074 mm 占 48.73%。

图 5-2 测定磁铁矿悬浮液稳定性沉降曲线

这种方法虽然简便，但因为重介质悬浮液中常含有大量细煤泥，所以有时不能形成清晰的清水层界面，影响试验的可靠性。为解决这个困难可以用另外的评价方法。例如，测定悬浮液静止一定时间(例如 1 min)后，用上层(例如距液面 10 cm)的密度变化来评定其稳定性。密度变化愈小，稳定性愈好。

5.3.3 重介质悬浮液黏度

在悬浮液的性质中，黏度和稳定性则影响着分选的精确性。

5.3.3.1　重介质悬浮液黏度和流变性

悬浮液的黏度与均质液体的不同，其是液体与液体、固体与固体以及液体与固体之间的内摩擦力（切应力）的体现。悬浮液的内切应力要比单一分散介质的大。根据流体（包括两相流体）的切应力与速度梯度的关系，可将流体分为四种流变类型：牛顿流体、黏塑性流体、假塑性流体和膨胀性流体。后三种也称为非牛顿流体。这些流体的速度梯度与切应力关系曲线称为流变曲线，如图5-3所示。

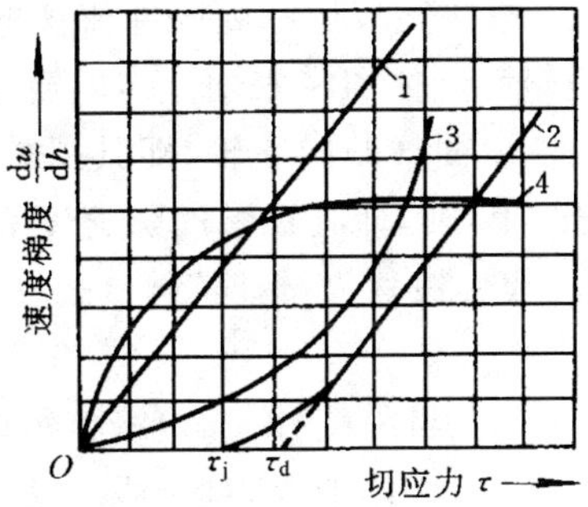

1—牛顿流体；2—黏塑性流体；
3—假塑性流体；4—膨胀性流体。

图5-3　流体的速度梯度与切应力的关系

（1）牛顿流体的黏度

牛顿流体的流变曲线为一条通过坐标原点的直线。切应力与速度梯度的关系为：

$$\tau = \mu \frac{du}{dh} \tag{5-10}$$

式中　μ——黏度，Pa·s；

τ——切应力，N/m^2；

du/dh——速度梯度，或称剪切率，s^{-1}。

在一定的温度和压力下，牛顿流体的黏度为一常数，不随速度梯度变化。属于牛顿流体的有各种均质液体、空气、低分子化合物溶液以及稀的溶胶体和悬浮液等。

（2）黏塑性流体的黏度

当悬浮液内固体颗粒相互连接形成网状结构物时，流体不仅有黏性还有塑性，被称为黏塑性流体。当外力作用很小时，这种流体只发生形变而不流动。只有当外力大于静切应力时，这种流体才产生流动，其流变曲线为一条不通过原点的曲线。在高速度梯度下，这种流体内部结构物遭到破坏，其曲线渐变为直线。将此直线段向下延伸与τ轴的交点τ_d称为动切应力。τ_d表示黏塑性流体流动时，黏度（塑性黏度）变成常数所需的最小切应力。直线段的τ与du/dh关系可表示为：

$$\tau = \tau_d + \mu_p \frac{du}{dh} \tag{5-11}$$

式中　τ_d——动切应力，N/m^2；

μ_p——塑性黏度，Pa·s。

黏塑性流体又称为宾汉体。用黏度计测得的这类流体的黏度称为视黏度（μ_s），其公式为：

$$\mu_s = \tau_d/(du/dh) + \mu_p \tag{5-12}$$

式(5-12)右侧第一项称为结构黏度（动切应力与速度梯度，或称剪切率的比值）。黏塑性流体的视黏度（总黏度）由结构黏度和塑性黏度两项组成。显然视黏度并非常数，而是随速度梯度的增大而减小。

属于黏塑性流体的有高浓度的矿浆、泥浆、沥青、水泥浆、油漆等。选矿用重悬浮液多属于黏塑性流体。

(3) 假塑性流体和膨胀性流体的黏度

假塑性流体和膨胀性流体的流变曲线都通过坐标原点,两者均没有静切应力。假塑性流体的流变曲线凸向 τ 轴,即其视黏度随速度梯度的增加而变小。膨胀性流体的流变曲线凸向 du/dh 轴,即其视黏度随速度的增大而变大。两种流体的 τ 与 du/dh 关系曲线服从指数方程,故又被称为幂律流体。τ 与 du/dh 表达式为:

$$\tau = k(du/dh)^n \tag{5-13}$$

式中 k——与黏度有关的系数,称为稠度系数,流体黏度越高,k 值越大;

n——流体指数,对于假塑性流体,$n<1$,对膨胀性流体 $n>1$。

当 $n=1$ 时与式(5-10)形式相同,该流体即为牛顿流体。

假塑性流体和膨胀性流体的视黏度为:

$$\mu_s = k(du/dh)^{n-1} \tag{5-14}$$

属于假塑性流体的有高分子聚合物溶液、乳状液、胶状原油、水凝胶、牙膏等。属于膨胀性流体的有浓淀粉糊,高固体含量的涂料、流砂,某些高浓度的悬浮液。当重悬浮液的浓度较高时(例如体积浓度大于42%),其也会具有膨胀性流体的性质。

5.3.3.2 重介质悬浮液黏度测定

(1) 带有搅拌装置的毛细管黏度计

在实际工作中,测定悬浮液黏度使用最广泛的仪器是黏度计和带有搅拌杆的毛细管黏度计。黏度计结构如图5-4所示。黏度计由内径为40 mm的粗玻璃管1、内径为1.5~2.5 mm的毛细管2、插置在粗玻璃管内的搅拌装置4及装置在粗玻璃管内壁上的隔板3等组成。搅拌装置由电动机6经传动胶带带动旋转,电动机及毛细管黏度计均由支架7支承。搅拌装置的作用是使悬浮液保持均匀稳定。隔板用来防止在搅拌过程中悬浮液发生旋转。由于搅拌叶片靠近毛细管上端,所以搅拌速度不宜过快(一般为200~500 r/min),否则会引起静压强的变化。

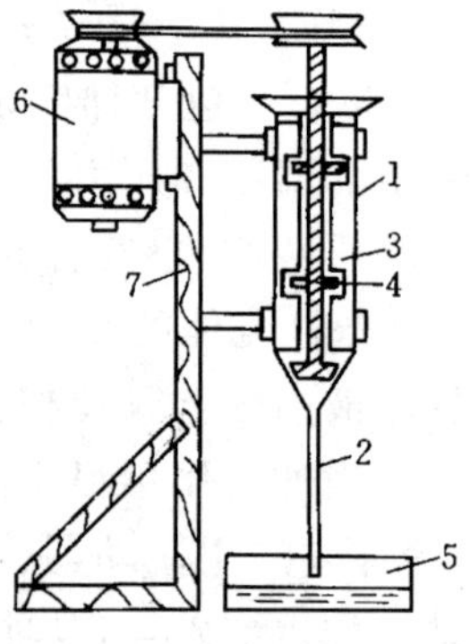

1—粗玻璃管;2—毛细管;3—隔板;
4—搅拌装置;5—接取的容器;
6—电动机;7—支架。

图5-4 带搅拌装置的毛细管黏度计

使用毛细管黏度计测定介质黏度时,在层流条件下,通过毛细管的流量体积 V 可按下式计算:

$$V = \frac{\pi r^4 p}{8l\mu}t \tag{5-15}$$

式中 r——毛细管内径,m;

l——毛细管长度,m;

p——作用于毛细管下端出口处的静压强,等于自液面到毛细管下端管口的重力压强 $p=\rho gh$,单位Pa(h 为自液面到毛细管最下端的高度,m);

t——流出时间,s;

V——经时间 t 所流出的体积，m^3；

μ——均质液体的动力黏度，Pa · s。

式(5-15)也可写成

$$\mu_t=\sqrt{\frac{4}{3}\times\frac{d(\delta-\rho)g}{C_D\cdot\rho}} \tag{5-15a}$$

或

$$\mu=\frac{\pi r^4 hg}{8lV}\rho t \tag{5-16}$$

式中　ρ——均质液体的密度(即指水的密度)，kg/m^3；

g——重力加速度，m/s^2。

对于重介质悬浮液，则

$$V=\frac{\pi r^4 hg}{8l\mu_{zj}}\rho_{zj}t_{zj}$$

或

$$\mu_{zj}=\frac{\pi r^2 hg}{8lV}\rho_{zj}t_{zj} \tag{5-17}$$

式中　ρ_{zj}——重介质悬浮液的密度，kg/m^3；

t_{zj}——重介质悬浮液流出体积 V 时所需的时间，s；

μ_{zj}——重介质悬浮液的动力黏度，Pa · s。

由式(5-16)及式(5-17)可知，若用同一个毛细管黏度计，在相同的操作条件下(h 和 V 不变)，分别测定某已知黏度的介质(如水及悬浮液)流出体积为 V 时所需的时间(t 和 t_{zj} 不变)，则悬浮液的有效黏度为：

$$\mu_{zj}=\mu_s\frac{\rho_{zj}t_{zj}}{\rho_s t_s} \tag{5-18}$$

或

$$\frac{\mu_{zj}}{\mu_s}=\frac{\rho_{zj}t_{zj}}{\rho_s t_s} \tag{5-19}$$

式中　ρ_s——水的密度，g/cm^3；

t_s——流出体积为 V 的水所需的时间，s；

μ_s——水的动力黏度，Pa · s。

式(5-19)中，重介质悬浮液的黏度与水黏度的比值，称为悬浮液的相对有效黏度，简称相对黏度，以 μ'_{zj} 表示，即

$$\mu'_{zj}=\frac{\mu_{zj}}{\mu_s}=\frac{\rho_{zj}t_{zj}}{\rho_s t_s} \tag{5-20}$$

显然，悬浮液的运动黏度 υ_{zj} 为：

$$\upsilon_{zj}=\frac{\mu_{zj}}{\rho_{zj}}=\upsilon_s\frac{t_{zj}}{t_s} \tag{5-21}$$

所以，悬浮液的相对运动黏度 υ'_{zj} 为：

$$\upsilon'_{zj}=\frac{\mu_{zj}}{\upsilon_{zj}}=\frac{t_{zj}}{t_s} \tag{5-22}$$

式中 υ_s——水的运动黏度，m^2/s。

按上述原理，可利用毛细管黏度计测定重介质悬浮液的相对动力黏度 μ'_{zj} 及相对运动黏度 υ'_{zj}。测定方法是：首先将毛细管下端口堵住，在粗玻璃管中加入一定体积(一般可为 200 mL)的水。然后开动搅拌装置并测定由毛细管流出规定体积水(规定流出的体积应少于加入体积)所需的时间 t_s。再按同样方法在粗玻璃管中加入与测水时体积相等的悬浮液，并测定与测水时流出相同体积悬浮液所经历的时间 t_{zj}。于是便可根据式(5-16)、式(5-18)算出悬浮液的相对动力黏度 μ'_{zj} 和相对运动黏度 υ'_{zj}。

试验证明，这种黏度计完全适用于测定无结构化或结构化程度很低的重介质悬浮液的黏度。但对已经结构化的悬浮液，由于搅拌作用破坏了悬浮液的结构物，黏度测定结果产生很大误差。

但应指出，用式(5-20)或式(5-22)计算流体介质通过毛细管的黏度是不够准确的。一方面，建立上述公式时，并没有考虑介质通过毛细管时因流速增加而造成的压头损失，故实际黏度要小于计算黏度；另一方面，在测重介质悬浮液的黏度时，为防止沉淀，必须进行搅拌但搅拌作用会使流出时间延长，故在搅拌作用下所测得的时间用于计算黏度时，其计算值又将大于实际黏度。随着 t_s 与 t_{zj} 的差值越大，黏度计算结果的误差就越大。对黏度较大的悬浮液用上述给出的公式计算其相对黏度是不适宜的。

(2) 同心圆筒式黏度计

同心圆筒黏度计是研究重介质悬浮液流变特性时使用最多的一类黏度计。这类黏度计包括外转筒式黏度计、内转筒式黏度计、范式转筒黏度计和轴流式同心圆筒黏度计。

图 5-5 所示是外转筒式黏度计。直径为 4.5 cm 的外转筒 2，由电动机 6 带动，以一定的角速度旋转。直径为 4 cm 的吊筒 3 置于外转筒之内，两筒之间环形间隙为 0.25 cm。在此环形空间内装有上升的悬浮液流。由于外转筒旋转，通过悬浮液的黏性力使悬挂在金属扭丝 4 上的吊筒发生扭转。根据吊筒扭转的角度，可以计算出在不同转速 u 下的旋转力矩(扭矩)M，然后根据式(5-23)及式(5-24)算出在该条件下的速度梯度 $\mathrm{d}u/\mathrm{d}h$ 与切应力 τ。

$$\frac{\mathrm{d}u}{\mathrm{d}h}=\frac{2\omega}{R_1^2\left(\frac{1}{R_1^2}-\frac{1}{R_2^2}\right)} \tag{5-23}$$

$$\tau=\frac{M}{2\pi R_1^2 H} \tag{5-24}$$

式中 ω——外转筒旋转角速度，rad/s；

R_1——吊筒的半径，m；

R_2——外转筒半径，m；

H——吊筒的高度，m；

M——吊筒的扭矩，N·m。

根据牛顿内摩擦定律[式(5-10)]，将已计算的切应力及速度梯度代入，便可求出 μ。该 μ 就是要求的悬浮液黏度。

注意，在试验液体处于层流状态时，均可直接根据试验数据，利用已知公式算出要测的黏度。有关的仪器常数，可用已知黏度的液体予以预先标定。但在选矿实践中碰到的大都处于由层流到紊流的过渡范围，此时仪器的标定和测量数据的处理工作都比较繁杂，实际使

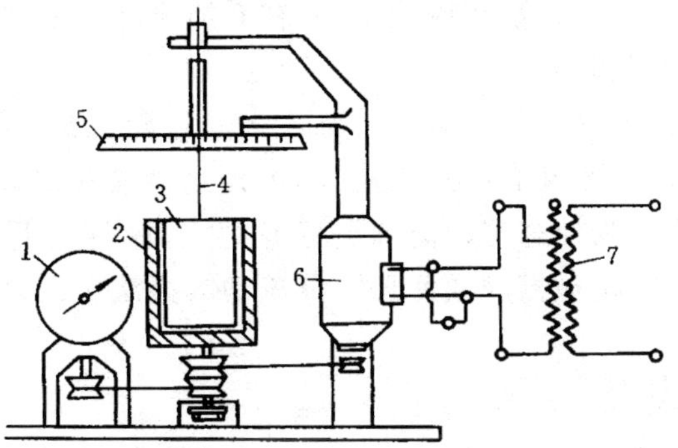

1—转速表；2—外转筒；3—吊筒；4—纽丝；5—量角器；6—电动机；7—自耦变压器。

图 5-5　外转筒式黏度计结构

用时需参考仪器说明书或有关著作。

5.3.4　悬浮液密度、黏度及稳定性影响因素

(1) 重介质体积浓度的影响

重介质的体积浓度不仅影响悬浮液的假定密度，在浓度较高时还是影响黏度的主要因素。试验表明，悬浮液的黏度随体积浓度的增加而增加。在浓度较低时，黏度增加比较缓慢；当浓度超过某临界值 λ_L 时，黏度急剧增大，如图 5-6 所示。λ_L 称为临界体积浓度。临界体积浓度因重介质的种类和性质而异，一般介于 25%～30%之间。当悬浮液的体积浓度超过临界值时，矿粒在其中的沉降速度急剧降低，设备生产能力相应减小，分选效率变低。

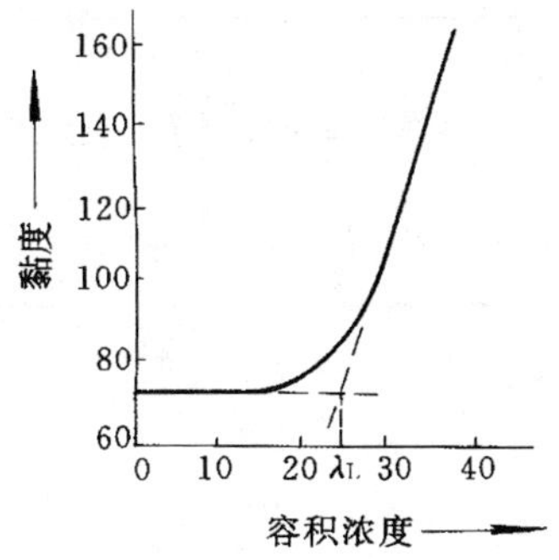

图 5-6　悬浮液黏度与容积浓度的关系

(2) 重介质的密度、粒度和形状的影响

悬浮液的体积浓度受流动性(主要指黏度)的限制，通常不允许超过某最大值。配制的悬浮液的密度愈高，重介质的密度亦应愈高，即重介质的选择应与所配制的悬浮液密度相适应。

一般来说，在同样体积浓度下，重介质的粒度愈小，视黏度愈大，开始形成结构化的浓度亦愈低。重介质的形状愈接近球形，悬浮液的黏度愈小。

(3) 矿泥含量的影响

矿泥含量对悬浮液视黏度的影响也是很大的。矿泥是指小于 10～20 μm 的颗粒。在

原矿中含泥量多时必须事先通过洗矿脱除矿泥；在介质循环过程中也会产生一部分矿泥，可在重介质的再生系统中对其脱除。

悬浮液的稳定性和黏度常常是矛盾的。黏度大则稳定性高，黏度小则稳定性低。在生产上希望悬浮液既有小的黏度又有高的稳定性，可是这两者是难以兼得的。在选择悬浮液时，应综合利弊统一考虑。为使悬浮液能够更好地稳定，保持上下层的密度尽可能一致，可在分选机内采用机械搅拌、机械振动或使悬浮液流动等办法予以改善。

5.4 重介质分选设备

5.4.1 重介质分选机分类

工业上使用的重介质分选机，种类繁多。按工艺和结构特征，重介质分选机分类见表 5-3。国内外对大于 6 mm 或 13 mm 粒级块煤采用重悬浮液进行分选时，使用最多的设备有斜轮重介质分选机和立轮重介质分选机，其分选粒度上限一般为 300 mm 左右，最大可达 1 200 mm。对于分选 6～13 mm 以下的细粒物料，利用离心力场来强化分选过程，其设备主要采用重介质旋流器。

表 5-3 重介质分选机分类

分类特征	分选机类型	分类特征	分选机类型
分选后的产品品种	两产品分选机； 三产品分选机	分选槽形式	深槽分选机； 浅槽分选机
悬浮液流动方向	水平液流分选机； 垂直液流分选机(上升流或下降流)； 复合液流分选机； (水平-上升流或水平-下降流)	排矸装置形式	提升轮分选机(斜轮、立轮)； 刮板分选机； 圆筒分选机； 空气提升式分选机

5.4.2 选煤用重介质分选机

5.4.2.1 斜轮重介质分选机

(1) 结构

我国制造的 LZX 型斜轮重介质分选机，广泛用于选块煤，也可以用于分选大块原煤。斜轮重介质分选机结构如图 5-7 所示。它由分选槽 1、排放重产物的斜提升轮 2 和排煤轮 3 等主要部件组成。分选槽是由数块钢板焊接而成的多边形箱体，上部呈矩形，底部顺煤流方向的两块钢板其倾角为 40°或 45°。斜提升轮 2 装在分选槽旁侧的机壳内，提升轮轴 4 经减速器 5(摆线齿轮减速器或歪脖子减速器)由电动机 6 带动旋转。斜提升轮下部与分选槽底部相通，提升轮骨架 7 用螺栓与齿轮盖 8 固定在一起。齿轮盖用键安装在轴上。斜提升轮轮盘的边帮和盘底分别由数块立筛板 9 和筛底 10 组成。在轮盘的整个圆面上，沿径向装有冲孔筛板制造的若干块叶板 11。重产物主要是经叶板刮取提升的。斜提升轮的轴由支座 12 支承。支座是用螺栓固定在机壳支架上的。轴的上部装有单列推力球面轴承和双列向心球面滚子轴承各 1 个，两轴承用定位套定位。轴承座 13 用螺栓与支座相连。轴的下部仅装 1 个双列向心球面滚子轴承。轴端通过浮动联轴节与减速器的出轴连接。排煤轮呈六角形，其轴是焊接件，轴两端装有轴头，电动机 14 通过链轮 15 带动其转动，轴两端装有骨架 16，在对应角处分别有 6 根卸料轴相连，在每根卸料轴上装有若干个用橡胶带 17 吊挂的重锤 18。轻产物就是靠排煤轮转动时由重锤逐次拨出的。

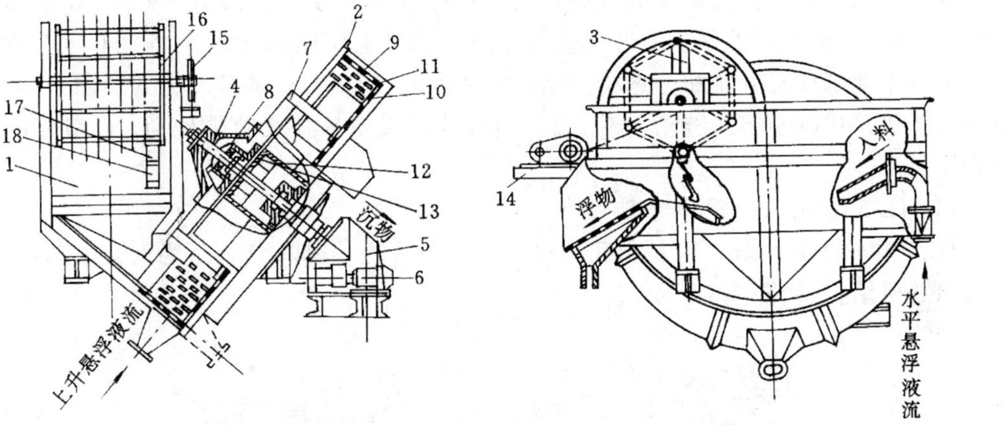

1—分选槽；2—提升轮；3—排煤轮；4—提升轮轴；5—减速装置；6—电动机；7—提升轮骨架；8—齿轮盖；9—立筛板；10—筛底；11—叶轮；12—支座；13—轴承座；14—电动机；15—链轮；16—排煤轮骨架；17—橡胶带；18—重锤。

图 5-7　斜轮重介质分选机

斜轮重介质分选机兼用水平介质流和上升介质流，在给料端下部位于分选带的高度引入水平介质流，在分选槽底部引入上升介质流。水平介质流不断给分选带补充合格悬浮液，防止分选带密度降低。上升介质流造成微弱的上升介质速度，防止悬浮液沉淀。水平介质流和上升介质流使分选槽中悬浮液的密度保持稳定均匀，并造成水平流运输浮煤。原煤进入分选机后按密度分为浮煤和沉物两部分。浮煤由水平流运至溢流堰被排煤轮 3 刮出经固定筛一次脱介后进入下一脱水脱介作业。沉物下沉至分选槽底部由斜提升轮的叶板 11 提升至排料口排出。在提升过程中沉物也进行一次脱介。

随着分选槽槽宽的加大，排矸用的斜提升轮转速逐渐减慢。由于排矸轮转速在 1～5 r/min之间是很低的，因此要求排矸轮的转动有一套减速装置。我国使用的减速器有摆线针齿齿轮减速器、歪脖子减速器、普通减速器加开式伞齿轮传动。

(2) 特点

斜轮重介质分选机具有以下优点。

① 分选精确度高。由于重产物的斜提升轮在分选槽底部旁侧运动，在悬浮液中处于分选过程的物料不被干扰，可能偏差可达 0.02～0.03。

② 分选粒度范围宽，处理能力大。该机槽面由于制造得较为开阔，斜提升轮直径可达 8 m 或更大。因此，分选粒度上限可达 1 000 mm，下限为 6 mm。例如，国产分选槽宽为 4 m 的重介质分选机，其斜轮直径为 6.55 m，其处理能力为 350～500 t/h。

③ 该机悬浮液循环量少。由于轻产物采用排煤轮的重锤拨动排放，所以被煤带走的悬浮液量少，故悬浮液循环量低[按入料计为 0.7～1.0 $m^3/(t \cdot h)$]。

④ 由于分选槽内有上升悬浮液流使悬浮液比较稳定，分选机可使用中等细度的重介质，即－325 目（<0.045 mm）占 40%～50%已达到细度要求。

选煤设备大型化是发展方向，但斜轮重介质分选机的排矸轮采用中心传动，这将使制作槽宽 5 m 以上的大型设备受到限制。

5.4.2.2 立轮重介分选机

立轮重介分选机作为块煤分选设备，类型较多，常见的有 JL 太司卡（TESKA）型和滴萨（DISA）型。立轮重介质分选机与斜轮重介质分选机工作原理基本相同。不同立轮重介质分选机的主要部件提升轮和分选槽的结构大体相同，但提升轮的传动方式不同。例如，太司卡型分选机采用圆圈链条链轮传动，滴萨型分选机采用悬挂式胶带传动，JL 型分选机采用棒齿圈传动。

(1) JL 型立轮重介质分选机

JL 型立轮重介质分选机是由我国自行设计制造的。现以 $JL_{1.8}$ 型为例介绍 JZ 型立轮重介质分选机结构，如图 5-8 所示。

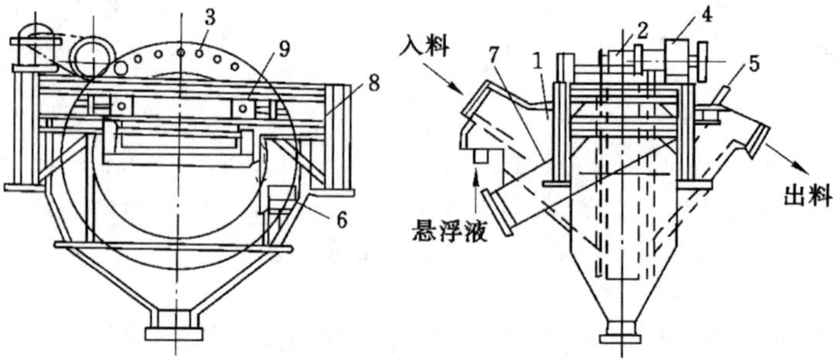

1—分选槽；2—排矸轮；3—棒齿；4—排矸轮传动系统；5—排煤轮；
6—排煤轮传动系统；7—矸石溜槽；8—机架；9—托轮装置。

图 5-8 $JL_{1.8}$ 型立轮重介质分选机

① 分选槽 1 是用钢板制作的焊接件，几何形状规则，相对排矸轮分选槽基本是独立的，故重介质受排矸轮 2 的干扰较小。分选槽入料端的斜角为 50°，其出料端的斜角为 44°。分选槽有效宽度为 1 800 mm。分选槽底部与排矸轮相通。

② 排矸轮 2 由两套托轮装置 9 支撑，其传动是靠安装在两侧的棒齿 3 带动。悬浮液经管道水平给入分选槽内。原煤从给料端进入，浮煤经排煤轮 5 的刮板从溢流口刮出。沉物由槽底经排矸轮提起，并从矸石溜槽 7 排出。

立轮重介质分选机规格是以分选槽的槽宽表示的。我国自行设计制造的有 $JL_{1.8}$、$JL_{2.0}$ 及 $JL_{2.5}$ 等。$JL_{2.5}$ 型立轮重介质分选机是 1983 年 1 月在开滦矿务局通过鉴定。经范各庄选煤厂实践证明，该机机械性能和工艺指标均较理想。例如，分选＋50 mm 粒级块煤，其分选密度为 1.9 g/cm^3 时，可能偏差为 0.05，数量效率为 99.91%。

(2) DISA 型立轮重介质分选机

DISA 型立轮重介质分选机类型包括 DISA-1S、DISA-2S、DISA-2SD 三种两产品立轮重介质分选机和 DISA-3S 三产品重介质分选机。

DISA-1S 型立轮重介质分选机的结构如图 5-9 所示。排矸溜槽位于分选槽侧面，属侧面排料式。若再选使用立轮重介质分选机，其主选、再选分选机的布置必须有一定高差。

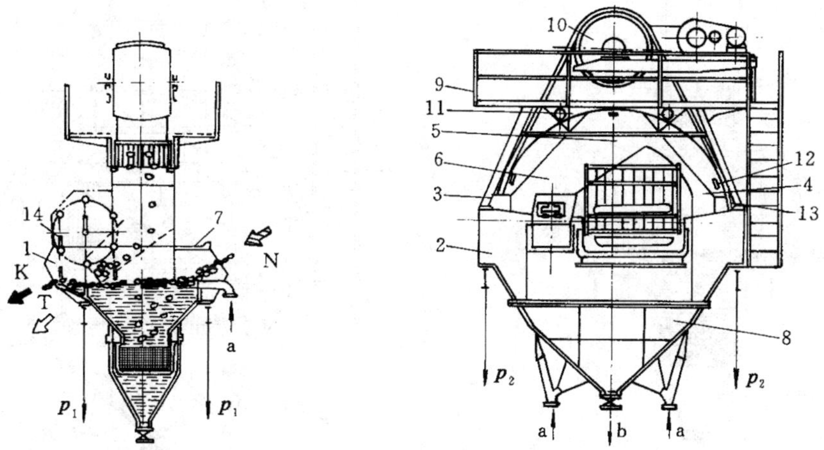

N—入料；K—浮物；T—沉物；a—悬浮液入口；b—悬浮液排放口

1—分选槽；2—分选槽侧部；3—承重结构；4—提升轮；5—支承中心线；

6—排矸溜槽；7—入料口盖板；8—分选槽底部；9—操作平台；10—提升轮传动装置；

11—定位辊；12—导向辊；13—传动胶带；14—浮物刮板。

图 5-9　DISA-1S 型立轮重介质分选机结构

DISA-2S 型立轮重介质分选机的结构如图 5-10 所示。排矸轮位于分选槽中间的上方，属于中间排放式。由于沉物排放溜槽位置提高，所以采用 DISA-2S 为主选、再选分选机时，可将主选、再选分选机布置在同一水平面上。

DISA-3S 型为三产品重介质分选机，由两台两产品重介质分选机串联而成，如图 5-11 所示。第一段用低密度悬浮液分选出精煤和中间产物。中间产物作为第二段入料。第二段用高密度悬浮液分选出中煤和矸石。

DISA 型立轮重介质分选机主要优点是占地面积小，布置紧凑。但由于采用环形胶带传动，这种分选机运转时排矸轮摆动易使块状物料漏到槽体下面而发生堵、压等故障。此外，这种分选机胶带磨损严重，一般 3～6 个月需更换一次胶带。

(3) TESKA 型重介质分选机

① 结构和工作原理。

TESKA 型重介质分选机用于分选块煤。TESKA 型重介质分选机结构如图 5-12 所示。

原煤从分选机给料端给入，悬浮液从给料下方导入，形成水平流和下降流进行分选。浮煤随水平流至溢流堰处由刮板刮出，沉物下沉至分选槽底部由叶板提升至顶部排出。

该机采用链轮链条传动，传动机构设在机体底部，提升轮由 4 个托轮支撑，经链轮和链条(固定在提升轮外壳上)带动提升轮回转(一般为 1 r/min)。提升轮的外壳分两层，内层为筛板，分成许多间隔，用于脱介和分隔提升沉物；外层则设有若干个悬浮液排放嘴(提升轮直径为 6.5 m 的重介质分选机设有 20 个排放嘴)以排放沉物带走的悬浮液。位于分选槽底部的悬浮液也经过排放嘴至循环(合格)介质桶中，排放过程的悬浮液在分选机中形成了下降介质流，其流量占总悬浮液的 20%(包括从密封圈间隙流出的一小部分悬浮液)。提升轮

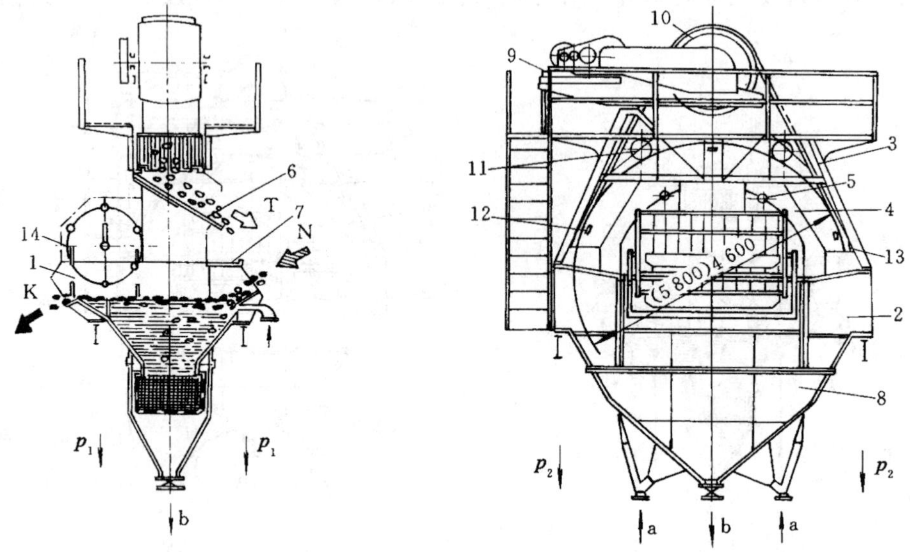

N—入料；K—浮物；T—沉物；a—悬浮液入口；b—悬浮液排放口；
1—分选槽；2—分选槽侧部；3—承重结构；4—提升轮；5—支承中心线；
6—排矸溜槽；7—入料口盖板；8—分选槽底部；9—操作平台；
10—提升轮传动装置；11—定位辊；12—导向辊；13—传动胶带；14—浮物刮板。

图 5-10　DISA-2S 型立轮重介质分选机结构

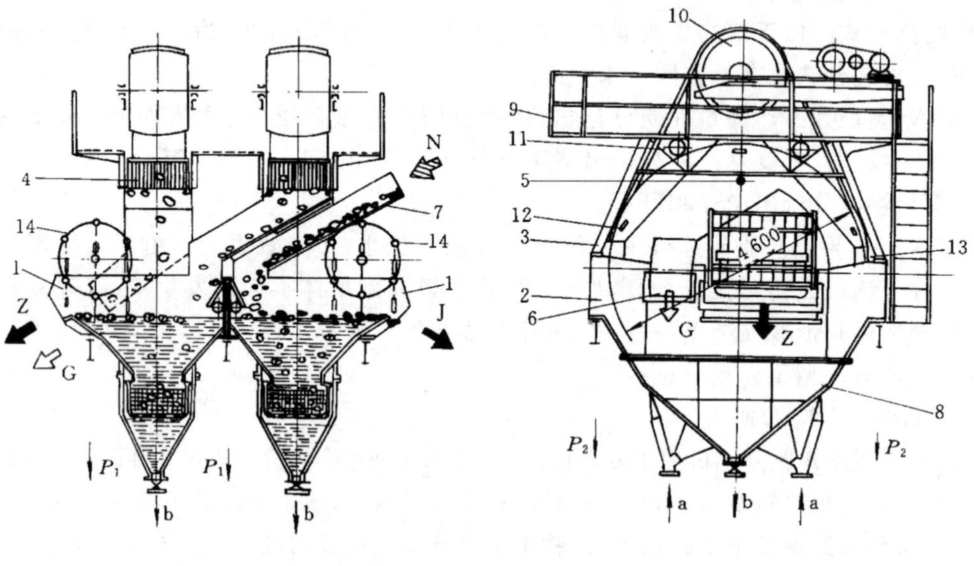

N—入料；J—精煤；Z—中煤；G—矸石；a—悬浮液入口；b—悬浮液排放口；
1—分选槽；2—分选槽侧部；3—承重结构；4—提升轮；5—支撑中心线；
6—排矸溜槽；7—入料槽；8—分选槽底部；9—操作平台；10—提升轮传动装置；
11—定位辊；12—导向辊；13—传动胶带；14—浮物刮板。

图 5-11　DISA-3S 型三产品重介质分选机结构

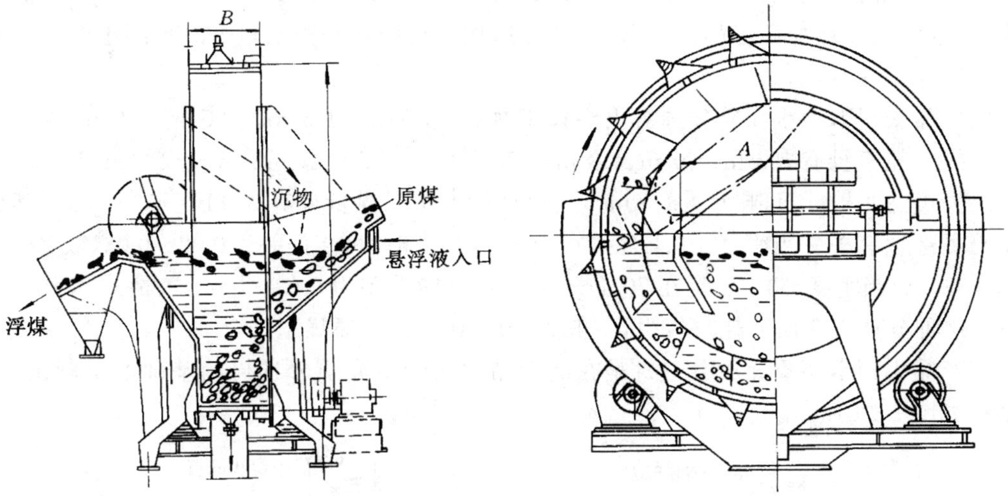

图 5-12　太司卡型重介质分选机结构

与分选槽之间的密封装置是由充气橡胶圈涨紧和橡胶块用螺栓紧固的双重密封方式，如图 5-13所示。

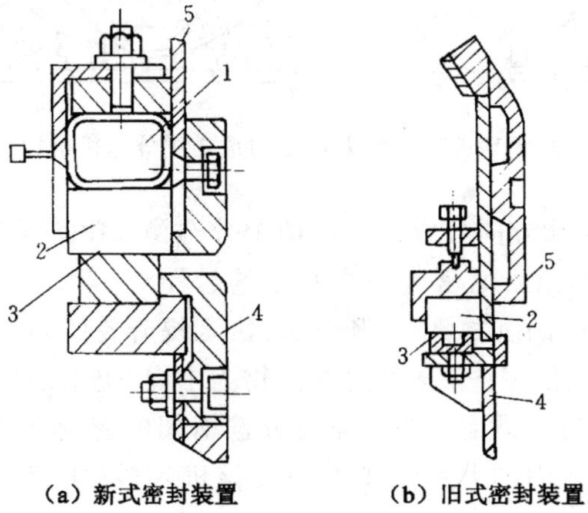

1—充气橡胶圈；2—橡胶块；3—接触面；4—提升轮；5—分选槽。

图 5-13　太司卡型重介质分选机的密封装置

橡胶圈类似轮胎由内部充气，压力为 0.03～0.04 MPa。橡胶密封件应留有一定间隙，以不严重磨损为宜，一般为 1～2 mm。允许从间隙中流出少量悬浮液，以便润滑。流出的悬浮液应返回循环介质桶再用。

② 特点。

该分选机主要优点是采用下降介质流的方式保持分选机中悬浮液的稳定，因此如采用较粗的磁铁矿粉（0.2～0.06 mm 级占 90%）作加重剂时，同样可得到良好的分选效果，避免了因粗颗粒物料在分选槽中沉淀而影响提升轮旋转。回收加重质可用静力法，此外，排放嘴的直径可根据煤的可选性不同进行调节。易选煤介质循环量少，其排放嘴直径可小些，反之加大。

该分选机的缺点是介质循环量大，按入料计为 1.2 $m^3/(t \cdot h)$；提升轮的高度高，需要检修高度也高，因此增加厂房的高度；密封装置所用之橡胶块磨损快，1～2 年需更换。

③ 规格。

两产品太司卡型重介质分选机主要技术规格，槽宽为：1.5 m、2.25 m、3.0 m、3.5 m 四种。其提升轮直径有 3.2 m、4.0 m、4.3 m、4.7 m、5.4 m、5.6 m、6.2 m 及 7.2 m 等。入料的上限最大可达 1.2 m，下限为 4.8 mm。其处理能力按浮煤量计算为 110～360 t/h。其分选效果与可选性有关。当密度±0.1 含量在 30%～40%时，可能偏差为 0.02～0.03，数量效率为 98%～99%。当密度±0.1 含量在 70%～90%时，可能偏差为 0.03～0.05，数量效率为 70%～80%。这种分选机介质消耗量较少，一般为 50～100 g/(t 原煤)。

三产品太司卡型重介质分选机是在两产品太司卡重介质分选机的基础上研制出来的。其结构如图 5-14 所示。

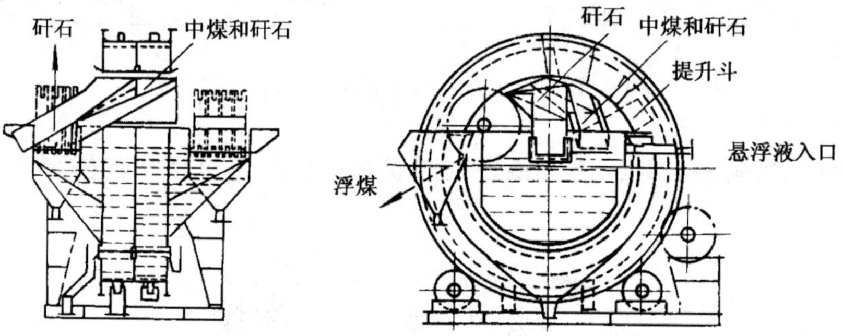

图 5-14　三产品太司卡型重介质分选机结构

该机用钢材沿物料流动方向分成并列的两个分选槽。第一个分选槽宽 1 000 mm，第二个分选槽宽 800 mm，分别给入低密度和高密度的悬浮液；第一个分选槽的浮物为精煤，用刮板刮走；第一个分选槽中的沉物(中煤和矸石)进入提升轮的勺斗内，提升后经溜槽给入第二个分选槽中进行再选。第二个分选槽内的浮物为中煤，也由刮板刮出；第二个分选槽内的沉物为矸石，由提升轮的勺斗排走。提升轮与分选槽间的密封装置与太司卡型两产品重介质分选机的相同，但充气压力加大到 0.05 MPa。该机入料粒度为 150 mm(上限)，处理能力为 200～400 t/h。

5.4.2.3　重介浅槽分选机

重介浅槽分选机，即浅槽刮板重介质分选机，主要用于原煤、块煤分选和排矸。

(1) 结构

重介质浅槽分选机由槽体、刮板及刮板链、机头驱动轴、机尾改向链轴、中间托链轮(从动轴)、电机及减速机、驱动装置、水平流布流箱、上升介质漏斗、溢流堰和基座等组成，如图 5-15所示。

重介质浅槽分选机的槽体是钢制件的槽式结构。槽体底部铺设一层带孔的耐磨衬板。入料箱和溢流堰分别位于槽体两侧。入料箱与分级筛出料溜槽相连。入料箱下部设有水平介质管。由泵打入介质为浅槽分选机提供水平流，并维持槽内液面高度。上升流通过槽体底部的排料料斗(上升流斗)进入槽体。当停机时，上升流斗还可把介质回收到介质桶。槽体两侧下部各有一条刮板链导向轨道。刮板沿轨道移动，将矸石排出槽体。

排料刮板由刮板链、驱动轴、从动轴、改向轴和尾部拉紧装置组成。头轮轴采用滚动轴承支撑，阻力小，转动灵活。从动轴、改向轴分别用轴承固定在槽体侧板上。为调整链条张力，尾部设有液压缸拉紧装置或丝杠拉紧装置。为了运行安全，设有速度开关检测刮板的运行速度。

驱动装置由电动机、减速机、传动链组成。电动机采用正反转电机，以适应检修需要。

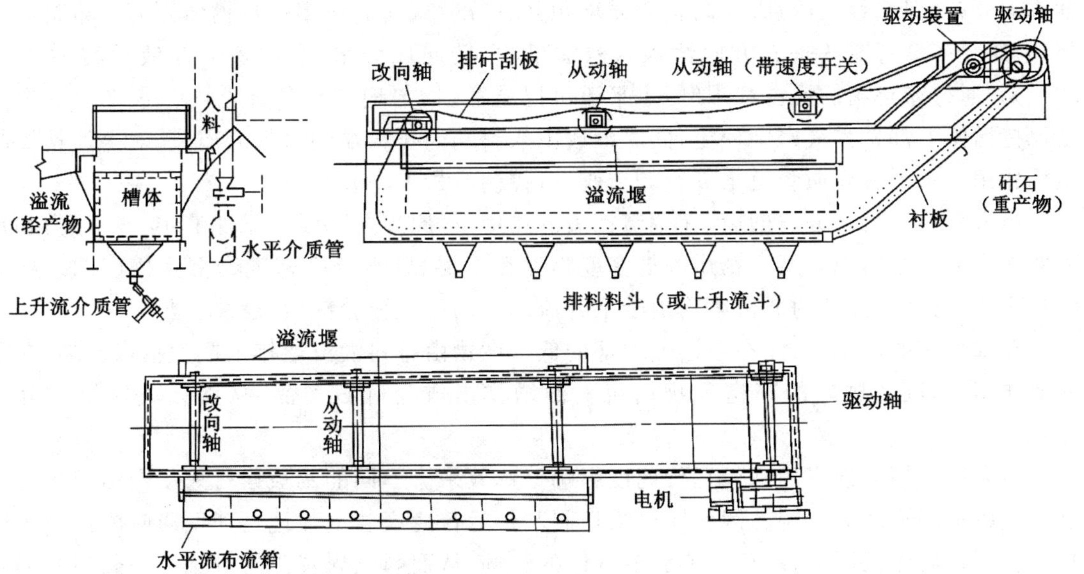

图 5-15　重介浅槽分选机结构

(2) 工作原理

重介质浅槽分选机依据阿基米德原理在重力场中实现煤炭的分选。小于介质密度的轻产物会漂浮在悬浮液的上面并随流动的介质流过溢流堰，成为精煤产品；大于介质密度的物料会沉到重介分选槽的下部，由低速度的链刮板运出浅槽，成为矸石。图 5-16 所示为重介质浅槽分选机分选原理。

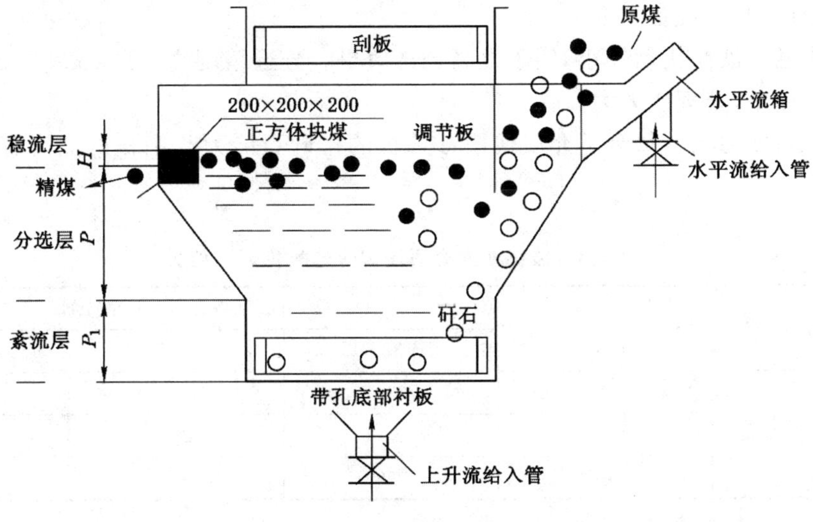

图 5-16　重介质浅槽分选机分选原理

为完成物料在重介质浅槽分选机的分选,浅槽分选机内必须保持重介质悬浮液稳定并均匀分布。重介质悬浮液由泵分两部分给入浅槽分选机。在槽体下部,介质经多个管道通过带孔的流板进入槽内,形成上升流(占悬浮液量的10%～20%)。介质管道装有调节阀,可控制上升流量的大小。上升流的作用是:为分选槽提供平稳上升的液流,确保槽内介质密度均匀分布,保持悬浮液稳定,防止介质堆积并有分散入料的作用。从槽体侧面的布料箱下部,介质经多个管道从垂直方向给入入料溜槽中,转向成为水平流(占悬浮液量的80%～90%)。通过布料箱的反击和限制,水平流可以全宽、均匀地进入分选槽内。水平流的作用是保持槽体上部悬浮液密度稳定,同时形成由入料端向排料端的水平介质流,对上浮精煤起运输作用。水平流介质管道上装有调节阀,可控制流量大小和分布。

当入料原煤给入分选槽后,在调节挡板的作用下,原煤全部浸入悬浮液中。在浮力和重力的作用下开始出现分层。精煤等低密度物浮在上层,矸石等高密度物沉到槽底部。在下沉过程中,与矸石混杂的低密度物由于上升流的作用而充分分散后继续上浮。

在水平流的作用下,浮在悬浮液上部的低密度物由排料溢流堰排出成为精煤产品;在刮板的作用下,沉到槽底的高密度物由机头溜槽排出成为矸石产品,从而完成原煤的分选过程。

重介质浅槽分选机的刮板运行速度影响分选效果。不同的刮板运行速度会给流体运动状态造成不同程度的影响。因此应严格控制刮板运行速度。刮板运行速度影响的流场区域尽量控制在底流区以下,以免影响到分选区的流场,从而影响煤炭正常分选。一般控制刮板运行速度在0.06～0.08 m/s时分选效果较好。应考虑在重介质浅槽分选机上增加变频调速系统,以寻求一种合适的运行速度。

(3) 特点

重介质浅槽分选机具有如下优点。

① 分选密度和分选粒度范围宽。分选密度范围为1.30～1.90 kg/L。分选粒度范围上限可达300 mm,下限可达6 mm,适用于各种煤质。

② 采用刮板运输物料,能耗较小,易于操作和维修。

③ 占地面积小,设备高度低。

④ 槽内悬浮液受扰动较小,便于提高分选效果。分选精度高,可能偏小于0.05。

⑤ 结构简单,处理能力大。

⑥ 排矸石能力大。每台重介质浅槽分选机的排矸石能力与刮板的宽度有关,如表5-4所示。

表5-4　彼德斯重介质浅槽分选机排矸石能力

近似排矸量/($t\cdot h^{-1}$)		矸石刮板链宽度规格/inch		
		48	54	60
刮板高度/inch	8	236	272	299
	9	272	299	336
	10	299	336	363

注:inch为英寸,1英寸=25.4 mm。

重介质浅槽分选机的主要缺点为：循环介质量较大。这就要求介质循环泵流量和精煤脱介环节处理能力要大，能耗增大。水平介质流的冲动排料，会造成较大物料无法排出，从而导致重介质浅槽分选机的分选上限受到一定限制。最佳的入料粒度上限为 200 mm，下限为 13 mm。

5.4.2.4　圆筒型重介质分选机

圆筒型重介质分选机。既用于选煤，也用于分选金属矿石；所适用的分选密度为 1.25～3.8 g/cm³。现简要介绍维姆科圆筒重介质分选机。

(1) 结构

维姆科圆筒重介质分选机，外壳是一个不带孔的筒形转鼓。圆筒内装有用于提升沉物的纵向带孔隔板(叶板)，中间设有固定不动的供排放沉物用的溜槽。圆筒外部有两个轮缘支撑在滚轮上。轮缘之间装有传动出圈，由链条带动旋转。其结构如图 5-17 所示。

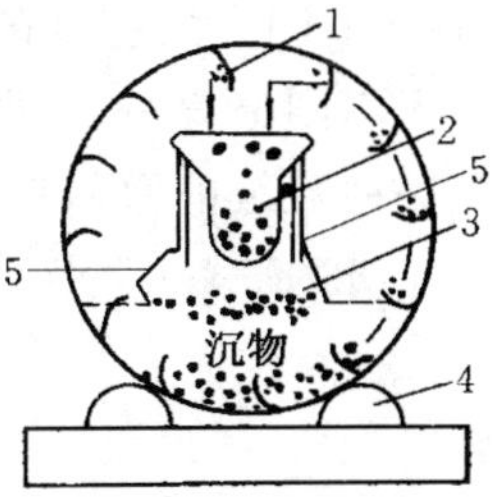

1—纵向隔板；2—沉物排放溜槽；3—溢流排出口；4—滚轮；5—沉物与浮物的分隔板。

图 5-17　维姆科圆筒重介质分选机结构

(2) 形式

维姆科圆筒重介质分选机的结构形式有 4 种，如图 5-18 所示。

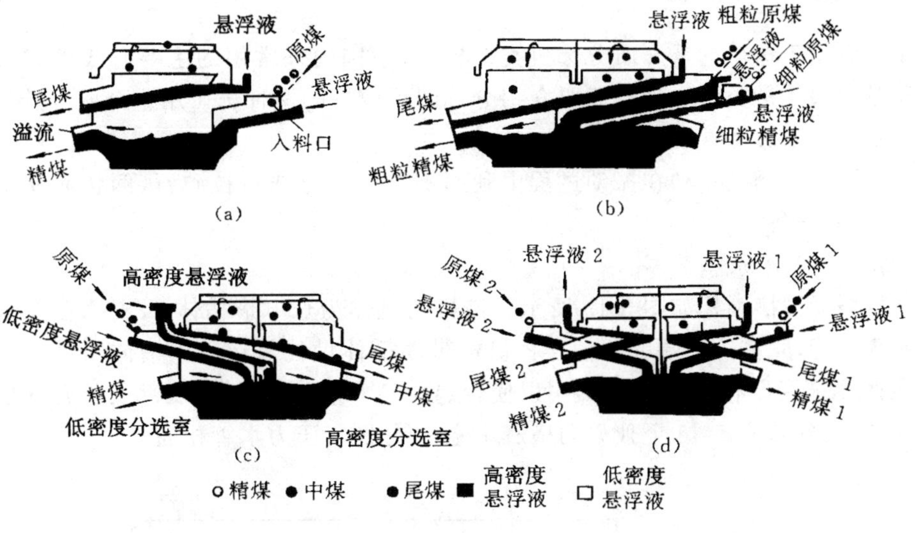

图 5-18　维姆科圆筒重介质分选机形式

① 单室单一介质密度两产品分选机[图 5-18(a)]。原煤和悬浮液一起从入料口给入；分选后的浮煤，随悬浮液从溢流口排出；沉物落到筒底部后，被纵向带孔隔板捞起，将其提升到最高点，最终使其落入沉物排放溜槽。在溜槽内加入少量悬浮液，使沉物排走。该形式分选机浮物溢流口为圆形，适合于分选粗粒级物料。

② 双室单一介质密度的两产品分选机[图 5-18(b)]。圆筒被中心开孔的隔板分开，形成左右两个分选室。该形式分选机适用于分级入选的原料煤。粗粒和细粒两级原煤，分别由各自的入料口进入相应的分选室，分选后又从各自分选室的溢流口排出。该形式的分选

机溢流口为矩形,故浮煤通过量较大。粗粒和细粒的沉物,一起被纵向隔板提升后,落入溜槽,从左室排料口排出。

③ 双室两种不同介质密度的三产品分选机[图 5-18(c)]。圆筒被中心开孔的隔板分成左右两室。左室是低密度分选室,右室是高密度分选(再选)室。原煤和低密度悬浮液给入左室。浮煤由左室溢流口排出,中间产物被圆筒的纵向隔板提升后,落入溜槽,并经溜槽进入右室,同时给入高密度悬浮液进行再选。右室分选后的中煤,从右室溢流口排出;尾煤被圆筒内壁上的纵向隔板提升后落入溜槽排出。

④ 双室两种不同介质密度的四产品分选机[图 5-18(d)]。圆筒被分隔成左右两室。分别向左右室给入不同原煤和不同密度的悬浮液,分选后可得 4 种产品。向右室给入一种密度的悬浮液和一种粒级的原料煤,分选后得到两种产品。同时向左室给入另一种密度的悬浮液和另一种粒级的原料煤,又可分选出两种产品。实际上该形式分选机由两产品分选机联合组成。

(3) 特点

维姆科圆筒重介质分选机的优点是结构简单,紧凑,工作可靠,分选精度高;其缺点是悬浮液的循环量大,除浮煤靠溢流排走外,沉物也需悬浮液冲送才能排出。由于给入分选机的只有一种水平介质流,为确保重介质的稳定性,故所需重介质粒度要较细。

5.4.3 选矿用重介质分选机

工业上应用于选矿的重介质分选机类型较多,但国内外常用的主要有浅槽式、深槽式、离心式和振动式 4 种类型。现仅简要介绍分选效果较好的两种选矿用重介质分选机。

5.4.3.1 重介质振动溜槽

重介质振动溜槽是一种在振动过程中利用重悬浮液分选粗粒矿石(鲕状赤铁矿和锰矿等黑色金属)的设备。

(1) 结构和工作原理

重介质振动溜槽结构如图 5-19 所示。该机的机体为长方形槽体 4,支撑在几组倾斜安装的板弹簧 7 上,凭借给矿端的曲柄连杆机构带动槽体做往复运动。槽体向排料方向倾斜 2°～3°,在槽体末端设有分离隔板 9,用以使轻、重产物分开。在槽体底部安装有两层冲孔筛板,筛板以下被分隔成 5～6 个独立的槽底水室 6,分别与压力水管相通。

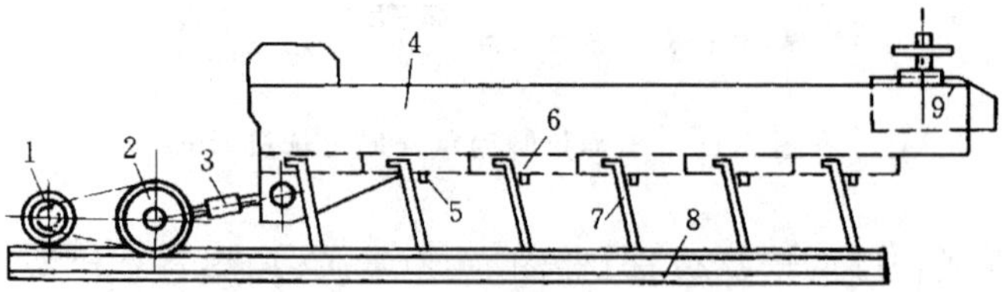

1—电动机;2—传动装置;3—连杆;4—槽体;5—给水管;
6—槽底水室;7—支撑用的钢板弹簧;8—机架;9—分离隔板。

图 5-19 重介质振动溜槽结构

重悬浮液由介质锥斗自槽体首端上方给入,在槽内形成 250～350 mm 厚的床层。在槽体振动和槽底压力水的共同作用下,床层具有较大流动性。被选矿石(一般给料粒度为 6～

75 mm）在靠近槽体头部给入，这些给入的物料在床层内按自身密度的差别分层。密度大的重矿物分布在床层底部，运动到槽的尾端从分离隔板下方排出。轻矿物分布在床层上部，由分离隔板的上方溢流排出。两种产物分别经振动筛脱出介质，并经胶带输送机运走产品。筛下介质通过砂泵送回到介质锥斗中循环再用。

（2）特点

床层松散性能好，可用较粗粒度的重介质（一般粒级为 0.15～1.5 mm）。重介质在床层内也要分层，其层底体积浓度可达 55%～60%，但黏度较小。可采用较低密度的重介质，借助高的体积浓度仍获得较高的分离密度。例如，在一般重介质分选机中用磁铁矿作重介质，只能配成密度为 2.5 g/cm^3 的悬浮液，而在振动槽中这种悬浮液的分选密度可达到 3.3 g/cm^3。重介质粒度变粗，更加有利于介质的净化和回收。在分选介质中混入一些矿泥对分选效果影响不大。

5.4.3.2　深槽式圆锥形重介质分选机

深槽式圆锥形重介质分选机适用于处理轻产物排出量较大的矿物，分选精确度高。

深槽式圆锥型重介质分选机包括内部提升式单圆锥形式重介质分选机和外部提升式双圆锥形式重介质分选机，如图 5-20 所示。

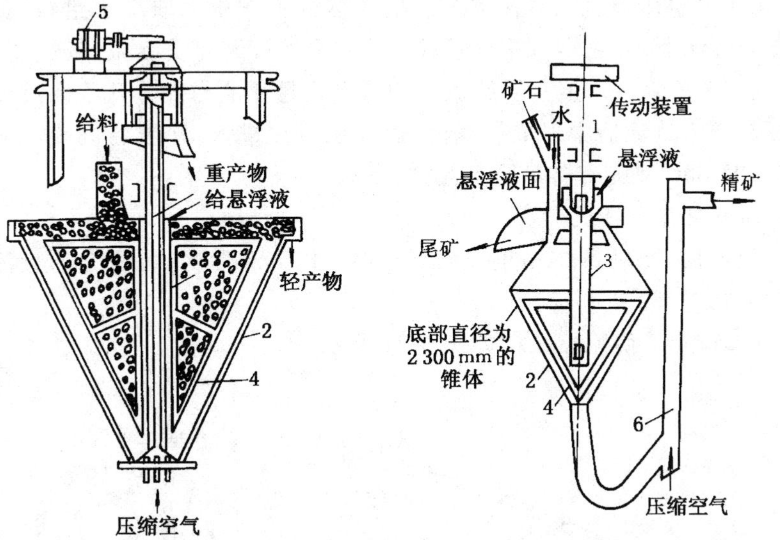

（a）内部提升式单圆锥形重介质分选机　　（b）外提升式双圆锥形重介质分选机

1—空心回转轴；2—圆锥形槽；3—套筒；4—刮板；5—电动机；6—外部空气提升管。

图 5-20　深槽式圆锥形重介质分选机

在这种选矿机上，一个倒置圆锥形槽 2 装在空心回转轴 1 上，由电动机 5 带动旋转。空心轴同时是排放重产物的空气提升管。在空心轴外面有一个带孔的套筒 3。在套筒上安装两扇三角形刮板 4。刮板以 4～5 r/min 速度旋转，以保持上下层悬浮液密度的均匀，防止矿石的沉积。

被选物料自上方给入，轻产物浮在悬浮液上，经四周溢流堰排走，重产物沉入底部。压缩空气由空心回转轴的底部给入。在中空轴内重产物、重悬浮液和空气组成气-固-液三相混合物。当三相混合物综合密度低于外部重悬浮液的密度时，在静压强作用下沿管向上流动，于是将重矿物提升到高处排出。重悬浮液经套筒 3 给入，穿过筒壁孔眼流入分选圆锥槽内。

如图 5-23(b)所示，提升管设在圆锥槽的外部。无论采用何种配置方式，重产物（精矿）的排出位置均应高出分选液面 2 m 左右，经脱介后的重悬浮液能自流返回到分选圆锥内。

深槽式圆锥形重介质分选机优点包括分选面积大，工作稳定，分选精确度高；深槽式圆锥形重介质分选机缺点包括：要求重介质粒度较细，重介质循环量大；重介质制备与净化回收工作量增加；需要配置专门的压气装置。

5.4.4 重介质旋流器

重介质旋流器是一种利用离心力场强化细粒级矿粒在重介质中分选的设备，能使密度差值小的难选和极难选细粒物料也能获得精确的分选。该设备结构简单，无运动部件，分选效率高。

5.4.4.1 重介质旋流器分类

根据机体结构和形状，重介质旋流器分为圆锥型和圆筒型两产品重介质旋流器，双圆筒串联型、圆筒型与圆锥型串联的三产品重介质旋流器。

给料方式可以分为有压给料式和无压给料式两种。① 有压给料时，被选物料和悬浮液预先混合后，用泵或定压箱压入旋流器内。旋流器的工作压力取决于给料压力的大小。例如，DSM 重介质旋流器、麦克纳利重介质旋流器、沃西尔重介质旋流器、倒立重介质旋流器等属于此类。② 无压给料式重介质旋流器的特点是悬浮液与煤分开给入旋流器内，即悬浮液用泵或定压箱压入旋流器中形成旋涡流，而煤靠自重进入，并被卷进旋涡流内进行分选。DWP 旋流器、ГЦ-500 型旋流器等属于此类。

5.4.4.2 重介质旋流器分选过程

国内外广泛使用 DSM 圆锥型重介质旋流器。以 DSM 两产品重介质旋流器为例，介绍重介质旋流器分选过程。

DSM 圆锥形重介质旋流器结构如图 5-21 所示。

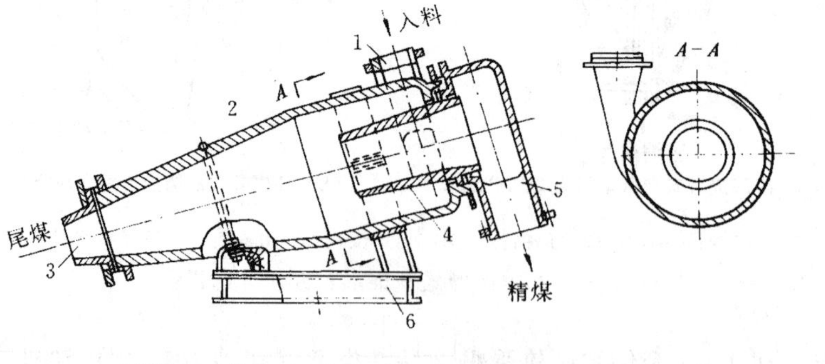

1—入料管；2—锥体；3—底流口；4—溢流管；5—溢流室；6—基架。

图 5-21 两产品重介质旋流器

重介质旋流器分选过程如图 5-22 所示。原矿和悬浮液的混合物以一定的压力由入料管 1 沿切线方向给入旋流器的圆筒部分，形成强大的两股旋流。一股沿着旋流器圆柱体和圆锥体内壁形成一个向下的外螺旋流；另一股在围绕旋流器轴心形成一个向上的内螺旋流，其轴心形成负压，实为空气柱。由于离心力的作用，高密度物料甩向锥体 2 内壁，并随部分悬浮液向下做螺旋运动，最终从底流口排出；低密度物料集中在锥体中心，随内螺旋流上升运动经溢流管 4 进溢流室 5 从切线方向的出口排出。

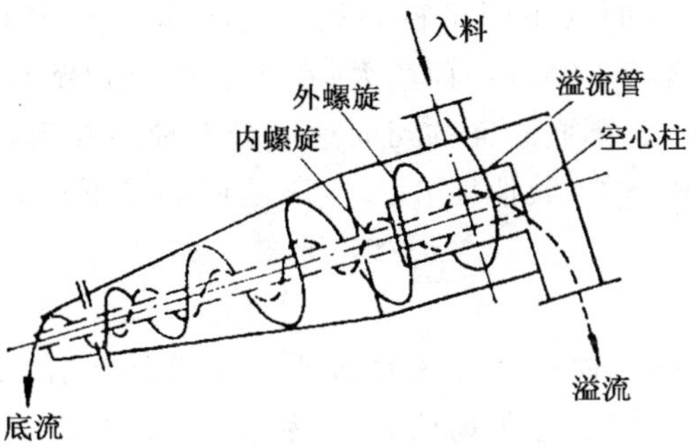

图 5-22　重介质旋流器的分选过程

重介质旋流器分选过程比较复杂。在旋流器内各点的速度是不同的，离心力很大，因而重介质不可避免要发生一定程度的分层和浓缩，这使旋流器内各点介质的密度不同。了解重介质旋流器内介质的速度分布和密度分布，对于旋流器的研究和生产操作十分重要。

5.4.4.3　重介质旋流器中流体分布规律

由重介质旋流器分选过程可知，重介质旋流器中的分选过程确实比较复杂。首先旋流器内各点的速度是不同的，再次离心力很大，重介质必然发生一定程度的分层和浓缩。这会导致旋流器内各点介质的密度不同。因此了解重介质旋流器内介质的速度分布和密度分布情况，对于旋流器的实际生产操作是很有必要的。

为了说明矿物颗粒在旋流器内的分离过程，首先介绍旋流器中流体的分布规律。旋流器中的流体流速分布是很复杂的。旋流器中任一点矿浆的流动速度可分解成为切向、径向和轴向三个分速度。为了方便，对三个分速度分别进行分析。图 5-23 所示为旋流器中流体流速分布。

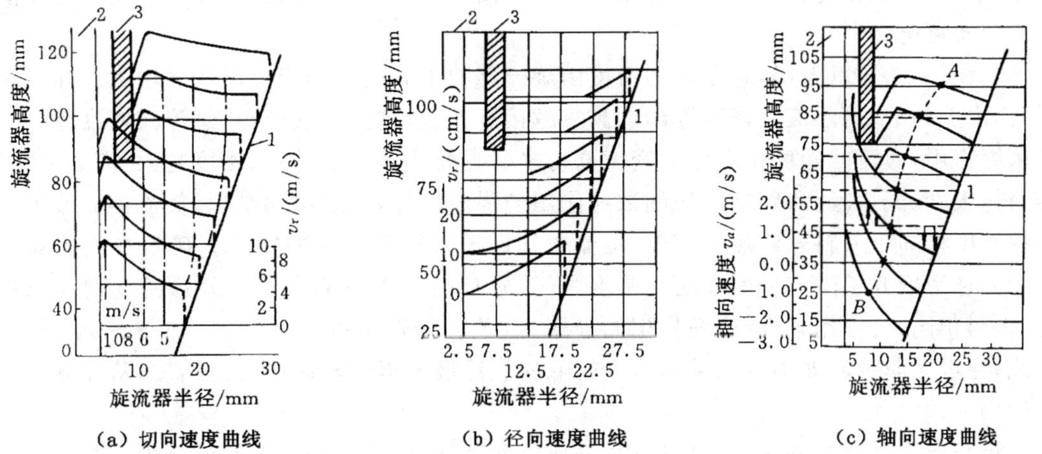

(a) 切向速度曲线　(b) 径向速度曲线　(c) 轴向速度曲线

1—旋流器器壁；2—空气柱；3—溢流管。

图 5-23　旋流器中流体流速分布

(1) 切向速度 v_τ

矿浆在旋流器中的切线速度是由于进料以切线方向给入而获得的。图 5-23(a)所示为流体在旋流器中不同水平断面及不同半径 r 处的切向速度 v_τ 分布。从图 5-23 可以看出，在同一水平面上，切向速度随半径减小而增大；在接近溢流管壁和空气柱处时，切向速度达到最大值，而后其迅速减小。不同断面的切向速度分布曲线略有不同。除靠近中心空气柱及溢流管壁处 v_τ 随 r 而减小外，其他地方 v_τ 与 r 之间满足下列方程式：

$$v_\tau r^n = \text{常数}$$

式中　n——幂指数。

n 是一个变数。凯尔萨尔通过试验认为：n 取决于旋转半径；靠近水力旋流器壁处 $n=0.5$，而在空气柱半径处 $n=0.3$。达尔扬认为：n 为 0.5～0.9。藤本敏治确定 n 为 0.5～0.83。旋流器的工作条件不同，n 值亦不同。同一旋流器的不同断面处，n 值略有差异，但仍可用平均值表示。

(2) 径向速度 v_r

由图 5-23(b)可知，径向速度 v_r 随半径减小而减小(直至为 0)，然后改变方向。在器壁附近，径向速度是向外的，而靠近轴心处，径向速度是向里的。

(3) 轴向速度 v_a

由图 5-23(c)可知，流体的轴向分速度在旋流器壁附近方向向下；随半径减小，流体轴向速度减小，直至为 0。轴向分速度曲线通过零点位置改变方向，之后随半径减小。轴向速度增加且方向向上，到接近空气柱边缘时其达到最大值。

将各断面上轴向速度为 0 的点连接起来，可以得到一个圆锥形包络面。在圆锥形包络面以外的全部矿浆都向下流动，在圆锥形包络面以内的矿浆则为上升流。

以上结论是在固体浓度很小的水介质中所测得的。对重悬浮液的运动情况测得较少。使用重悬浮液作为分选介质时，悬浮液是由高密度的固体粒子与水混合成的不均匀两相体系。由于旋流器中离心力相当大，因此，悬浮液本身将在旋流器中受到强烈的浓缩作用，从而造成悬浮液的密度在旋流器中分布不均匀。图 5-24 所示为直径 75 mm 旋流器悬浮液密度的分布情况。

从图 5-24 可以看出，悬浮液的密度由旋流器的中心向外随半径增加而增大。在半径相同处，由上到下，悬浮液的密度逐渐增高。越接近器壁，越接近底流口，悬浮液密度越大。由于浓缩作用，底流的密度比溢流的密度高得多。重介质的粒度越粗、密度越大、离心力越大、锥角越大、底流口越小，则悬浮液的浓缩作用越强。同样，由于浓缩结果，旋流器底流中悬浮液的密度将高于入料悬浮液的密度，溢流中其低于入料悬浮液的密度。矿粒在旋流器中的实际分选密度介于溢流密度和底流密度之间，并且高于入料的密度。分选密度增高的数值(与入料相比)与操作条件(浓缩作用的强弱)有关。分选密度一般增加为 0.2～0.4 g/cm^3。因此，在重介质旋流器中可以采用密度较低的悬浮液来得到较高的分选密度，从而减少重介质的用量。

重介质旋流器的分选过程可以用“分离锥面”的学说来解释。在旋流器内存在一个低密度与高密度物体的分离界面，这个界面是轴向零速面和径向零位面的综合面。该界面形状基本上是锥形，该界面上的介质密度一般等于矿粒的分离密度。矿粒进入旋流器后，在离心力的作用下，位于“分离锥面”内部的高密度矿粒由中心向外移动，若这些矿粒的密度高于

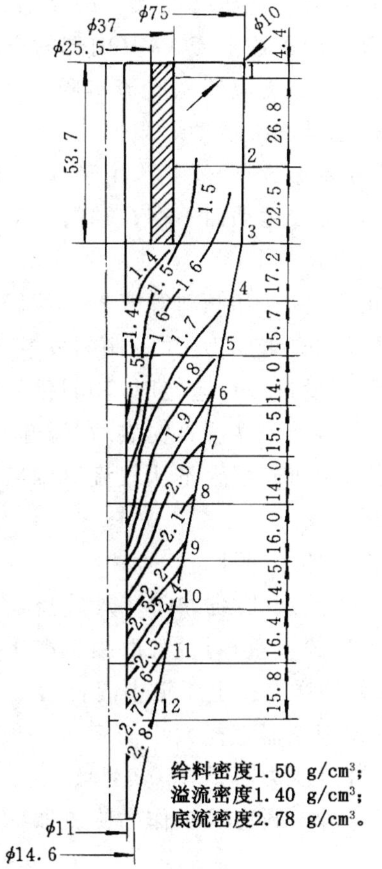

图 5-24　重介质旋流器恒密度面

“分离锥面”附近悬浮液的密度，则这些矿粒将越过“分离锥面”进入下降流，并由底流口排出；反之，则这些矿粒仍停留于上升液流中，并由溢流口排出。在“分离锥面”外部的低密度的矿粒向中心移动，若其密度低于“分离锥面”附近悬浮液的密度，则其将越过“分离锥面”而进入上升流中，并由溢流口排出；反之，则其仍留在下降流中，由底流口排出。“分离锥面”上的悬浮液的密度，是矿粒在旋流器中的实际分选密度。在整个“分离锥面”上，悬浮液各点的密度并不相同，其密度自上而下地逐渐增加。因此，矿粒在旋流器中分选是一个连续进行多次分选过程。决定矿粒最终分选密度的是分离锥面最下端的悬浮液密度。此处的密度和位置不仅与给料速度、介质性质、介质密度有关，还与旋流器本身的结构参数有密切关系。

5.4.4.4　重介质旋流器中空气柱形成机理

在重介质旋流器中，假设一股液流开始运动，把这股液流分为“头部”和“尾部”。在头部向前运动时，它的尾部就会出现一个负压区，就如同一辆行驶的汽车后面有一个尾随的负压区一样。在旋转流中，头部会循着尾部的负压区追去，使头部和尾部衔接在一起形成一个闭合的有序流动的“能流圈”，在其中心为负压区，吸入空气形成了空气柱。空气柱受旋转液流的压缩，使空气变热，空气的压力升高，会快速通过和大气相接的口径“逃出”。

DSM 型重介质旋流器上部直径大，流体旋转速度小，对空气压缩性小。随着圆锥体器壁的收缩,流体旋转速度加快,对空气压缩性大。旋流器的结构决定空气柱形状是螺旋形,上大下小。由于空气柱的直径由下往上变大,其内部的空气压力由下往上不断减小,形成了上升的气流,所以DSM型重介质旋流器从底流口吸入空气,从溢流口排出空气。DSM型重介质旋流器内部的空气柱也是三维运动形成的。

DWP型重介质旋流器开始形成空气柱后,由于就一个口和大气相通,无法形成空气交换,所以其中的空气柱只存在旋转运动而不存在轴向运动。

5.4.4.5 重介质旋流器安装方式

旋流器的安装方式有正立、倒立和倾斜等三种。我国使用的重介质旋流器都是采用倾斜安装,旋流器轴线与水平线的夹角约为10°。倾斜安装方式的优点是便于旋流器入料、溢流和底流管路系统的安装。当设备停止运转时,物料能顺利地从旋流器中排出来。低压重介质旋流器更应倾斜安装,因为其正立垂直安装时,溢流口与底流口高差引起压力变化,底流口所受压力比溢流口的大,从而矿浆大量从底流口排出。

5.4.4.6 重介质旋流器给料方式

重介质旋流器给料方式有如下三种。

① 将煤与悬浮液混合后用泵沿切线方向打入旋流器,入料口压力可达0.1 MPa以上。但由于给料过程中精煤的粉碎较严重,对设备磨损也严重,故其使用较少。

② 用定压箱给料。煤和悬浮液在定压箱中混合后靠自重进入旋流器,定压箱的液面高出旋流器入料口一定高度(视旋流器直径大小而定),一般500 mm直径的旋流器其定压箱高度不低于5 m,以保证入料口压力不低于0.04 MPa。否则,压力过低,离心力过小,影响分选效率,降低处理量。以这种给料方式工作的旋流器称为低压重介质旋流器,生产中被广泛使用。

③ 无压给料。悬浮液用泵以切线方向给入圆筒旋流器下部而物料靠自重从圆筒顶部中心给入,这种方式用于圆筒形重介质旋流器(称为无压给料旋流器)。

5.4.4.7 圆锥型重介质旋流器

(1) 倒立型重介质旋流器

该旋流器(图5-25)是将一般圆锥形旋流器的圆锥顶向上(倒立)安装,重产品从顶部排出,轻产品从下部排出。原料煤与悬浮液混合后,用泵或定压箱沿旋流器圆柱壁成切线压入。在倒立锥内部安装有一个与大气相通的空气柱调节管,使其内的空气柱同样保持0.1 MPa压力,以消除由于给料量、旋流器速度变化给空气柱带来的影响,从而保持旋流器内的空气柱稳定,空气柱的高度可以调节。

(2) 麦克纳利重介质旋流器

麦克纳利重介质旋流器主要特点是入料沿摆线方向给入,见图5-26和图5-27。

物料在进入旋流器前,在入料管中就进行了预选。因此,这种旋流器的分选效率和处理量略高于沿切线给料的旋流器。此外,摆线方向给料可使入料口的紊流减少。这种旋流器分选效果较好。例如,直径为609～711 mm的麦克纳利重介质旋流器,用于处理0.75～32 mm原煤,当分选密度为1.35 g/cm^3,1.35±0.1 g/cm^3 含量为77.3%时,可能偏差为0.024,精煤中无密度大于1.45 g/cm^3 的错配物,矸石中无密度小于1.30 g/cm^3 的错配物。这种旋流器的缺点是:所采用的磁铁矿粉粒度必须很细,要求全部小于325目。

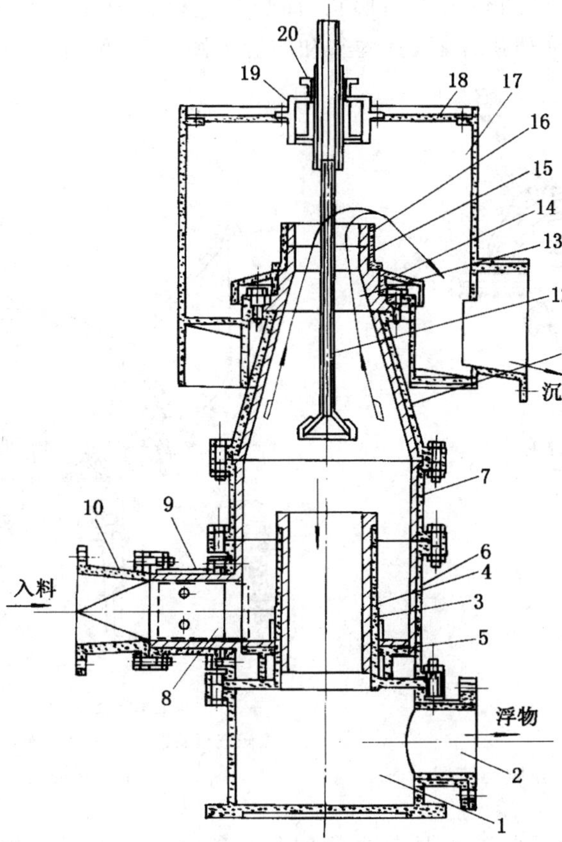

1—浮物室;2—浮物排出口;3—溢流套管;4—溢流管;5—底板;
6—主入料室;7—次入料室;8—调节闸板;9—给料喷嘴;10—接头;11—圆锥体;
12—空气柱调节管;13—圆锥口;14—盖板;15—液位调节器;16—调节套管;
17—沉物室;18—沉物室盖;19—托架;20—调整螺母

图 5-25　倒立型重介质旋流器

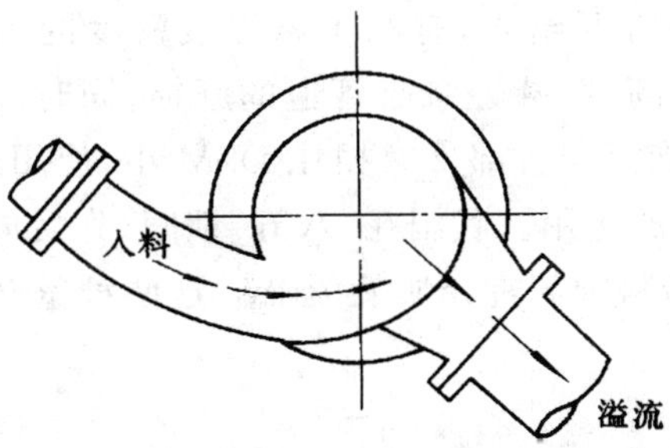

图 5-26　麦克纳利旋流器给料方式

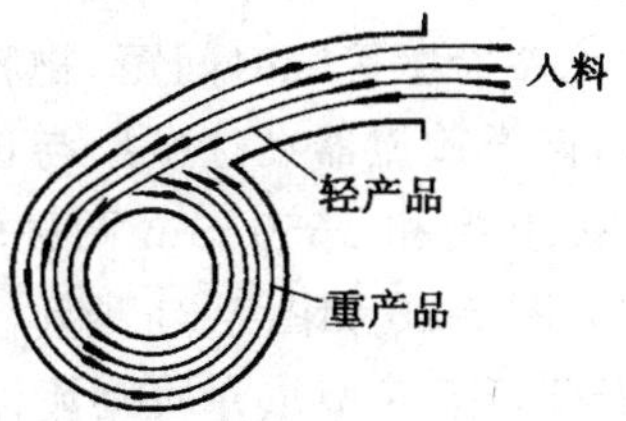

图 5-27　麦克纳利重介质旋流器入料特点

5.4.4.8　典型圆筒型重介质旋流器

圆筒型重介质旋流器是一种无锥体的旋流器。例如,戴纳(DWP)型重介质旋流器、HMCC 型重介质旋流器、沃西尔型重介质旋流器、大粒级煤重介质旋流器都属于此类。

(1) DWP 型重介质旋流器

DWP 型重介质旋流器机体为圆筒形状，筒长与直径比为 3∶1～6∶1。该重介质旋流器是一种无压给料式重介质旋流器，其构造和布置见图 5-28 和图 5-29。

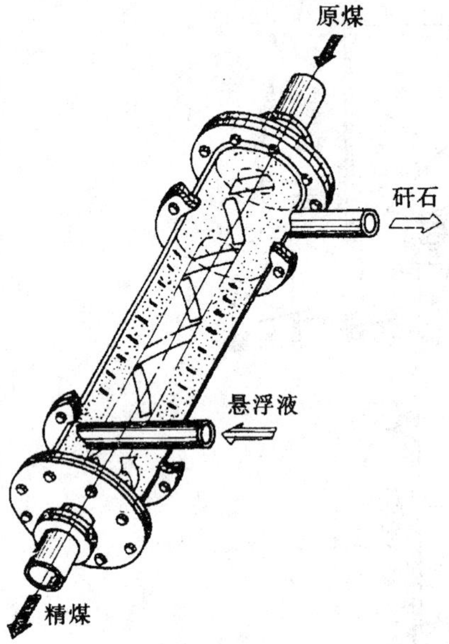

图 5-28　DWP 型重介质旋流器

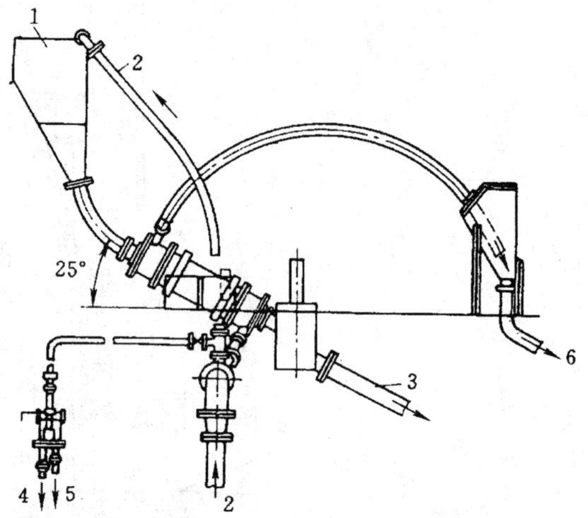

1—原煤仓；2—悬浮液管路；3—精煤排料管；
4—去磁选机管路；5—去悬浮液桶管路；6—矸石排料溜槽。

图 5-29　DWP 型重介质旋流器布置

DWP 型重介质旋流器的特点是分选物料与悬浮液分开给入。物料属无压自重给料，在给料箱内也加入少量悬浮液。而悬浮液用泵以 0.06～0.15 MPa 的压力，沿切线压入圆筒下部（圆筒呈 25°～30°倾角安装）。它的分选过程是沿切线压入的悬浮液，从底至顶造成一股上升的空心旋涡流。沉物与一部分高密度（起浓缩作用的）悬浮液沿筒壁上升，从沉物排出口排出。浮物与低密度悬浮液聚集在旋涡中心向下流动，通过排出口排出。这种分选过程也称为动力旋涡过程。

由于 DWP 型旋流器分选时，物料与悬浮液分开给入，有利于悬浮液密度的测定和调整。物料不用定压漏斗或泵给料，可以降低厂房高度，减轻泵与管道的磨损，同时高密度物料与旋流器器壁接触时间短，物料粉碎程度低，旋流器各部件磨损比 DSM 小，使用寿命长。近年来，该类旋流器在选矿厂与选煤厂都得到广泛应用。我国在“八五”期间，先后成功研制 HMCC-400 型和 ϕ650 mm 两种较大型的无压给料圆筒重介质旋流器。这两种重介质旋流器结构如图 5-30 和图 5-31 所示。

（2）ГЦ-500 型重介质旋流器

这种旋流器结构（图 5-32）与 DWP 型重介质旋流器的基本相同，其主要区别是：在旋流器上部沿切线方向亦给入部分悬浮液，原料在给料部分就开始旋转。这样能够提高总的分选效果。

（3）沃西尔重介质旋流器

沃西尔型重介质旋流器，是一种立式圆形旋流器，其结构如图 5-33 所示。

该旋流器主体是一个直径 609 mm 或 762 mm 的直立圆筒。筒体是用硬镍铸铁制成

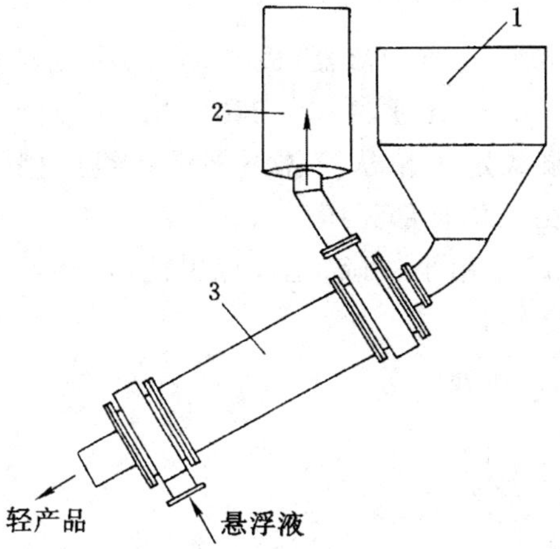

1—给料斗;2—反压力调节筒;3—圆筒重介质旋流器。

图 5-30　HMCC-400 型重介质旋流器结构

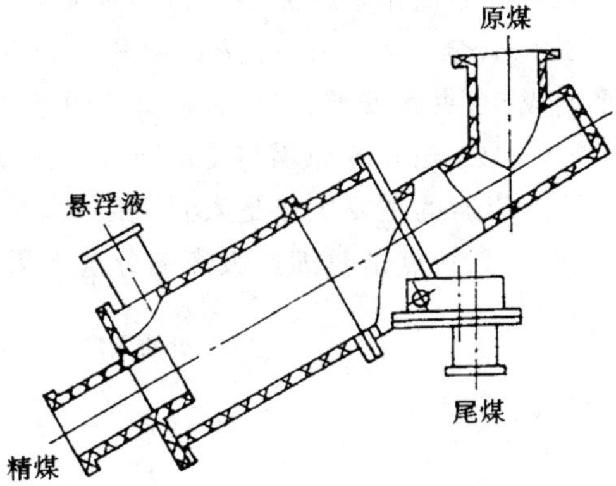

图 5-31　ϕ650 mm 无压给料两产品重介质旋流器结构

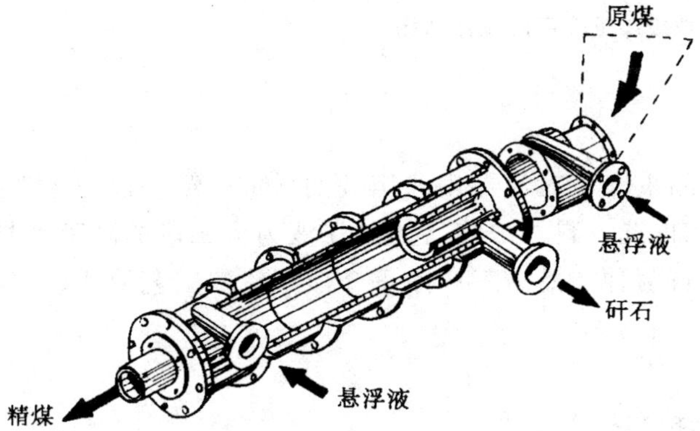

图 5-32　ГЦ-500 型旋流器结构

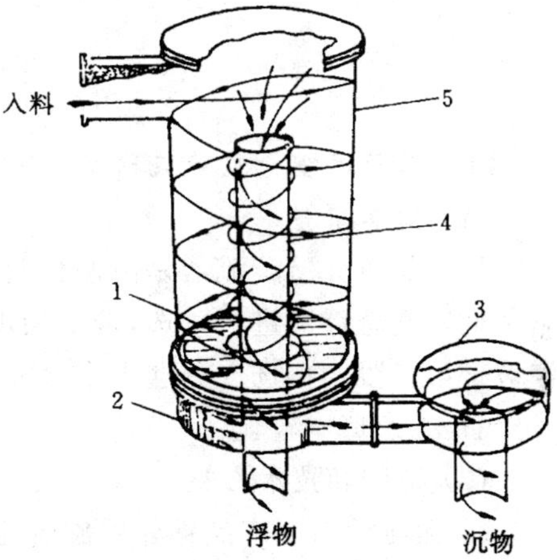

1—可调排料口;2—沉物室;3—旋涡排料室;4—旋涡溢流管;5—主分选室。

图 5-33　沃西尔型重介质旋流器结构

的。物料沿切线方向在一定给料压力下进入旋流器,高密度物在离心力作用下移向器壁,并沿螺旋方向向圆筒底部流动。由于涡流作用,圆筒底部出现压力差,从而造成一股向中心流动的强劲液流。该液流带着高度物(矸石和邻近密度物,即沉物)穿过离心力最强的区域,并在此经历最后的精选,受到精选作用的沉物随着一部分悬浮液,通过筒底中心一个断面可调的排料口 1 进入沉物收集室 2,然后,经过沉物收集室一条切线安装的导管进入旋涡排料室 3,并呈旋涡状流向中心的沉物出口。底流收集室的中心出口有一个可更换的喷嘴。改变喷嘴的大小即可在不变动底流可调排料口的情况下,调节悬浮液的流量,但此时,必须使底流可调排料口的断面达到可使全部沉物通过才行。

旋涡溢流管 4 是安装在圆筒中央、两端敞开并穿过筒底及沉物收集室的一根圆管。低密度的浮物,受离心力小,流向圆筒中心,随同一部分悬浮液经溢流管而流出体外。

(4) 大粒级煤重介质旋流器

大粒级煤重介质旋流器是近年研制的一种筒形重介质旋流器(图 5-34)。该旋流器直径为 1.2 m,全长为 3 m,分选粒度范围为 0.5～100 mm,处理能力为 250 t/h。主体圆筒与水平面成 30°夹角安装。80%～90%的悬浮液用泵或定压箱从筒体下部沿切线或摆线压入。0.5～100 mm 的原煤与 10%～20%的悬浮液由筒体顶部无压给入。

该旋流器的主要优点是入料上限大,对原煤破碎作用小,可简化选煤工艺,可降低生产厂房高度;其缺点是对细粒级煤的分选效果不理想。

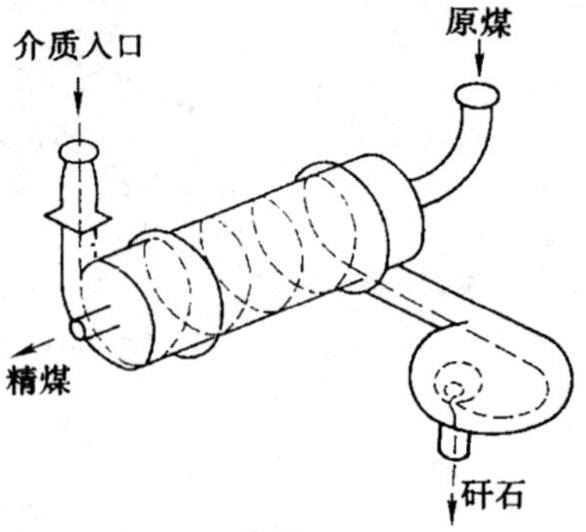

图 5-34　大粒级煤重介质旋流器结构

5.4.4.9　三产品重介质旋流器

(1) 基本原理

三产品重介质旋流器是由两台两产品重介质旋流器串联组装而成的。第一段为主选。采用低密度悬浮液进行分选,选出精煤和再选入料。浓缩后的悬浮液为第二段的高密度悬浮液。第二段为再选。分选出中煤和矸石两种产品。三产品重介质旋流器工艺简化,基建投资省,生产成本较低。

(2) 结构和技术参数

① 无压给料三产品重介质旋流器结构和技术参数。

对于无压给料三产品重介质旋流器,一段旋流器为圆筒型,二段旋流器为圆筒型或圆筒圆锥型。当二段要求有更高的排矸密度时,二段旋流器用圆筒圆锥型。两段圆筒型的三产品重介质旋流器结构如图 5-35 所示。

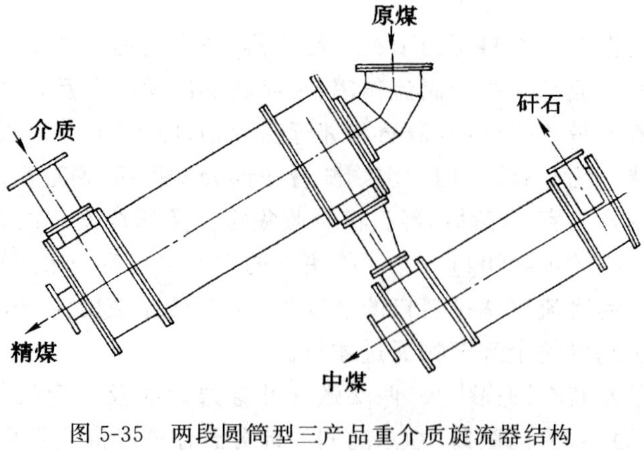

图 5-35　两段圆筒型三产品重介质旋流器结构

无压给料 3NWX 型三产品重介质旋流器的技术参数见表 5-5。

表 5-5 无压给料 3NWX 型三产品重介质旋流器技术参数

项目 \ 规格	710/500		500/350	
	第一段	第二段	第一段	第二段
圆筒直径/mm	710	500	500	150
入料口尺寸/mm	200×100	100×100	100×100	70×70
圆柱体长度/mm	2 600	1 700	900	1 200
溢流口直径/mm	160～200	160～220	140～220	140～220
底流口直径/mm	100×100		70×70	
入料粒度/mm	≤50		≤35	
工作压力/MPa	0.10～0.13		0.06～0.10	
最少悬浮液循环量/(m^3/h)	300		150	
安装倾角/(°)	30		30	
处理能力/(t/h)	70～110		30～40	

② 有压给料三产品重介质旋流器结构和技术参数。

对于有压给料三产品重介质旋流器，一段旋流器为圆筒型或圆锥型，二段旋流器为圆锥型，其结构如图 5-36 和图 5-37 所示。

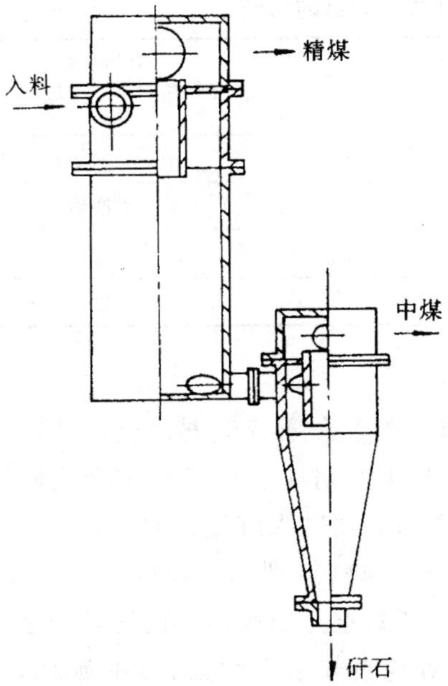

图 5-36 ϕ710/500 三产品重介质旋流器结构

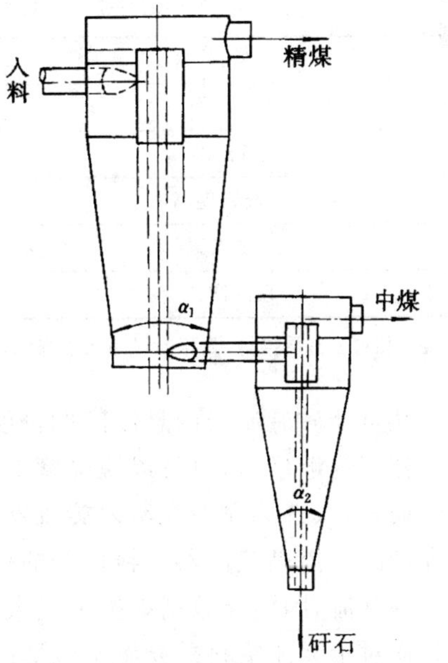

图 5-37 ϕ500/350 三产品重介质旋流器结构

三产品重介质旋流器的技术规格见表 5-6。

表 5-6　三产品重介质旋流器的技术规格

项目＼规格	φ200/140		φ500/350		φ710/500	
	第一段	第二段	第一段	第二段	第一段	第二段
圆筒直径/mm	200	140	500	350	710	500
圆锥角/(°)	0～10	20	10	20	0	20
溢流口直径/mm	50～60	50～70	160～195	140～180	240～315	170～240
底流口直径/mm	45	45	80～100	80～120	120～170	120～200
入料口直径/mm	40		90～110	80～100	120～200	
入料粒度/mm	13～0.5		25～0.5	25～0.5	40～0.5	40～0.5
处理能力(干煤)/(t/h)	3～5		40		70～110	
处理能力(矿浆)/(m^3/h)	26		210		300	
定压给料几何高/m			6.5		7.10	
外形尺寸(长×宽×高)/mm			2 846×1 221×818		3 808×1 615×910	
安装倾角/(°)	20	20			10	20

③ 有压给料和无压给料三产品重介质旋流器特点对比。

有压给料和无压给料重介质旋流器工作过程不同，这决定其特点不同，具体情况对比见表 5-7。

表 5-7　无压给料和有压给料重介质旋流器的比较

项目	无压给料	有压给料
次生煤泥量	小	大
泵、管道磨损	小	大
悬浮液密度测量	准确	不准确
分选效果	二者相近	
一段圆筒长度	长	短

注：相对于有压给料，无压给料的次生煤泥量可减少 4%～7%。

从重介质旋流器内悬浮液的密度场分布情况来看，在重介质旋流器内径向的密度由中心至器壁逐渐增大，也可以说黏度由中心至器壁越来越大。对于有压给料重介质旋流器的一段而言，入选原煤最先给入旋流器的外旋流，而轻产物必须进入旋流器的内旋流才能成为精煤产品。但是旋流器入料口处的外旋流黏度最高，轻产物（特别是小粒度的轻产物）很难进入内旋流，因而导致精煤损失量大，底流量较大的三产品重介质旋流器的这种现象更为严重。而对于无压给料重介质旋流器的一段来说，入选原煤首先给入旋流器的内旋流，此处悬浮液的黏度最低，轻产物不会进入黏度更高的外旋流，只有高密度颗粒穿越“分离界面”，因此精煤损失量小；同时，由于重产物排出口接近原煤入料口，更利于重产物及时排出，所以排矸能力强，适合分选含矸量大的原煤。

(3) 常见三产品重介质旋流器

① ГТ-3/80 型和 ГТ-3/50 型三产品重介质旋流器。

ГТ-3/80 型三产品重介质旋流器结构见图 5-38。该旋流器由一台圆筒旋流器和一台圆锥旋流器串联而成。

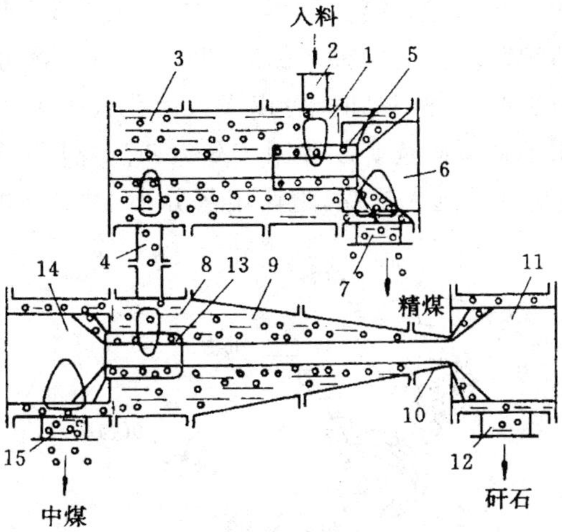

1—第一段圆筒形旋流器；2—入料管；3—底流口；4—连接管；5—溢流管；
6—溢流室；7—排料管；8—第二段旋流器的圆筒部分；9—第二段旋流器的圆锥部分；10—底流口；
11—矸石室；12—排料管；13—溢流管；14—中煤室；15—排料管。

图 5-38　ГТ-3/80 型三产品重介质旋流器结构

ГТ-3/50 型三产品重介质旋流器结构见图 5-39。该旋流器由一台 DWP 型旋流器和一台圆锥旋流器串联而成。

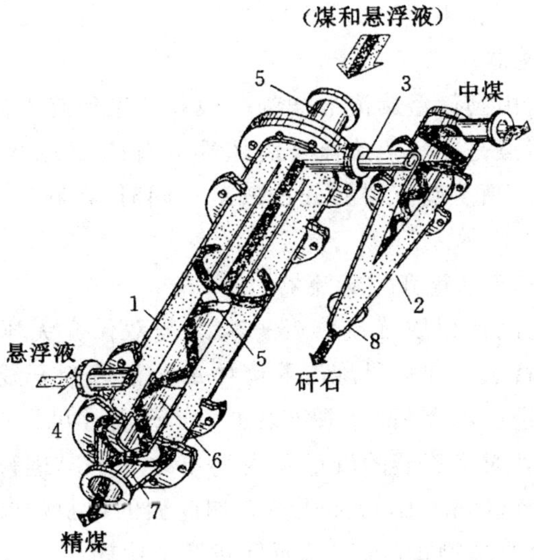

1—圆筒旋流器；2—圆筒圆锥旋流器；3—连接管；4—悬浮液给入管；
5—入料管；6—溢流管；7—精煤排出管；8—第二段底流口。

图 5-39　ГТ-3/50 型三产品重介质旋流器结构

② 特拉伊-费洛(Tri-flo)三产品重介质旋流器。

特拉伊-费洛(Tri-flo)三产品重介质旋流器于 1977 年研制成功。它实际上由两个DWP型旋流器串联而成,见图 5-40。筒体上有两个渐开线形的介质进口和两个形状相同的重产物排出口。第一段选后的轻产物进入第二段再选,故可分出两产品或三产品。给入介质的密度可以是一种密度或两种密度。出两种产品时,第二个重产物可作为循环物料,生产两种产品,可以提高分选效率;生产三种产品时,可以大大简化选煤工艺流程,减少建厂投资及生产费用。这种旋流器多用于金属矿选矿。我国宁夏太西选煤厂利用精选型二产品重介质旋流器(500/400 型)实现高精度分选无烟煤,生产出灰分小于 2.0%的超低灰精煤。

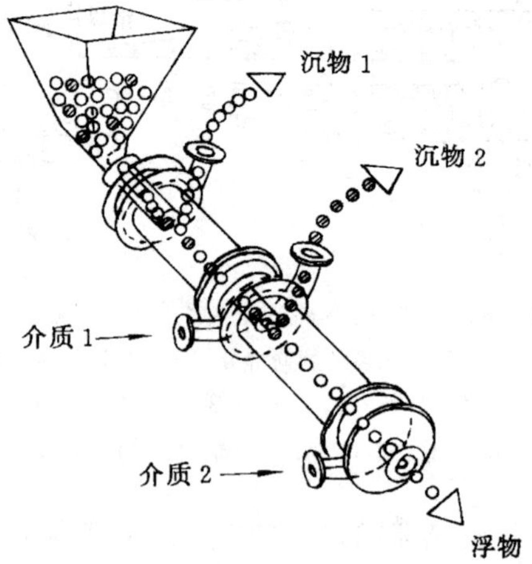

图 5-40　Tri-flo 分选机

③ 双供介重介质旋流器。

双供介重介质旋流器由圆筒型旋流器作为一段和圆锥型旋流器作为二段旋流器串联而成。其在结构上最大的特点是在一段旋流器筒体部分有两个大小不同的供介口,内部离心力场及密度场更加稳定,提高了旋流器的分选效果。同时,入料压力调整简便,配套泵选型更容易。其结构如图 5-41 所示。

④ 多供介无压给料三产品重介质旋流器

多供介无压给料三产品重介质旋流器(图 5-42)与双供介无压给料三产品重介质旋流器相比,其结构上最大的特点是在一段旋流器筒体部分沿着渐开线方向有 4 个大小相同的供介口,使密度场稳定性进一步提高,分选效果进一步改善。可根据入选原煤的性质通过调节小变频泵的工况,来达到对旋流器的流量及入料压力等工况进行调整的目的。该旋流器的循环悬浮液流量可达 3 000 m^3/h,目前还没有如此大的单机渣浆泵。该旋流器结构的创新不仅有效地解决了配套泵选型难的问题,而且降低了功耗。

⑤ 超级重介质旋流器。

该旋流器已形成最大给料量 1 300 t/h、最大排矸量 780 t/h、单机能满足 6 Mt/a 生产系统的 45 种规格 S-3GHMC 型系列产品。

我国单口供介的无压给料三产品重介质旋流器的二段安装角度一般为 15°～30°,不再

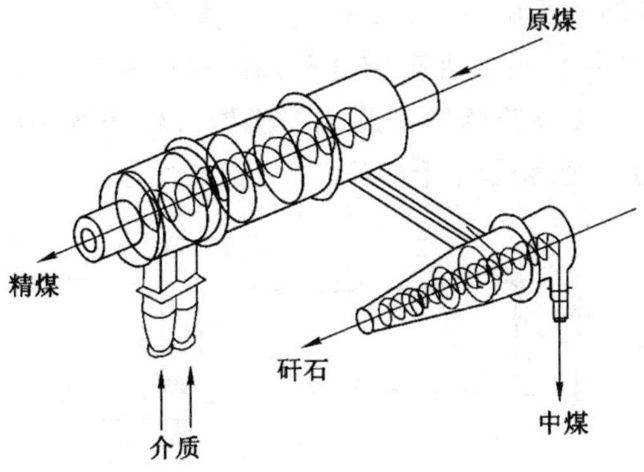

图 5-41　双供介无压给料三产品重介质旋流器结构

图 5-42　多供介无压给料旋流器

采用以前的水平安装方式，以方便重产物排出。

⑥ 双锥体三产品重介质旋流器。

A. 双锥体无压给料三产品重介质旋流器。

对动力煤和高密度非金属矿的分选，分选密度要求达到 1.80～2.80 kg/L，不仅悬浮液配制难度增加，而且介质泵功率增大、介质系统的设备寿命缩短。

将一段旋流器由圆筒型改成带有一定锥角，开发出了双锥体无压给料三产品重介质旋流器。该旋流器(图 5-43)是由圆锥型旋流器作为一段和由 DSM 型旋流器作为二段旋流器串联而成的，可在一定程度上提高一段和二段实际分选密度。在相同入料速度下，增大了切向速度，提高了离心力；在要求一定的切向速度时，可以降低入介速度，相应降低了能量消耗，减小了设备的磨损，延长了设备的使用寿命。

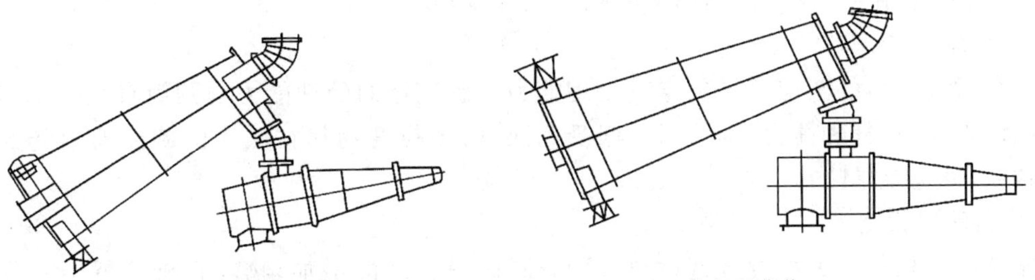

(a) 单供价　　(b) 双供价

图 5-43　双锥体无压给料三产品重介质旋流器

通过现场实际测试结果比较，双锥体无压给料三产品重介质旋流器比传统无压给料三产品重介质旋流器可能偏差减小 0.01 kg/L 左右，数量效率提高 2.26%，运行功率降低 24 kW，节能效果显著。

B. 双锥体有压给料三产品重介质旋流器。

图 5-44 所示的双锥体有压给料三产品重介质旋流器使一段产生更强的浓缩现象，不但提高了一段分选密度，而且使进入二段旋流器的悬浮液密度升高，提高了二段分选密度，对中煤和矸石的混合物进行高密度分选。

一种二段为大锥角的有压给料三产品重介质旋流器见图 5-45。这种旋流器的锥角增大到 60°或更大,能够提高二段旋流器的分选密度。这是一种可实现高密度分选的有压三产品重介质旋流器。一段圆台型旋流器的锥角为 5°～20°;二段圆筒圆锥型旋流器圆锥段锥角为 30°～60°,用低密度悬浮液就可实现高密度分选,二段分选密度最大可大于 2.40 kg/L。

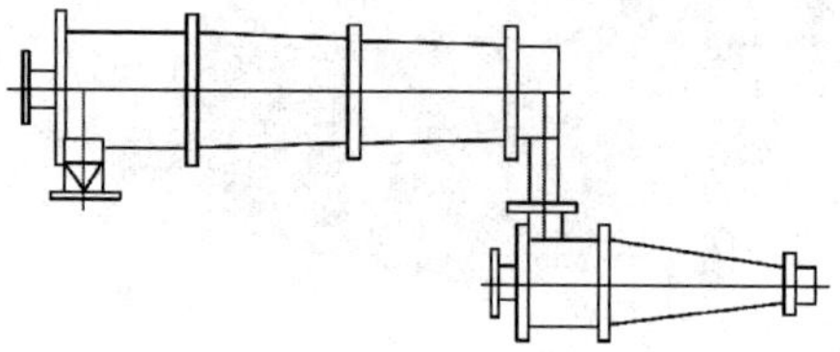

图 5-44 CNZ×300/230 型双锥体有压给料三产品重介质旋流器

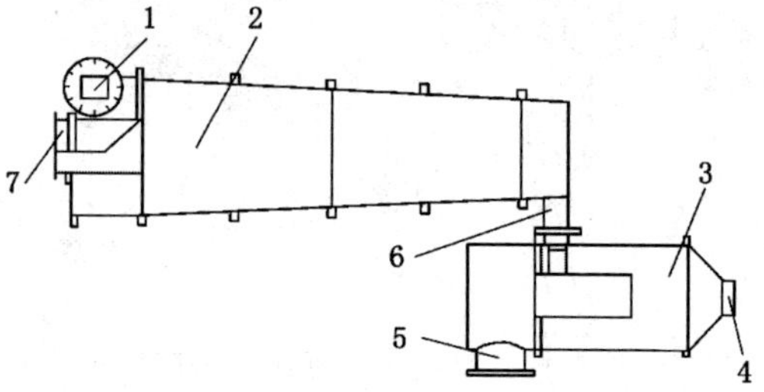

1—入口;2——一段圆台型旋流器;3—二段圆筒圆锥型旋流器;4—矸石出口;5—中煤出口;6——一二段连接管;7—精煤出口。

图 5-45 二段大锥角有压给料三产品重介质旋流器

由于一段旋流器采用圆台型旋流器,旋流器断面的直径减小,同样的线速度下离心力增大,对于介质悬浮液的浓缩效果提高,分选密度相应提高,也提高了悬浮液进入二段旋流器的密度和浓度;将二段旋流器圆锥段的锥体角度增大到 30°～60°,进一步提高了悬浮液的浓缩度,提高了二段旋流器的分选密度,使得二段旋流器底流口能够排出更高密度的矿石产品。

5.4.4.10 *重介质旋流器分选效果的影响因素*

以煤矿分选为主要研究对象,分析影响重介质旋流器分选效果的因素。

(1) 重介质旋流器结构参数对分选效果的影响

① 圆筒直径。

重介质旋流器的圆筒直径决定其处理能力。旋流器的处理能力与圆筒直径呈正相关关系。圆筒直径小,处理能力小,入料上限受到限制;小粒度物料在较大的旋流器中受到的离心系数低,分选效果略差。

② 圆筒段长度。

圆筒段的长短显著影响分选效果。随着圆筒段长度的增加,物料在旋流器中的分选时间延长,可改善分选效果。但分选时间过长会增强浓缩作用,导致污染低密度产品;分选时间过短会引起部分介质流不能够稳定存在,损失部分轻产物。

对三产品重介质旋流器,一段旋流器长度按 $L=(2.5\sim6)D_1$ 选取(L 为入介口中心线到一二段连接管中心线的距离,D_1 为一段旋流器的直径)。对于有压三产品重介质旋流器,L 取小值;对于无压三产品重介质旋流器,L 取大值。

对 DSM 型重介质旋流器,圆柱高度为$(0.6\sim0.7)D$;而对于煤泥重介质旋流器,圆筒段的长度一般为:

$$L=(1.4\sim1.5)D \tag{5-25}$$

式中 L——煤泥重介质旋流器圆柱段长度,mm;

D——重介质旋流器圆柱段直径,mm。

③ 溢流管直径。

随着溢流管直径增大，轴向零速半径增大，排出更多精煤；但过大时，精煤中会混入重产物；减小直径会降低精煤产率，但精煤质量会提高。一般情况下溢流管直径为(0.3～0.4)D，三产品重介质旋流器一段溢流管直径在 0.32 D 左右为宜。

④ 底流口直径。

底流口直径对分选效率和产品质量的影响很大。缩小底流口，实际分选密度增大，精煤产率提高，精煤灰分也相应提高。底流口过小容易堵塞，恶化分选效果；底流口加大，处理量会增加，但底流口过大会造成精煤损失。

要根据原煤性质来选择底流口直径，底流口直径一般选择(0.24～0.32)D。

⑤ 入料口尺寸。

入料口尺寸小，限制入料粒度上限，还易发生堵塞；反之则导致切向速度减小。旋流器入料口的面积为 a^2(a 为入料口边长尺寸)，入料速度为 7～10 m/s(小直径旋流器取小值，大直径旋流器取大值)。悬浮液量一般为 3～4 m^3/t 煤(有压三产品重介质旋流器取小值，无压三产品重介质旋流器取大值)。根据流量方程可计算出一段旋流器料入口的面积 a^2。一般情况下入料口尺寸为(0.20～0.25)D。

⑥ 锥比。

底流口直径与溢流口直径之比称为锥比。溢流管直径在一定范围内变化，底流和溢流密度变化不明显。随着溢流管直径的减小，底流密度逐渐变小，溢流密度逐步增大，溢流密度和底流密度之差减小。

在底流口较小的情况下，溢流产率随溢流管直径减小而减小；在底流口适中或稍大的情况下，溢流产率随溢流管直径减小反而小幅度上升，达到一定值后才开始下降。

溢流管直径不同时，底流密度均随入料压力增大而增大，溢流密度均随入料压力增大而减小；对于相同溢流管直径来说，底流密度与溢流密度之差随入料压力增大而增大；在入料压力不同时，底流密度与溢流密度之差均随溢流管直径的减小而增大，但在入料压力较大、溢流管直径小幅度变化时，底流密度、溢流密度均相差不大。

实践证明，锥比一般在 0.7～0.8 为宜。

(2) 工艺参数对重介质旋流器分选效果的影响

① 入料压力。

入料压力越高，离心力就越大，一定程度上可提高分选效果，特别是对细粒级煤的分选有利。入选压力高，分选过程加快，旋流器处理量增加。但随着入料压力的增高，悬浮液本身的浓缩作用增强，到一定程度时造成悬浮液在旋流器内的密度梯度变得不均匀，实际分选密度增大，分选效果降低，同时导致高耗能、减少设备寿命。入料压力过低，无法为原煤分选提供足够动力，分选也无法进行。在保证分选效果的前提下尽量降低入料压力，这样才更经济。

重介质旋流器的入料压力一般为(9～15)ρD。为提高小直径颗粒受到的离心力，改善其分选效果，煤泥重介质旋流器的入料压力为(45～55)ρD。其中 ρ 为悬浮液密度，D 为旋流器直径。例如，无压给料三产品重介质旋流器一段直径为 1.40 m，悬浮液密度为 1.45 kg/L，则要求的悬浮液入料压力应为 $p=(9\sim15)\times1.40\times1\ 450/10^5=0.182\ 7\sim0.304\ 5$ MPa。实际上无压给料三产品重介质旋流器的入料压力在上限附近取值或按 $0.2D^{1.5}$ MPa 左右选取更为合适。

② 悬浮液密度。

其他条件不变，提高悬浮液密度，实际分选密度提高。悬浮液密度应根据生产具体情况确定。

③ 悬浮液中磁性物含量。

悬浮液中含有一定量的煤泥，可提高悬浮液的稳定性，以保证分选效果。煤泥量过大，悬浮液的黏度迅速增大，会恶化分选效果特别是恶化细颗粒的分选效果。为了达到满意的分选效果，应将磁性物含量控制在合理范围。在满足分选密度的前提下，固体体积浓度稳定在 30%左右较为合理。

④ 吨煤所需悬浮液量。

吨煤所需悬浮液量直接影响旋流器的处理量和分选效果。入料中干煤量增大，旋流器中物料层增厚，分层阻力加大，分层速度降低，错配物增加。吨煤所需介质循环量的选取原则是：两产品重介质旋流器取 2.5～3 m^3，三产品重介质旋流器取 3～4 m^3；有压给料旋流器取小值，无压给料旋流器取大值；原煤粒度组成较细、可选性较难时取偏大值，反之取偏小值。

5.5 重悬浮液回收与净化

物料经分选后，轻、重产品都带走大量的悬浮液，必须迅速地回收悬浮液以循环使用。为使回收的悬浮液性质符合要求，必须对悬浮液进行净化浓缩。悬浮液的回收与净化是重介选矿流程中的一个重要组成部分。这个环节将直接影响分选效果。

5.5.1 介质回收工艺流程

磁铁矿粉是目前广泛使用的重介质。磁选法是目前净化回收磁铁矿粉的最有效、最经济的方法，应用也最广泛。

一般采用的磁选回收设备有磁选机、磁力脱水槽和水力旋流器。磁选设备往往与分级、浓缩等相关设备进行有机的组合，可以因地制宜，形成各具特色的介质悬浮液净化回收工艺流程。

常用的介质净化回收流程有直接磁选流程、浓缩磁选流程以及两者的组合使用。

5.5.1.1 两段直接磁选流程

典型两段直接磁选流程见图 5-46。脱介筛下的稀介质直接入一段磁选机，回收大部分磁精矿，精矿返回介质桶。一段磁选尾矿直接去二段磁选机扫选，其精矿返回介质桶，尾矿去煤泥回收系统。

如图 5-46 所示，将轻重产物脱介筛下的稀介质混合进行磁选。若考虑对磁选尾矿进行粗煤泥回收，则当粗煤泥灰分较高时，不能直接掺入精煤。为了利用重介质旋流器分选下限低的优势，普遍采用各产物稀介质分别磁选工艺，并对磁选尾矿中的粗煤泥分别回收，回收的粗煤泥根据质量掺入相应的产品。这样做更为合理。

设备性能良好的两段磁选流程，可以保持很高的回收率，且可靠性高。这种流程一般用于分选入料中煤泥量大或泥化程度比较严重的情况。这种流程没有浓缩等作业环节，省略部分转载输送环节，工艺简单，设备布置方便；其缺点是磁选设备台数相对较多，初期设备投资大。

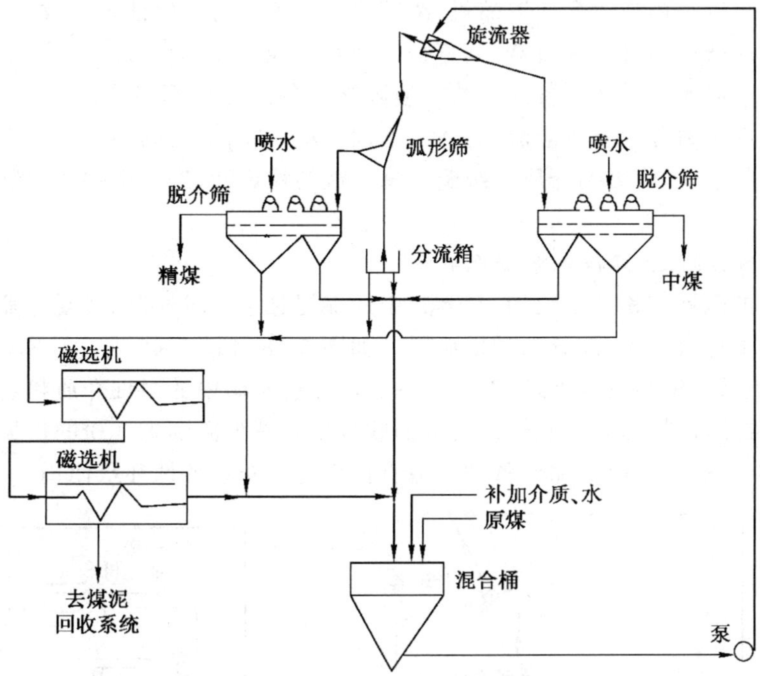

图 5-46　稀介质两段直接磁选流程

5.5.1.2　稀介质预先浓缩两段磁选流程

当采用原煤脱泥入选或跳汰产品重介质旋流器再选工艺时，脱介筛下悬浮液中的煤泥量少，稀介质浓度低。为减少磁选设备的数量，降低设备投资和运行成本，可以对稀介质悬浮液进行预先浓缩，如图 5-47 所示。介质浓缩设备的底流进入磁选设备，回收磁铁矿粉；其溢流作为循环水（为了减少介耗，一般可作为脱介筛喷水）或去煤泥水系统。

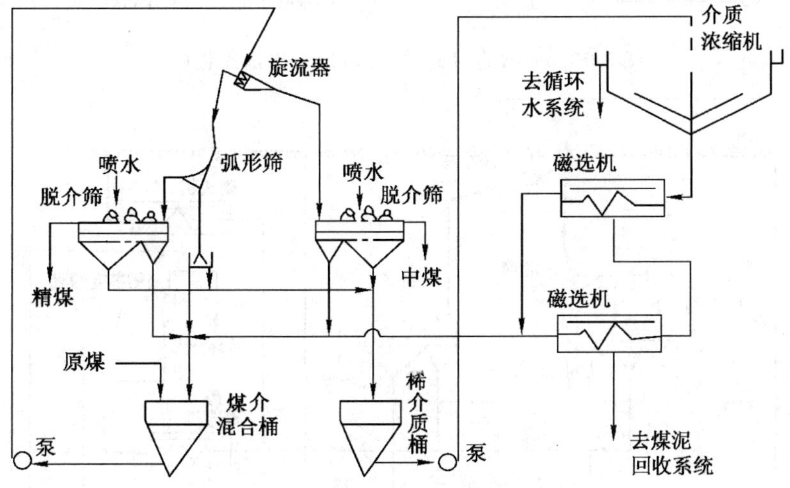

图 5-47　浓缩两段磁选回收稀介质流程

如果考虑粗煤泥分别回收，那么将需要两套类似的浓缩流程，所需设备将复杂化。

介质浓缩可以采用高效介质浓缩机、浓缩旋流器等。为了保证浓缩效果，用于介质浓缩的水力旋流器应选用小直径旋流器(其直径以 300～350 mm 为宜)。

这种流程可以减少磁选设备的台数。但浓缩设备的选型不当或运行工况不好，将导致微细磁铁矿粉在水力分级设备溢流中损失，增加介耗，同时对后续环节产生不利影响。介质系统微细介质量减少，将影响介质的级配与悬浮液的稳定性，进而影响旋流器对细粒煤的分选效果。

5.5.1.3　一段直接磁选、二段浓缩磁选流程

当所选用的磁铁矿粉粒度很细，且入料中的煤泥量不大时，可以对脱介筛下的稀悬浮液首先进行直接磁选，回收大部分的磁铁矿粉。如图 5-48 和图 5-49 所示，一段磁选尾矿经磁力脱水槽、旋流器或浓缩机等处理，对损失在一段磁选尾矿中的微细介质粉进行预磁化和磁团聚，并进行浓缩，以提高二段磁选设备的回收效率和减少微细磁铁粉的损失。浓缩设备的底流为二段磁选机入料，而浓缩设备的溢流直接作为重介系统循环水使用。

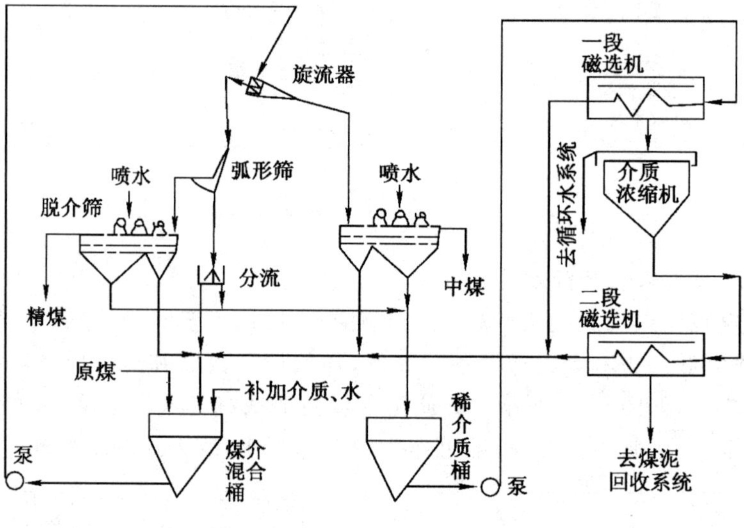

图 5-48　一段直接磁选、二段浓缩磁选流程(一)

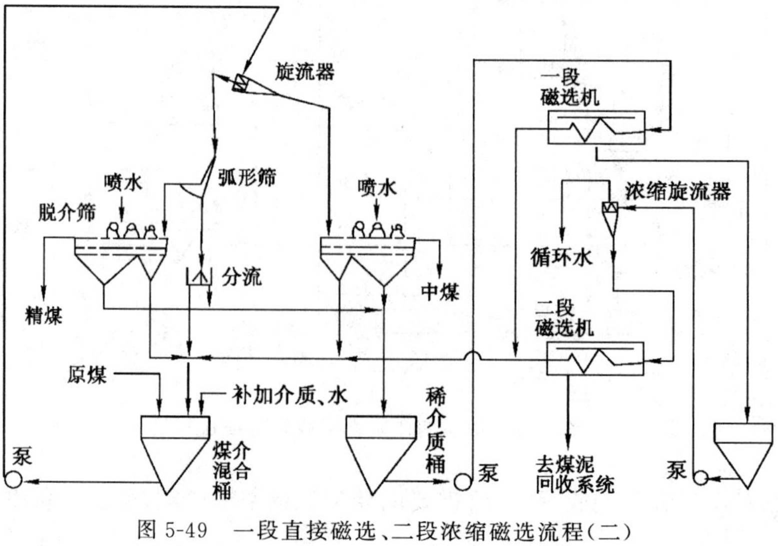

图 5-49　一段直接磁选、二段浓缩磁选流程(二)

在该流程中,介质浓缩设备的选型及溢流的去向对介质损耗有很大的影响。磁力脱水槽的面积、结构直接关系到介质回收的工艺效果。

5.5.1.4　单段直接磁选流程

介质净化回收流程的简化,很大程度上取决于磁选设备的性能。脱介是前提,磁选是关键。脱介效果再好,磁选设备的效率不高,介质损耗量很难降下来。随着磁性材料与磁选技术的发展,磁选设备的性能日益提高,已经出现能够满足介质回收效率的单段磁选机。

单段直接磁选流程(图 5-50)工艺简单、设备布置容易,但对磁选机的性能及管理维护要求较高。

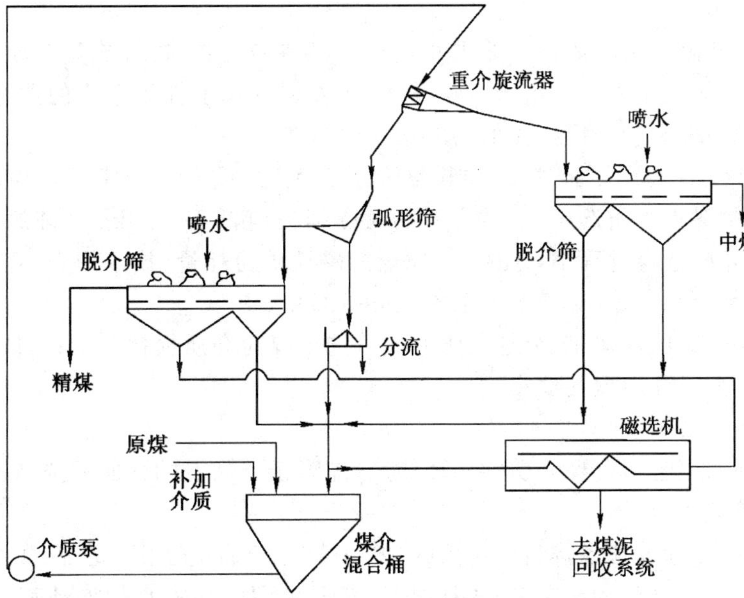

图 5-50　单段直接磁选流程

5.5.2　重悬浮液中煤(矿)泥量动平衡

进入悬浮液系统中的煤泥量包括两部分:一部分是由原料煤所带入的原生煤泥,另外一部分是在分选过程中产生的次生煤泥。从悬浮液系统中排出的煤泥有:产品带走的煤泥、稀介质和分流量进磁入选机后以尾矿形式排除的煤泥。当原料煤的数量和质量、选煤工艺流程及分流量等各项参数不变时,按照数量和质量进出平衡原则,煤泥量不可能在系统中无限积存,也不可能在系统中无限减少。进入系统的煤泥量应该与系统中排除的煤泥量平衡,即满足动平衡。当某一项参数改变后,煤泥量就失去平衡(即在合格悬浮液中增加或减小),但该参数达到一定数值后,煤泥量又在新的基础上达到平衡。例如,当分流量增加后,进入系统中的煤泥量没变,但从磁选机排除的煤泥量增加了。于是从系统中排除的煤泥量大于进入系统的煤泥量。合格悬浮液中煤泥量逐渐减少,合格悬浮液中的流变黏度也逐渐减小。这样,脱介筛的脱介效果将会改善,进入第二段稀悬浮液中的煤泥量将会逐渐减小。由产品带走的煤泥量也逐渐减小。最终结果是从系统中排除的煤泥量逐渐与进入系统中的煤泥量趋于平衡,也就是在合格悬浮液中煤泥含量减少的基础上达到了新的平衡。相反,当原料煤的煤泥含量增多或分流量减小时，合格悬浮液中的煤泥含量就会增加。

在一般情况下，可通过改变分流量来调节悬浮液中煤泥含量。当悬浮液密度低，需要加大分流量时，悬浮液中煤泥含量会降低，这是在操作中应注意的问题。

5.5.3 重悬浮液介质损耗

磁铁矿粉是重介选煤厂目前广泛使用的重介质。磁铁矿的损耗是重介质选煤厂的一项主要技术经济指标，不但关系原材料消耗量的大小，而且影响重介质系统的生产能否保持正常和稳定。

5.5.3.1 介质损耗

由产品带走和磁选机尾矿流失的重介质(磁铁矿粉)之和，折合成每吨原煤的介质损失量，称为磁铁矿粉的技术损失。由于运输、转载和添加方式不佳等造成的重介质损失，称为管理损失。技术损失和管理损失相加构成总介质损失。

根据国内外较高水平要求，块状物料重介质选矿时，重介质的实际损失应低于 0.5 kg 每吨原矿；粉状物料重介质选矿时，重介质的实际损失应低于 1.0 kg 每吨原矿。按照国家相关规范，在重介质选煤过程中，入选 1 t 原煤的磁铁矿粉耗量(技术损失)宜直接在下列指标内：对于块煤系统 0.2 kg；对于末煤系统 0.5～1.0 kg。

重介质损失的一般规律是：分选块煤时比分选末煤时介质损耗要少；用低密度悬浮液时比用高密度悬浮液时介质损耗要小。

5.5.3.2 控制介质损耗

介质的循环使用包括合格介质的循环使用、黏附于产品上的介质的洗涤脱出、稀悬浮液的净化回收等环节。

一般情况下，分选设备各排料口排出的物料(介质、产品)先用固定筛(弧形筛)进行预先脱介，脱除其中大部分(75%～90%)的悬浮液，然后采用施加喷水的振动筛，进一步对弧形筛的筛上物强化脱介，减少产品带走的介质量，既回收介质，又避免介质对产品的污染。

弧形筛的筛下介质悬浮液和振动脱介筛的前 1/3 部分排出的介质悬浮液，密度与分选设备的工作悬浮液的密度比较接近，因此称之为合格介质。对精煤的这部分悬浮液进行分流后，大部分直接返回合格介质桶循环复用。

喷水洗涤形成的筛下悬浮液密度低于工作悬浮液的密度要求，称之为稀介质。稀介质中含有大量的磁铁矿粉，通过磁选设备进行回收，磁选精矿时可循环使用；剩余的水与非磁性物构成的悬浮液(即磁选尾矿)，因工艺流程不同，其去向或处理方式也不尽相同。

为了保证工作悬浮液的稳定性和分选设备的分选效果，工作悬浮液的密度和黏度应当保持稳定，因此，工作悬浮液中的非磁性物含量也应维持在一定的范围。在实际分选和脱介过程中，原料煤中的细粒煤泥源源不断地进入合格介质系统。入料水分太大，会影响工作悬浮液密度的稳定。

为了保持工作悬浮液性质的稳定，避免介质系统的煤泥积聚，需要将部分合格介质分流出来，与稀介质一样进入磁选设备，回收其中的磁性物，同时排出多余的非磁性物和水。

上述各环节构成了介质悬浮液循环、净化、回收的主体环节，这些环节也是影响介质消耗的重要环节。脱介是前提，磁选是关键，这两个环节直接关系到系统的技术损耗水平的高低。

根据生产实践的经验，可从以下几个方面控制重介质的损失，以便尽量达到控制介质损耗的最佳指标。

(1) 加强对脱介筛的维护及改善其工作效果

应选用高效率的脱介筛和开孔率大的筛面。在脱介筛前设置固定筛或弧形筛，以减少脱介筛的负荷。日常应加强对脱介筛的维护与管理，使其工艺性能得到充分发挥。重介质旋流器底流悬浮液密度较高，脱介效果差，可引入一部分精煤筛下合格介质将其冲稀，从而改善脱介效果。脱介筛第二段的喷水要足，其中浓缩机溢流而来的循环水送入第一、二排喷水管中用作无压喷水；第二、三排所用清水，应为有压喷水。

(2) 采用直接磁选工艺

当稀介质量较小，而磁选设备的处理能力又较大时，可考虑采用直接磁选，无需对稀介质浓缩。大量生产实践表明，采用直接磁选，可获得较好的效果。

(3) 提高分选设备的回收率

用磁选方法净化悬浮液，一般应保证磁选机回收率在 99.8%以上，否则，磁铁矿粉的损失过大。因为，大量稀介质及部分分流的合格介质，都是通过磁选机进行净化的，故磁选机工作的好坏对磁铁矿粉损失的多少有很大的影响。例如，假设进入磁选机的磁铁矿量为 6 t/h，当磁选机回收率为 99.9%时，则磁铁矿损失为 6 kg/h；若回收率为 99%，则磁铁矿损失可高达 60 kg/h；若回收率降至 98%，损失将达到 120 kg/h，可见磁选机回收率降低一点，而磁铁矿损失就会增加几倍甚至几十倍。

(4) 保持各设备液位平衡，防止堵、漏事故发生

发生堵、漏事故，可造成重介质的大量损失。例如，立轮重介质分选机堵塞一次，损失约 2 t 磁铁矿粉；脱介筛下溜槽堵塞一次，磁铁矿的损失将近 1 t。

(5) 减少进入稀介质中的重介质数量和尽量保持稀介质的质量稳定

应尽量减少原煤带水量及悬浮液的循环量，提高原煤脱泥效率，以减少分流量，使进入稀介质中的磁铁矿粉越少越好，使稀介质的质量稳定。避免磁选机入料浓度突然变大，进而导致回收率不高，最终使重介质在尾矿中过多流失的情况。

(6) 保证重介质粒度的要求

重介质粒度变粗后，悬浮液稳定性变差，基于稳定性的要求，势必要增大泥质物的含量，这就导致脱介筛和分选机效率下降，重介质损失明显上升。所以重介质应根据分选工艺及分选设备的要求来制备，若粒度达不到要求应增加磨矿环节。

(7) 严格控制从重介质系统中向外排放矿浆

除磁选尾矿可向外排放外，其他各环节一律不应向外排放矿浆。应控制浓缩设备，其溢流全部用作脱介筛的喷水。各设备滴漏水及冲洗地板水都应回收，并经空气提升器使其返回系统中去。

(8) 采用最佳的重介质储运及添加方式

没有设置介质库的选煤厂，均应设置介质库。其介质库的有效容量，是按每次铁路运来的车辆数决定的，一般容量为 3～6 个车辆的储存量。从介质库到选煤车间介质的输送和添加，最好采用空气提升器。

5.6 重介质悬浮液密度自动测控

在重介质分选生产过程,悬浮液的密度直接影响实际分选密度。实际分选密度的波动应尽可能小。一般要求进入分选机中的悬浮液的密度波动小于±0.1 g/cm^3。

悬浮液的密度是根据对精煤灰分指标的要求来确定的。由于分选机中流体运动的影响,悬浮液密度与实际分选密度是有差别的。对于上升介质流的块煤重介质分选机,悬浮液密度比实际分选密度一般要低 0.03～0.1 g/cm^3;对于重介质旋流器,该悬浮液密度比实际分选密度要低 0.2～0.4 g/cm^3。该密度差值的大小,除与悬浮液黏度、稳定性,原煤粒度组成及密度组成有关外,对块煤重介质分选机来说,还与水平介质及上升或下降介质流的大小有关。当下降介质流较大时,实际分选密度可能略低于悬浮液密度。对于重介质旋流器,该密度差值与给料压力、液固比(悬浮液用量与被选物料量之比)、旋流器结构参数等因素有关。

在日常生产中,控制悬浮液密度是获得良好工艺效果的重要环节。检查悬浮液密度的方法有两种:一种方法是人工检查。通过称量一定体积悬浮液求得悬浮液的物理密度,即用浓度壶测定,亦可用密度计测量。但这种检查方法费力,并且经检查后难以及时调整。另一种方法是用仪器自动检测。所用仪器有双管压差密度计、水柱平衡密度计及放射性密度测定仪等。

由这些装置将所获得的悬浮液密度作为一次信号,通过电子仪器转换成电信号,把电信号传输给执行机构,执行机构自动补加水或补充重介质,使悬浮液的密度维持稳定状态。

5.6.1 重介质悬浮液自动测量系统

5.6.1.1 双管压差悬浮液密度自动测量装置

双管压差悬浮液密度自动测量装置由三部分组成。第一部分是测量部分。该部分随时检测悬浮液密度变化情况,一旦悬浮液密度偏离规定密度值时,便发出声光信号报警。电极管内的液面随指示管内水柱平行上升或下降,于是两电极间的电阻便随液面的升降而变化。第二部分是将电极间电阻的升降变化送入电位放大器,通过放大器识别控制的调节系统。第三部分是执行机构。经放大器指示,该部分根据悬浮液密度的变化补加清水或增添加重质。用此装置控制悬浮液的密度波动范围,不超过±0.015 g/cm^3。

如图 5-51 所示,在被测的悬浮液 1 内,放进两根插深浅不同的测压管 2。具有 0.015 MPa 压强的压缩空气,通过节流阀 7 分别进入两根测压管内,压缩空气充满双管后,加之管端的压力进入悬浮液。由于节流阀的作用,管内气压将与管端重介质的压力相平衡。长管上端的横侧胶管与密封的水盒 4 相连,水盒的下部与指示管 5 和电极 6 的底部相通。短管的横侧胶管 3 则与指示管 5 和电极 6 的上部连接。于是,长短管之间便构成了闭路。由于测压管插入的深度不同,则管口处悬浮液的静压力也将有所区别。如果设 h_1 和 h_2 分别为长管和短管的插入深度,那么长管口端的压强 $p_1 = h_1\rho_{zj}g$,短管口端的压强 $p_2 = h_2\rho_{zj}g$。由于长管口端的压强 p_1大于短管口端的压强 p_2,于是推动水盒内的水面下降,指示管内的水柱便上升 H 高度。当压力达到平衡时,则有

$$h_1\rho_{zj}g = h_2\rho_{zj}g + H\rho_s g \tag{5-26}$$

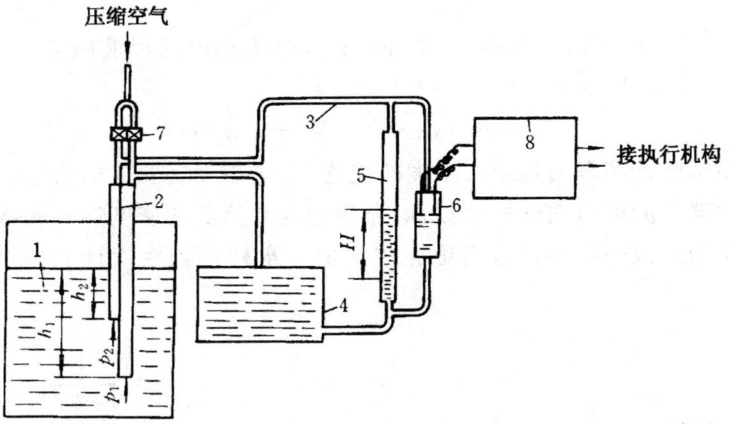

1—被测的悬浮液；2—测压管；3—胶管；4—水盒；5—指示管；6—电极；7—节流阀；8—放大器。

图 5-51　双管压差悬浮液密度自动测量装置

由于水盒及测压管内水的密度 $\rho_s = 1\ g/cm^3$，故式(5-26)可写成

$$H = (h_1 - h_2)\ \rho_{zj} \tag{5-27}$$

式中 $(h_1 - h_2)$ 为定值，故指示管内的水柱高 H 就可用来表示悬浮液的密度。显然，h_1 与 h_2 差值越大，测量时灵敏度就愈高。

该装置若用于块煤重介质分选机，可直接将测压管插入分选槽内，随意测定槽各层悬浮液的平均密度。在正常生产过程中，都是将测压管放在分选带的部位。

选煤若用重介质旋流器，可引出一部分合格介质到专设的以测定箱中测其悬浮液的密度。

5.6.1.2　水柱平衡密度计

图 5-52 所示为水柱平衡密度计。该密度计是利用压差原理测定悬浮液密度的。被测的重介质通过介质箱 1 的固定筛将大颗粒物料脱除后进入介质管 2，然后由喷嘴 4 流出。定压水箱 5 的清水经过水管 6 后经喷嘴 4 流走。为了使介质箱内悬浮液保持一定的高度，进入箱内过多的介质则从溢流管 7 流出。从喷嘴 4 流出的水与悬浮液的混合物去稀介质桶。

根据液柱平衡的原理，当水和悬浮液都从喷嘴一起流出时，必然是水柱的压强与悬浮液的压强达到平衡，即

$$h\rho_{zj}g = H\rho_s g$$

或

$$H = h\rho_{zj}/\rho_s \tag{5-28}$$

当水的密度 $\rho_s = 1\ g/cm^3$ 时，水柱高度 h 是固定的，H 将随悬浮液密度 ρ_{zj} 的变化而改变，呈正比关系。因此，标尺 9 上所反映的水面高低表示悬浮液密

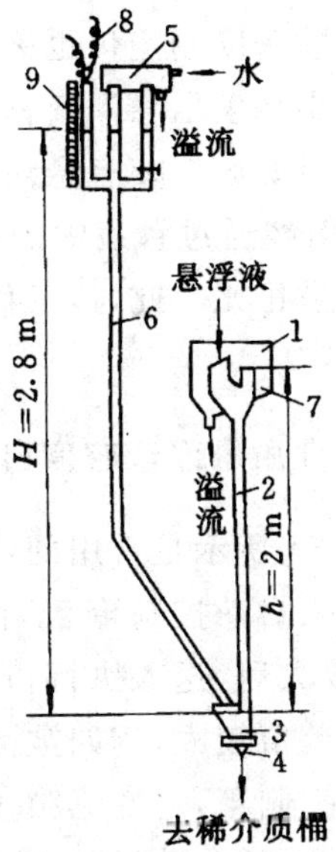

1—介质箱；2—介质管；
3—汇流槽；4—喷嘴；5—定压水箱；
6—水管；7—介质箱溢流管；
8—电极；9—标尺。

图 5-52　水柱平衡密度计

度的大小。

例如，若 $\rho_{zj}=1\ 400\ g/cm^3$，$\rho_s=1\ 000\ kg/m^3$，介质箱内悬浮液面到汇流槽中与水汇合处的高度 $h=2$ m 时，则

$$H=h\rho_{zj}/\rho_s=2\times1.4=2.8\ (m)$$

由水柱平衡密度计测得的悬浮液密度的变化，经电极 8 转变为电信号，通过晶体管灵敏放大器使磁放大器中的电磁铁开始动作，对介质桶内悬浮液的密度进行调整(或者补加清水或者添加磁铁矿粉)，以保持悬浮液密度在规定值。水柱平衡密度计的控制系统如图 5-53 所示。

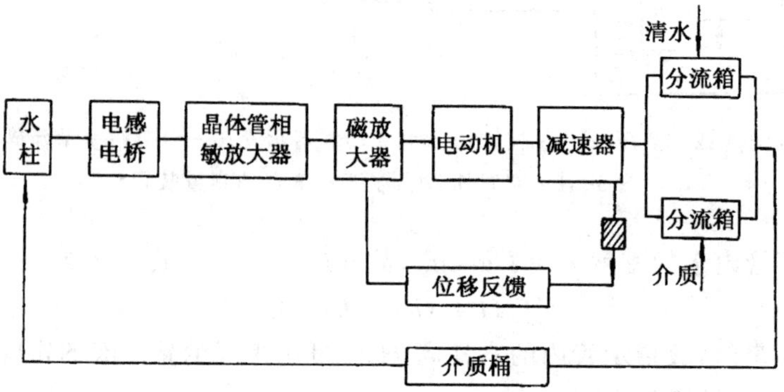

图 5-53　水柱平衡密度计控制系统

5.6.1.3　*放射性密度测定仪*

放射性密度测定仪也称为同位素密度计。其原理是：根据 γ 射线穿过悬浮液时被吸收程度的大小来表示悬浮液密度高低。

将放射源放在装有悬浮液流的管道一侧，而将测定 γ 射线强度的接收器放在管道的另一侧。γ 射线通过管道中的悬浮液后，有一部分射线将被悬浮液所吸收，其吸收的多少与悬浮液密度呈正比。此时，工作过程中悬浮液密度便可根据接收器所测得的总放射线强度大小加以确定。

5.6.2　重介质悬浮液密度自动控制系统

图 5-54 所示是常用的悬浮液密度自动控制系统。密度计 1 测出被控悬浮液的密度后，将信号给入自动控制箱 2。测得的密度与要求保持的密度若不符，其密度差值便形成一个信号，经放大后，送入执行机构。当密度差值很微弱时，执行机构获得信号后将进行微调。如果密度差值较大，例如被测悬浮液密度低了，即合格介质因密度变低而不合格，那么此时，信号通过控制箱，对变流箱 3 发出指示，令其加大分流量，将更多的应该合格而已经不合格的介质，送入稀介质桶 6，使其参与浓缩、净化以后，再返回合格介质桶 5。如果悬浮液密度仍未升高，就进一步加大分流量，直到悬浮液密度达到合格值时为止。这时，分流量又恢复正常。如果送入磁选机的悬浮液密度高了，信号进入控制箱，指令开动水阀 4，往合格介质桶中补加清水，合格介质桶内的悬浮液密度开始逐渐下降，那么此时，信号又通过控制箱，指令水阀减少清水加入量，直到合格介质桶中悬浮液密度达到规定值而真正合格时，水阀才停止供水。

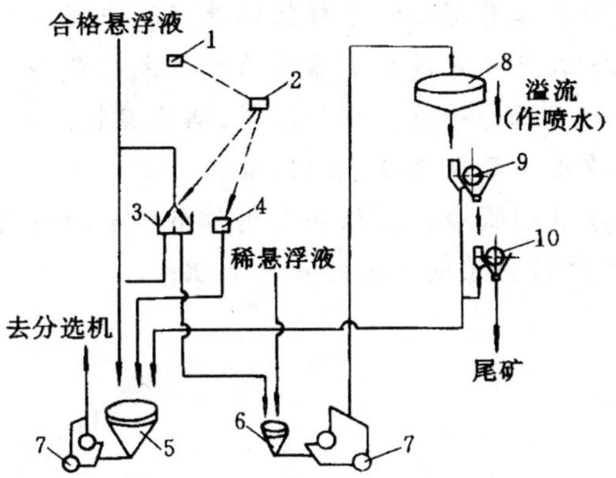

1—密度计;2—自动控制箱;3—变流箱;4—水阀;5—合格介质桶;6—稀介质桶;7—介质泵;8—浓缩机;9—第一段磁选机;10—第二段磁选机。

图 5-54　常用的密度自动控制系统

介质桶内设有液位自动测定仪,并与密度自动控制统一进行。在生产过程中,稀介质桶内的液面应保持在中等部位。也就是说,介质桶内的液面,应有最高和最低限位。

当悬浮液密度达到规定值的要求时,一般情况下合格介质桶液位的高低取决于系统中磁铁矿粉的总量。液位过低,说明磁铁矿粉总量过少,应添加新的磁铁矿粉;液位过高,合格悬浮液的密度变小而成为不合格,应加大分流量,使之浓缩。此时,密度和液位自动控制的动作是一致的。

总之,自动控制系统的功能是:合格介质桶内悬浮液密度一旦升高,就立即补加清水;其密度一旦降低,就加大分流量,进行浓缩。液位低,加新的磁铁矿粉;液位高,加大分流量。在正常生产过程中,液位一般比较稳定,因悬浮液密度的波动很小,因而液位变化难以反映。密度和液面的自动控制系统应具有这样的能力——当合格介质桶内悬浮液密度产生很大偏差时,它能很快地把密度调整过来。

对于双密度系统,可以将两个密度系统的全部磁选精矿给到高密度介质桶中,并将部分高密度悬浮液分流到低密度桶,用以调整低密度悬浮液的密度。

密度自动控制系统工作的质量优劣,不但与测定和控制装置的工作效果有关,而且与工艺流程、磁铁矿粉损失的大小等因素有关。例如,当原煤带水过多或往合格介质桶中窜水时,可发现合格介质桶中悬浮液的液面上升过高,悬浮液密度下降较大,密度波动过大,则磁铁矿粉损失增加。这时,若仅靠自动控制系统,就不能解决问题了。又如,当磁铁矿粉损失过多时,自动控制系统尽管动作十分频繁,但介质还难以稳定,液位经常下降,这就应采取其他措施,从根本上消除造成磁铁矿粉损失过多的隐患。

思考题

5-1　重介质选煤有哪些优点?

5-2　在工业生产中重介质选矿所用的重介质主要有哪些?在选择重介质时,主要应考虑哪些因素?

5-3　简述斜轮重介质分选机两股介质流的作用以及斜轮重介质分选机的特点。

5-4　试简述国产立轮分选机、滴萨型、太司卡型的结构特点、工作过程。

5-5 悬浮液中泥质的来源有哪些？怎样保证悬浮液中泥质物含量的平衡？

5-6 旋流器的安装方式及重介质旋流器的给料方式有哪些？

5-7 分析无压给料和有压给料重介质旋流器，阐述其特点。

5-8 简述影响重介质旋流器分选效果的因素。

5-9 画出典型的悬浮液回收净化流程并说明各个环节的作用。

5-10 简述重介质密度自动控制系统的基本原理。

第6章 跳汰选矿

本章概要 介绍跳汰机选矿原理、跳汰机类型和结构、跳汰机操作工艺和制度等。

6.1 跳汰选矿基本原理

6.1.1 跳汰选矿定义

跳汰选矿是指物料主要在垂直方向上以给定振幅和频率在脉动的交变介质流中，按密度差异进行分选的过程，如图 6-1 所示。跳汰选矿所用的介质为水或空气，个别情况下也用重悬浮液。以水作分选介质的称为水力跳汰，以空气作分选介质的称为风力跳汰，以重悬浮液作分选介质的称为重介跳汰。在选矿生产中，水力跳汰用得最多。

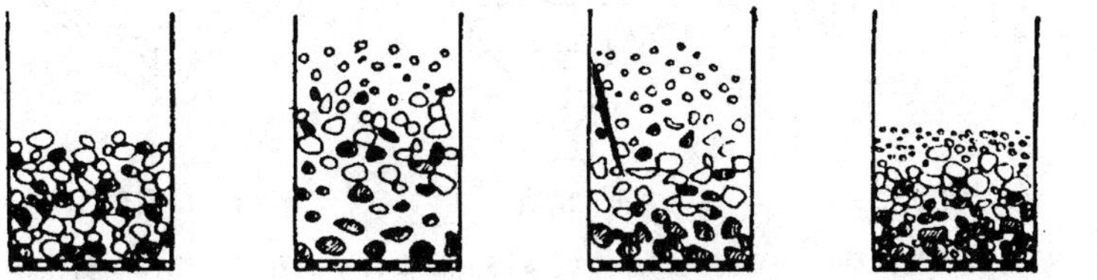

(a) 分层前粒群　(b) 水流上升期　(c) 水流下降初期　(d) 水流下降末期

图 6-1　跳汰分选过程

实现跳汰过程的设备称为跳汰机。被选物料给到跳汰机筛板上，形成的物料层，称为床层。在外力作用下，水流周期性经筛板孔上升时，物料升起并松散，如图 6-1(b)所示；水流向下运动时，随着床层松散度减小，粗粒运动变得困难，仅细粒可穿过床层间隙向下运动，如图 6-1(c)所示；下降水流停止，分层作用一般暂停，如图 6-1(d)所示。接着，下一个周期开始并继续分层。经过多个跳汰周期后，床层从无序到有序，密度大的颗粒在下层，密度小的颗粒集中在上层，并分别排出成为产品。

跳汰机中水流运动的速度及方向是周期变化的，这样的水流称为脉动水流。脉动水流每完成一次周期性变化所用的时间即为跳汰周期。在一个周期内表示水速随时间变化的关系曲线称为跳汰周期曲线。水流在跳汰室中上下运动的最大位移称为水流冲程。水流每分钟循环的次数称为冲次。跳汰室内床层厚度，水流的跳汰周期曲线形式、冲程和冲次是影响跳汰过程的重要参数。

物料在跳汰过程中之所以能分层，起主要作用的内因，是矿粒自身的性质，但能让分层得以实现的客观条件，是垂直升降的交变水流。在跳汰机入料端给入物料的同时，给入一定量的水平水流。水平水流虽然对分选起一定的影响，但是它主要起润湿和运输的作用。润湿是为了防止干物料进入水中后结团；运输是负责将分层之后，居于上层的低密度物料冲带而走，使低密度给料从跳汰机的溢流堰排出机外。

产生交变水流有动筛、活塞和压缩空气三种方式，如图 6-2 所示。① 动筛式跳汰机的筛板在水中上下运动。当跳汰箱向下运动时，水从筛孔进入箱内，形成上升水流；当箱体向上运动时，水从筛孔外流，形成下降水流，如图 6-2(a)所示。② 活塞式跳汰机内由纵向隔板分为跳汰室和活塞室。跳汰室固定筛板，活塞室装置活塞。当活塞向下运动时，跳汰室水流上升；当活塞向上提起时，跳汰室水流下降，如图 6-2(b)所示。③ 筛侧空气室跳汰机内由纵向隔板分为跳汰室和空气室。跳汰室内固定筛板，空气室上安装风阀。脉动水流是借风阀周期性给入和排出来压缩空气而建立的。压缩空气进入空气室时，跳汰室水流上升；压缩空气从空气室排出时，跳汰室形成下降水流，如图 6-2(c)所示。

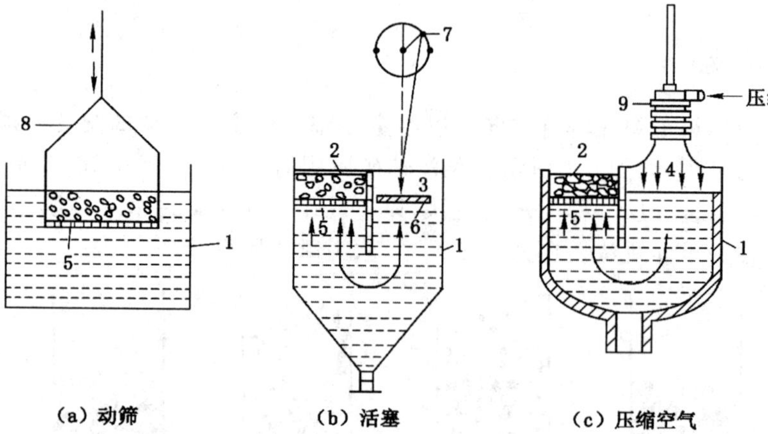

1—机壳；2—跳汰室；3—活塞室；4—空气室；5—筛板；6—活塞；7—轮；8—箱体；9—风阀。

图 6-2　交变介质流产生方式

6.1.2　跳汰分层原理

对于跳汰分选过程中实现物料松散分层的机理，很多学者提出他们的认识和研究成果。受到广泛认可并具有代表性的思想体系主要有两类。一类是以床层整体的内在不平衡因素作为分层根据，称为静力学体系学说；另一类是在介质动力作用下，依据颗粒自身的运动差异发生分层，称为动力学体系学说。

6.1.2.1　密度分层的位能学说

床层分选前，粒群是无序的，跳汰分选后粒群呈有序状态，低密度物处于上层，而高密度物在下层(图 6-3)。根据热力学第二定律，这种现象的发生是由于分选前后位能发生变化，体系能量自发地降低。

分选前后床层的位能分别为 E_1、E_2，其计算公式为：

$$E_1=(m_1+m_2)g\times\frac{h_1+h_2}{2}\tag{6-1}$$

$$E_2=m_1g(h_2+\frac{h_1}{2})+m_2g\times\frac{h_2}{2}\tag{6-2}$$

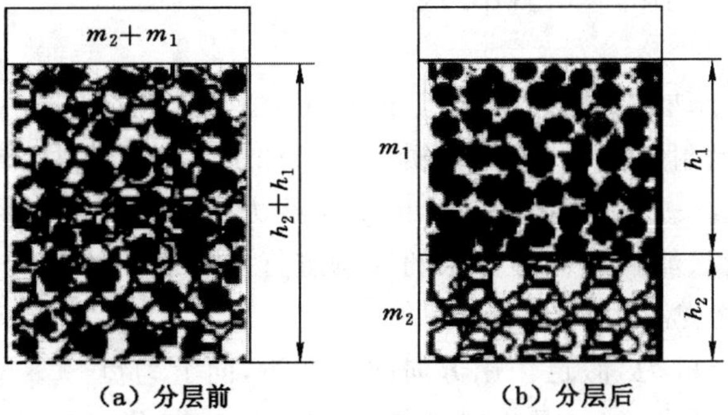

图 6-3　跳汰床层分层前后的变化

式中　m_1, m_2——轻、重矿粒的质量；

h_1, h_2——轻、重矿粒群的厚度；

g——重力加速度。

分选前后的位能变化 ΔE 为：

$$\Delta E = E_1 - E_2 = \frac{1}{2}(m_2 h_1 - m_1 h_2)g \tag{6-3}$$

设自然堆积时水平截面面积为 A，轻、重矿物的密度分别为 δ_1、δ_2，体积浓度分别为 λ_1、λ_2，分选介质的密度为 ρ，则：

$$m_1 = A h_1 \lambda_1 \delta_1 \tag{6-4}$$

$$m_2 = A h_2 \lambda_2 \delta_2 \tag{6-5}$$

将式(6-4)、式(6-5)代入式(6-3)得：

$$\Delta E = \frac{A h_1 h_2}{2} g(\lambda_2 \delta_2 - \lambda_1 \delta_1) \tag{6-6}$$

由式(6-6)可知，床层位能降低的条件是 $\lambda_2\delta_2 > \lambda_1\delta_1$。由此可见，从位能分层的观点来说，床层在跳汰过程中，由不同密度颗粒所组成的粒群的散密度不同，是分层的基本依据。散密度高的粒群处于最底层。粒群的散密度是矿粒的密度 δ 与粒群在自然堆积状态时的固体体积浓度 λ 的乘积，而 λ 又是矿粒形状及粒群粒度组成的函数。跳汰分层的结果，不仅取决于矿粒的密度，而且与矿粒形状及粒群粒度组成有关。① 对于粒度相同而密度不同的两种矿粒，在自然堆积时，其 λ 是相同的。因此，分层结果必然是高密度矿粒位于下层，低密度矿粒位于上层。② 对于密度相同而粒度不同的两种矿粒，在自然堆积时，大粒度者 λ 较高，故分层结果必然是粒度大的位于下层，粒度小的位于上层。

在实际跳汰过程中，虽然原料中各矿粒在粒度上的差别很大，但是各个密度级的粒度组成，基本上是相近的。因此可以认为，矿粒将比较严格地按密度分层。根据位能假说，若跳汰时在床层中人为地加入一些高密度细矿粒，则因它在分层过程中可充填到重矿粒床层的空隙中，从而提高了重矿粒床层的体积浓度，导致分层前后床层位能差值的增大，因而可以加速分层过程和提高分层效果。

分层的位能学说完全不涉及流体动力学因素的影响，只就分层前后床层内部能量的变化说明分层的趋势，因而属于静力学体系学说。除了跳汰以外，所有其他重选分层过程，皆可用此学说予以解释。因此把位能学说视作重选分层的基本原理。但重选过程离不开流体松散，流体动力对颗粒运动的影响就不可避免。

6.1.2.2　*动力学学说*

在垂直交变流中，床层中的颗粒所受到的作用力有：颗粒在介质中的重力，介质阻力，介质被带动作加速运动的附加惯性阻力，介质本身作加速运动的附加推力及床层中其他颗粒对运动颗粒的摩擦碰撞——机械阻力等。由于这些力的作用关系复杂，要想做出明确的数学解答是很困难的，故只能就它们对分层的影响进行一些定性的分析。

（1）矿粒在垂直交变流中的受力分析

对于作用在颗粒上的力，假定作用方向向下为正，向上为负。

① 矿粒在介质中的重力 G，因其方向向下，故为正。其公式为：

$$G_0 = \frac{\pi d_V^3}{6}(\delta - \rho)g \tag{6-7}$$

② 矿粒与水因有相对运动而引起介质阻力 R_1。当水流超越矿粒运动时，该项表现为介质推动矿粒运动的动压力，其公式为：

$$R_1 = -\psi d_V^2 v_c^2 \rho \tag{6-8}$$

式(6-8)中，v_c 为相对运动速度，它等于矿粒速度 v 与水流速度 u 之差。介质阻力 R_1 的方向与 v_c 方向相反，而 v_c 的方向又是变化的。当颗粒相对于介质的 v_c 方向向下时，R_1 为负；v_c 当其向上时，R_1 为正。矿粒不论是在静止、上升或下降水流中，其沉降时所受到的介质阻力 R_1 的方向，最终都是向上的，故该项取负值。

③ 由于介质作加速运动，其加速度所产生的惯性力作用在矿粒上，称为介质流对矿粒的附加推力 F_1。F_1 的方向与介质加速度方向相同，其值等于矿粒排开同体积液体的质量与该液体加速度 $\dot{u}$ 的乘积，即

$$F_1 = \pm \frac{\pi d_V^3}{6}\rho \dot{u} \tag{6-9}$$

矿粒所受介质的附加推力 F_1 与矿粒在介质中所受浮力的原理相似，其区别仅在于浮力是由于介质的重力加速度所引起的，而惯性力 F_1 则是由于介质运动的加速度 $\dot{u}$ 所产生的。

④ 由于矿粒在介质中作加速运动，势必带动周围部分介质也随其作加速运动，于是这部分介质便产生了与其方向相反的惯性力，此力反作用在矿粒上。因此，矿粒受到一个附加惯性阻力 R_g 的作用。其公式为：

$$R_g = -j\ \frac{\pi d_V^3}{6}\rho\ \frac{\mathrm{d}v_c}{\mathrm{d}t} \tag{6-10}$$

式(6-10)中，j 为附加质量系数，表示与矿粒作同步加速运动的介质当量体积占矿粒体积的分数；其大小与矿粒形状有关。对于球形颗粒，$j=0.5$。

附加惯性阻力 R_g 的方向，与相对加速度方向相反。由于相对速度无论在静止、上升或下降介质流中，最终都是向下的，故相对加速度方向也向下，因此 R_g 为负。

⑤ 床层中的矿粒运动时，要受到机械阻力 R_j。机械阻力 R_j 的大小不仅与床层的松散度有关，而且受矿粒自身粒度及形状的影响。当床层处于悬浮松散状态时，R_j 只表现在局部颗粒间的摩擦与碰撞上，运动颗粒的动能被消耗。当床层紧密时，通过颗粒间的直接传递，阻力便来自床层整体，因而达到极大。但在床层紧密过程中，首先失去活力而停止运动的是粗重颗粒，而细小颗粒还在大颗粒的间隙中继续运动。可见，对于粒度不同的矿粒，所

受的机械阻力 R_j 不同。基于 R_j 这种复杂性，当前尚无法用数学表达式予以表达。因此，暂不计入。这对定性地分析颗粒运动的趋向，不会有所妨碍。

(2) 矿粒在垂直交变介质流中运动微分方程式的建立

在机械阻力不予考虑的条件下，将其他各项力加以合并，便可得到矿粒在跳汰过程中受力的方程式，即：

$$m\frac{\mathrm{d}v}{\mathrm{d}t}=G_0+R_1+F_1+R_g \tag{6-11}$$

$$\frac{\pi d_V^3}{6}\delta\frac{\mathrm{d}v}{\mathrm{d}t}=\frac{\pi d_V^3}{6}(\delta-\rho)g-\psi d_V^2 v_c^2\rho\pm\frac{\pi d_V^3}{6}\rho\dot{u}-j\frac{\pi d_V^3}{6}\rho\frac{\mathrm{d}v_c}{\mathrm{d}t} \tag{6-12}$$

式(6-12)只表示某单个矿粒在垂直方向上的受力情况，但是可以将它视为某种同一性质矿粒的运动微分方程式。因此，式(6-12)可用以分析跳汰床层的分层机理。若以 $m=\frac{\pi d_V^3}{6}\delta$ 除式(6-12)两侧，便可得到单位质量矿粒的运动微分方程式，即：

$$\frac{\mathrm{d}v}{\mathrm{d}t}=\frac{\delta-\rho}{\delta}g-\frac{6\psi v_c^2\rho}{\pi\delta d_V}\pm\frac{\rho}{\delta}\dot{u}-j\frac{\rho}{\delta}\frac{\mathrm{d}v_c}{\mathrm{d}t} \tag{6-13}$$

从式(6-13)看出，在垂直交变介质流中，矿粒运动的加速度，除机械阻力的因素没有考虑外，主要是由四种加速度所合成。式(6-13)右边第一项，是矿粒在水介质中的重力加速度，即初加速度；第二项是由介质阻力引起的介质阻力加速度；第三项是由介质加速度所引起的惯性阻力加速度；第四项是因矿粒加速运动引起其周围部分介质也作加速运动而导致的附加惯性阻力加速度。此式较全面地考虑各种动力学因素的影响，因而可视为动力学分层机理观点的代表。但该式明显地有以下三方面的缺陷：(a) 忽视了床层悬浮体内压力变大这个重要因素；(b) 没有注意由于床层悬浮体密度增大，运动颗粒所受浮力也增大这一事实，公式中介质密度仍取为1；(c) 以水流速度(即使是颗粒间隙的平均流速)和加速度表征介质阻力或附加推力的作用，是不够确切的，因颗粒间隙的水速分布是很不均匀的。

现对式(6-13)右边各项分别进行简单讨论。

第一项，是与矿粒及介质密度有关的重力加速度项。其值不但与矿粒粒度及形状无关，而且与介质的运动参数无关，可见该项属于静力学因素。入选矿粒之间密度差越大，物料越易选。如果增大介质密度，就可使轻、重矿物颗粒间的初加速度的差值变大。在跳汰周期内，设法使该项成为主导因素，必然能使床层更充分地按密度进行分层。

第二项，是矿粒与介质间产生相对运动时的阻力加速度。它不仅与矿粒及介质的密度有关，而且与矿粒的粒度及形状(反映在阻力系数 ψ 中)有关；并且和相对速度的平方呈正比关系。v_c 越大，阻力加速度越大，矿粒的粒度及形状的影响越突出，必然恶化按密度分选的效果。据此可见，应该尽量减小相对运动速度 v_c，从而削弱矿粒粒度及形状的不利影响。在一个跳汰周期中，只有当水流自上升变为下降的阶段，v_c 才较小，此时床层也最松散，故应尽量延长这段时间。

第三项，反映介质的加速度对矿粒运动的影响。当介质密度一定时，该项仅与矿粒的密度 δ 有关。当水流在一个跳汰周期加速上升(上升初期)时，介质加速度的作用方向向上，故该项为负值。因此，介质加速度将促使低密度矿粒比高密度矿粒更快地上升，这对按密度分层有利。当水流作负加速度上升(即上升末期)时，$\dot{u}$ 作用方向向下，该项取正值。因此，$\dot{u}$ 反而促使低密度矿粒比高密度矿粒的上升速度更快地减小。显然，这对按密度分层不利，故在跳汰机中应尽量减小上升水流的负加速度。同理，当水流作正加速度下降时，该项在公式中取正值，$\dot{u}$将促使密度低的矿粒比密度高的矿粒下降得更快，这不利于分层，故应尽量减小下降介质流的正加速度。当下降末期介质作负加速度下降时，$\dot{u}$作用方向向上，$\frac{\rho}{\delta}\dot{u}$在式(6-13)中取负值，这促使密度低的矿粒比密度高的矿粒下降速度减小得快，显然有利于分选，故应设法增加下降介质流的负加速度。总之，$\frac{\rho}{\delta}\dot{u}$这一项，当其为负值时，对分选有利；当其为正值时，对分选不利。

第四项，反映附加质量惯性阻力对矿粒运动的影响。该项仅与矿粒密度有关，与矿粒的粒度及形状无关。该项对低密度矿粒的影响要大于对高密度矿粒的影响。在水流上升初期和水流下降末期，附加惯性阻力所产生的加速度使低密度矿粒比高密度矿粒上升快，而下降时又比高密度矿粒慢，这对分层有利。在水流上升末期和下降初期，附加惯性阻力所产生的加速度，使低密度矿粒比高密度矿粒提前开始由上升转为下降或具有更快的下降趋势，这对分层不利。基于这种情况，要求水流在上升初期要加速快升，上升末期及下降初期应从缓而行，下降末期从快减速。

总之，对跳汰过程中矿粒运动微分方程式的分析，可归纳出两个重要点：

① 矿粒运动状态除和矿粒及介质的密度有关外，还与矿粒粒度及形状有关。矿粒的粒度及形状的影响仅体现在介质阻力加速度(即第二项)上，其数值与相对速度的平方呈正比关系。因此，在跳汰过程中，尽量减小矿粒与介质之间的相对运动速度是至关重要的。

② 介质的运动状态(速度和加速度)对矿粒的运动或者说对床层的分层有重要影响。因此，只有选择恰当的水速及加速度，才能为矿粒按密度分层创造有利的条件。

6.1.2.3 *跳汰分层学说的统一性问题*

跳汰分层的静力学学说和动力学学说，虽然理论的出发点有所不同，但从结果来看，仍然具有统一性。综合上述两类理论，可以得到如下一些认识。

① 跳汰分层的最有利条件是床层与水流间具有最小的相对速度。此时的分层在更大程度上将依据矿粒之间或矿粒与悬浮体间或悬浮体与悬浮体间的密度差而发生，矿粒粒度对分层的不利影响将降低到最低限度。因此在一个跳汰周期内应尽可能延长水流与床层相对速度小的时间。

② 床层的松散必须有流体动力参与，彻底排除它的不利影响是不可能的。因此除了在周期内尽量减少矿粒与水流的相对速度外，对入选物料的粒度范围应予以适当的限制。

③ 跳汰分层只有在床层松散度不大、颗粒相互接近的条件下，才能表现出静力分层作用。因此在跳汰过程中床层不能过度松散，以免失去整体性质。

④ 静力学研究得出的是在最佳条件下的理想分层结果，可作为争取的目标，但实际上难以达到。矿粒的密度和粒度越大，在水中的沉降速度也越大，因而偏离理想分层条件也越远。此时分层过程将更接近于按干扰沉降规律发生。

分层的静力学学说和动力学学说实际上是统一的。从自由沉降到干扰沉降，再到静力分层，是动力因素削弱、静力因素增强的过程。各种分层学说是在这一过程中就悬浮体不同浓度条件提出的认识，应当根据实际情况加以灵活应用。

6.1.3 水流运动特性

在跳汰机中，水流运动包括两部分：垂直升降的变速脉动水流和水平流。前者对颗粒按密度分层起主要作用，后者对颗粒分层也有影响，但主要作用是运输物料。

为便于分析，以简单的活塞跳汰机为例，讨论其水流的运动特性。活塞跳汰机工作原理如图 6-4 所示。纵向隔板 2 将机体 1 分成两个相互连通的部分——活塞室（宽度 B_1）和跳汰室（宽度 B_2）。曲柄装置是由偏心轮 5 和连杆 6 组成，以此驱动活塞做上下往复运动。跳汰机工作时，机箱中充满水；当活塞向下运动时，水由活塞室被压向跳汰室，产生上升水流；当曲柄装置转过最低点时，活塞开始向上运动，水返回活塞室，在跳汰室产生下降水流。

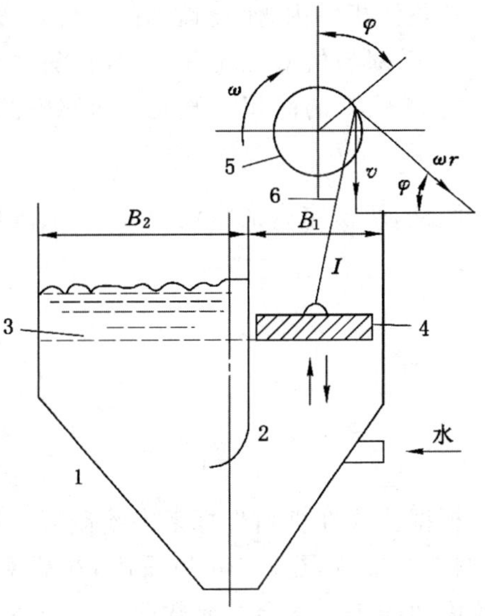

1—机壳；2—纵向隔板；3—筛板；4—活塞；5—偏心轮；6—连杆；B_1—活塞室宽度；B_2—跳汰室宽度；l—连杆长度；w—偏心轮角速度。

图 6-4 活塞跳汰机工作原理

由图 6-4 可知，若偏心轮的偏心距为 r，连杆的长度为 l，且 $l \geqslant r$ 时，活塞上下运动的速度 v 可以看作是偏心轮的圆周速度在垂直方向的分速度，即：

$$v = r\omega \sin \varphi \tag{6-14}$$

$$\varphi = \omega t \tag{6-15}$$

$$v = r\omega \sin \omega t \tag{6-16}$$

式中 w——偏心轮转动的角速度，$w=\dfrac{2\pi n}{60}$，rad/s；

t——偏心轮转过 φ 角所需时间，s；

n——偏心轮转速，r/min。

当 $\varphi=0$ 或 $\varphi=\pi$ 时，$\sin 0=\sin \pi=0$，活塞的瞬时速度绝对值最小，即：$v_{\min}=0$。

当 $\varphi=\dfrac{\pi}{2}$ 或 $\varphi=\dfrac{3\pi}{2}$ 时，$\sin\dfrac{\pi}{2}=1$，$\sin\dfrac{3\pi}{2}=-1$，活塞的瞬时速度绝对值最大，即：

$$v_{\max} = \omega r = \frac{2\pi n}{60} r = \frac{\pi n r}{30} = 0.105 n r \tag{6-17}$$

按绝对值计算，当偏心轮转动一周时，活塞行程为 $2\times 2r$，所需时间是 $T=\dfrac{60}{n}$，所以，在一周内沽塞的平均速度 v_{mea} 为：

$$v_{\text{mea}} = \frac{4r}{T} = \frac{nr}{15} \tag{6-18}$$

将式(6-17)代入式(6-18)得：

$$v_{\text{mea}} = \frac{1}{15 \times 0.105} v_{\max} = 0.635 v_{\max} \tag{6-19}$$

活塞运动的加速度可由活塞运动速度的一阶导数求出，其公式为：

$$\dot{v}=r w^2 \cos wt \tag{6-20}$$

经过时间 t 后活塞的行程 h，可由活塞运动速度对时间的积分求出，其公式为：

$$h=\int_0^t v\mathrm{d}t=\int_0^t rw\sin wt\,\mathrm{d}t=r(1-\cos wt) \tag{6-21}$$

在跳汰机室内，水流运动的实际速度比活塞运动的速度小。

① 活塞与机壁之间有缝隙，有漏水现象，所以必须加上一个考虑漏水的系数 $\beta(\beta<1)$。

② 跳汰室的面积一般大于活塞室的面积，所以还必须乘以一个反映两室宽度比例的系数 B_1/B_2。

因此，跳汰室内的水流速度 u、水流加速度 $\dot{u}$ 以及水流位移 s（水波高度）分别为：

$$u=\frac{B_1}{B_2}\beta rw\sin wt \tag{6-22}$$

$$\dot{u}=\frac{B_1}{B_2}\beta rw^2\cos wt \tag{6-23}$$

$$s=\frac{B_1}{B_2}\beta r(1-\cos wt) \tag{6-24}$$

根据公式在直角坐标系中绘制活塞跳汰机内脉动水流的运动速度、加速度以及位移曲线（图 6-5）。从图 6-5 可以看出，在活塞跳汰机中水流曲线速度是一条正弦函数曲线，水流加速度曲线为一条余弦函数曲线。通过改变偏心轮转速和活塞行程可以调节水流速度、加速度和位移。

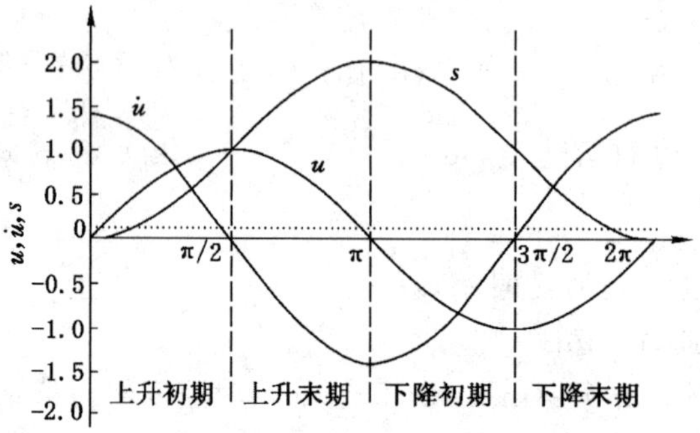

图 6-5　水流的速度、加速度及位移曲线

活塞跳汰机偏心轮转动一周，水流在跳汰室中上下脉动一次，所经历的时间为跳汰周期，以 T 表示。分选介质每分钟的脉动次数 n 称为跳汰频率，是跳汰周期 T 的倒数。

6.1.4　跳汰床层分层过程

以正弦跳汰周期为例，在整个跳汰周期中，水流、矿粒及床层的运动状态如图 6-6 所示。其中，图 6-6(a)表示在一个跳汰周期内水流和床层的行程与时间的关系以及床层的松散状况；图 6-6(b)表示水流速度、加速度和矿粒速度。

按照水流运动特性将一个周期分成 4 个阶段。

(1) 水流上升初期

在水流开始上升的前 $\pi/2$ 周期内，上升水流的速度和加速度为正值，速度由 0 增到正的

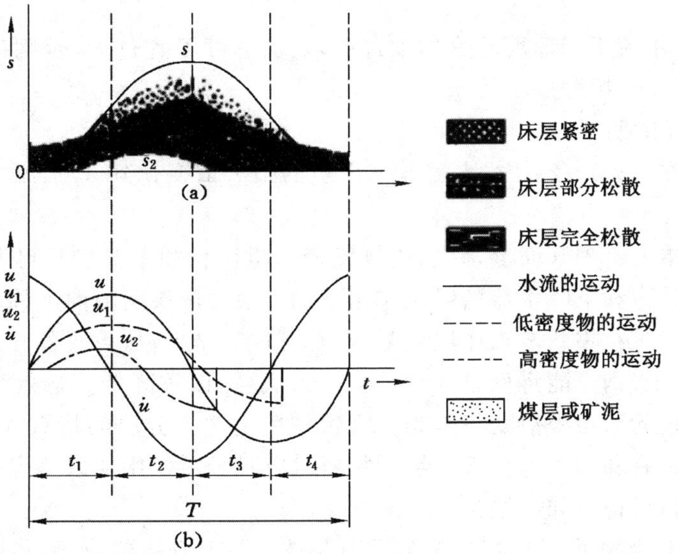

图 6-6 床层运动状态

最大值，而加速度则由正的最大值减小到 0。

开始时床层紧密；随着水流上升，最上层的细小颗粒开始浮动，当速度阻力和加速度附加推力之和超过了颗粒在介质中的重力时，床层离开筛面升起，逐渐松散。

矿粒开始上升的时间迟于水，但床层一经松散，矿粒便有可能转移。低密度矿粒和高密度细小矿粒较早升起，而大部分高密度矿粒滞后上升，这对按密度分层是有利的。床层较紧，矿粒上升速度小于水流速度的增加，使矿粒和水流间的相对速度增大，从而增加矿粒粒度和形状对分层的影响。因此，这一时间不宜长。在这个时间内，主要是抬起床层，为颗粒分层创造条件。

(2) 水流上升末期

偏心轮转角在 $\pi/2 \sim \pi$ 内，水流加速度由 0 增至负的最大值，水流做减速上升运动，水流速度由正的最大值降至 0。

床层在水流作用下继续上升，床层松散度逐渐升至最大，最小的矿粒可能被上升流完全推出床层。这时矿粒的上升速度已开始逐渐减小，甚至部分大粒高密度矿粒已开始下降。但矿粒上升速度比水流速度降得慢，矿粒和水流速度逐渐接近，其相对速度逐渐减小，甚至在某一瞬间为 0。此后，矿粒和水流相对速度可能再次增大，但仍比上升初期时小。矿粒在干扰条件下沉降，是分层的有利时机。上升水流的负加速度越小，延续的时间越长，对分层越有利。

(3) 水流下降初期

偏心轮转角在 $\pi \sim 3\pi/2$ 内，水流速度方向向下(为负值)，加速度方向也向下(为负值)。

由于水流受强制推动，水流下降速度迅速增加，甚至超过低密度矿粒的下降速度，与高密度矿粒间的相对速度逐渐减小，是按密度分层的有利时机。这一时期，床层底部的高密度矿粒已开始落到筛板上，其沉降速度迅速降至 0。部分轻矿粒由于惯性可能继续上升，随后转而向下沉降，床层逐渐紧密起来。大矿粒失去了活动性，较小矿粒还可在床层间隙中继续下降。

在下降初期，水流下降速度不宜增加过快，负加速度不宜过大，否则矿粒和水流相对速度增大，这不利于按密度分层。

(4) 水流下降末期

偏心轮转角在 $3\pi/2 \sim 2\pi$ 内，水流速度由负的最大值变化到 0，水流加速度由 0 增至正的最大值。

这时粒群基本上落到筛面上，床层比较紧密。粗矿粒和中等矿粒已基本停止运动。只有细小矿粒在其重力和下降水流的吸啜作用下仍可通过床层间隙向下移动。在上升期被冲到上层的高密度细矿粒重新进入床层底部，甚至可透筛排出，从而改善分选效果。但若吸啜作用过强，时间过长，则可能将低密度细矿粒吸入底层，以致降低分选效果。过强的吸啜作用还会使下一阶段的床层松散变得困难。吸啜作用是跳汰分层的特有现象，对不分级或宽分级物料的分选是有利的。但分选窄级别物料时应对吸啜作用加以适当控制。

通过以上分析可得出如下结论。

① 水流速度和加速度是床层松散的重要条件。在上升初期，水流必须迅速加速到把床层托起。床层升起的高度决定分选过程中床层的松散度。因此，在水流上升初期使床层上升到适当的高度是必要的。

② 在上升初期，矿粒与水流间的相对速度较大，不利于矿粒按密度分层。因此应采用短而快的上升水流。

③ 床层在上升期被水流带动逐渐悬浮。为使床层能迅速松散，水流不应立刻转为下降，而应使床层托起后有一个暂息期间，使床层膨胀，在此期间水流缓慢上升和下降，使床层得到充分的松散和分层。

④ 在水流上升末期和下降初期，床层最松散。为改善分层效果和提高跳汰机处理量，应延长这一时期，并在此期间尽量保持矿粒和水流间有较小的相对速度。由于这时矿粒的上升速度已逐渐减小，因此水流也应具有较小的上升速度。矿粒转为下降时，水流也应转为下降，并有较小的下降速度。随着矿粒下降速度的增加，水流下降速度也应逐渐加大。若水流速度增加过快，则会造成床层过早紧密，缩短了一个周期中的有效分层时间，降低了跳汰机的处理量。因此，在水流上升末期和下降初期，应该采用缓而长的上升水流和下降水流。

⑤ 在水流下降末期，床层大部分已紧密，分层作用几乎停止，所以这一段时间应缩短。这个时间段还有吸啜分层作用的存在，这对不分级物料的分选是有利的。因此，要根据原料性质控制吸啜作用的强度和时间，既保证高密度细粒能充分吸啜至底层，又要防止低密度细粒混入底层。

6.1.5 跳汰周期特性曲线

跳汰周期特性曲线是指在一个跳汰周期内，跳汰室中水流脉动速度变化的曲线。它反映跳汰室中水流脉动特性。水流脉动特性直接影响跳汰床层的松散和分层。

为了合理地选择跳汰周期，对工业上使用的几个典型跳汰周期进行简要分析。

(1) 活塞跳汰机的对称跳汰周期

如图 6-5 所示，在一个跳汰周期中，上升水流和下降水流的强度及作用时间完全相同。为使床层抬起一定高度，采用较大的上升水流速度和加速度，同时引起强烈的下降水流速度,从而缩短了床层的松散时间及高低密度矿粒互相转移的时间。因此,对称跳汰周期特性曲线并非最佳的跳汰周期特性曲线,现早已不采用这种跳汰周期。

(2) 上升水流速度大、作用时间长的跳汰周期

在活塞跳汰机或隔膜跳汰机中,连续给入筛下补充水时,可以产生如图 6-7(a)所示的跳汰周期特性曲线。引入筛下补充水可以在一定程度上起到增强上升水流速度,削弱下降水流速度的作用。获得较强的上升水流,对床层的松散有利,但因上升水流作用时间较长,故利于较粗物料的分选,在分选粗粒金属矿石时常采用此种跳汰周期。该跳汰周期也可用来分选经过初步分级的煤炭(0.5～13 mm 粒级)。

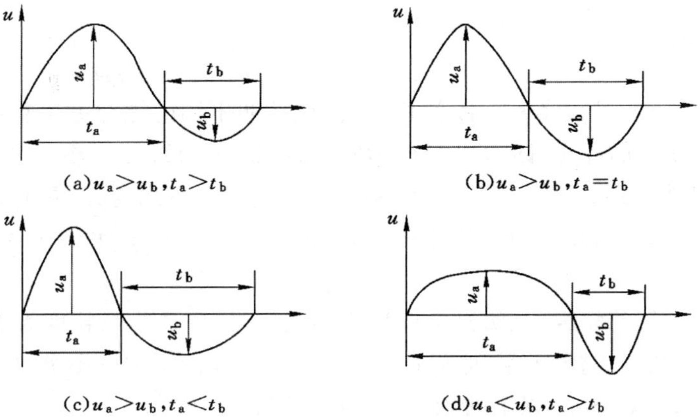

图 6-7 几种典型跳汰周期特性曲线

(3) 上升水流速度大于下降水流速度但作用时间相等的跳汰周期

在活塞跳汰机或隔膜跳汰机的正弦跳汰周期水流下降阶段,间断地给入筛下补加水,可得到如图 6-7(b)所示的水流运动特性曲线。这种跳汰周期的上升水流,相比图 6-7(a)所示的上升水流,作用力减弱;下降水流在降低流速的同时,相对图 6-7(a)所示的下降水流作用时间延长,吸啜作用略有增强。在处理宽粒级的细粒物料时,比上述两种跳汰周期要好。例如,我国钨、锡矿选矿厂处理细粒级物料的跳汰机曾使用过这种跳汰周期。

(4) 上升水流速度大但作用时间短的不对称跳汰周期

间断导入的压缩空气驱动分选介质,产生脉冲运动的空气脉动跳汰机,凭借一定结构的风阀控制进气与排气,造成如图 6-7(c)所示的不对称跳汰周期。在进气期间,水流被压缩空气推动,急速上升。接着供气中断,有一短暂休止期,此时水流因惯性只做较弱的运动。当压缩空气排出时,水流借自重下降,于是获得一个速度缓慢而作用时间长的下降水流。这种上升水流短而快、下降水流长而缓的跳汰周期,在处理宽粒级或不分级物料时,无论是从松散、分层,还是吸啜作用,都是不适宜的。

(5) 上升水流速度较缓但作用时间较长的不对称跳汰周期

如图 6-7(d)所示,上升水流速度缓慢,致使床层松散进程较慢,然而床层一旦松散,随着上升水流逐渐减弱,收缩过程也缓慢,这不但使分层作用时间延长,而且在此期间,矿粒与水流之间的相对运动速度也较小,矿粒粒度和形状对按密度分层的影响很弱,故对分层有利。

但由于松散进程慢,床层不宜过厚,跳汰机处理能力偏低(每平方米处理 6～10 t)。下

降水流速度快、作用时间短。从水流下降初期来看，尽管不利于按密度分层，但因上升末期流速慢、时间长，不少粗粒重物料已落回筛板，故在此阶段参与分层活动更多的是中、细粒级颗粒，而下降初期又是吸啜作用的主要阶段，故从整体来看对分选宽粒级或不分级物料有利；水流下降末期短而快，正是分选的有利条件。

跳汰周期特性曲线形式是获得良好分选效果的重要因素之一。合理的跳汰周期曲线应与被选物料性质相适应，使床层呈适宜的松散状态，颗粒主要借重力加速度差相对运动。

6.2 跳汰机类型和结构

6.2.1 跳汰机类型

实现跳汰分选过程的设备称为跳汰机，跳汰机按照不同的划分方法有不同的形式。

① 按照分选介质的种类，跳汰机可分为水力跳汰、风力跳汰和重介质跳汰。在当前实际应用中，无论是选煤还是选矿，国内外应用最为普遍的是以水为介质的水力跳汰机。以空气作为介质的风力跳汰机由于分选效率较低，一般只用于干旱缺水地区或不能被水浸湿的物料。

② 按照入选物料的粒度，跳汰机可分为块煤跳汰机（入选物料粒度为 10 mm 或 13 mm 以上的）、末煤跳汰机（入选物料粒度为 10 mm 或 13 mm 以下的）、不分级煤跳汰机（入选物料粒度为 50 mm 或 100 mm 以下的）和煤泥跳汰机等。

③ 按照所选出的产品种类，跳汰机可分为单段跳汰机（仅选出两种最终产品），两段跳汰机（能选出三种最终产品）和三段跳汰机（能选出四种最终产品）。

④ 按照其在流程中的位置，跳汰机可分为主选跳汰机（入选原煤）和再选跳汰机（处理主选中煤）。

⑤ 按照重产物的水平移动方向，跳汰机可分为正排矸式（矸石层水平移动方向与煤流方向一致的排料方式）和倒排矸式（矸石层水平移动方向与煤流方向相反的排料方式）。

⑥ 按照脉动水流的形成方法，跳汰机可分为动筛跳汰机、活塞式跳汰机、隔膜跳汰机和空气脉动跳汰机。其中，动筛跳汰机的筛板是活动的，而活塞式跳汰机、隔膜跳汰机和空气脉动跳汰机的筛板是固定不动的，又称为定筛跳汰机。

6.2.2 跳汰机结构

根据使用范围，跳汰机分为选煤用跳汰机和选矿用跳汰机。

6.2.2.1 选煤用跳汰机

（1）筛侧空气室跳汰机（鲍姆式跳汰机）

筛侧空气室跳汰机是我国选煤厂使用时间最长的跳汰机。根据其结构与用途的不同，筛侧空气室跳汰机可分为不分级煤用跳汰机、块煤跳汰机和末煤跳汰机三种。国产筛侧空气室无活塞跳汰机主要包括 WT、LTW 和 LTG 三种系列。WT 系列的有 WT-8K 型块煤跳汰机、WT-10K 型块煤跳汰机和 WT-10M 型末煤跳汰机、WT-16M 型末煤跳汰机。LTW 系列的有 LTW-M12.6 型末煤跳汰机和 LTW-15 型末煤跳汰机。LTG 系列的只有 LTG-15 型混合入选的跳汰机。

筛侧空气室跳汰机的基本结构如图 6-8 所示。跳汰机由机体 1、风阀 2、筛板 6、排料装置 4、5 和排矸道 8、排中煤道 7 等组成。机体由纵向分隔板 9 分为空气室和跳汰室，两室的下部相通。空气室上部密闭，设有特制风阀。风阀的作用是将压缩空气交替地给入空气室中，同时按一定的规律将空气室中的压缩空气排出室外。当给入压缩空气时，跳汰室中的水被强制上升；待空气室的压缩空气排出时，跳汰室中的水位又自动下降，进而推动跳汰室水面上下运动形成脉动水流 10。当改变给入的压缩空气量时，可以调节跳汰机中的水流冲程。改变风阀的运动速度可调节水流脉动的频率。顶水从空气室下部顶水进水管 13 进入以改变跳汰机水流运动特性，并在跳汰室中形成水平流以运输物料，同时使物料在跳汰室中进行松散和分层。跳汰机中的冲水是从机头与原料煤一起给入的。原料煤在跳汰机中经分层得到分选后，在第一段(矸石段)和第二段(中煤段)的重产物(矸石、中煤)，分别经各段末端的排料装置排到各自的排料道，并与透筛的小颗粒重产物一块排到各自的排料口，再经与机体密封的脱水斗子提升机排出。轻产物(精煤)自溢流口排出机体。

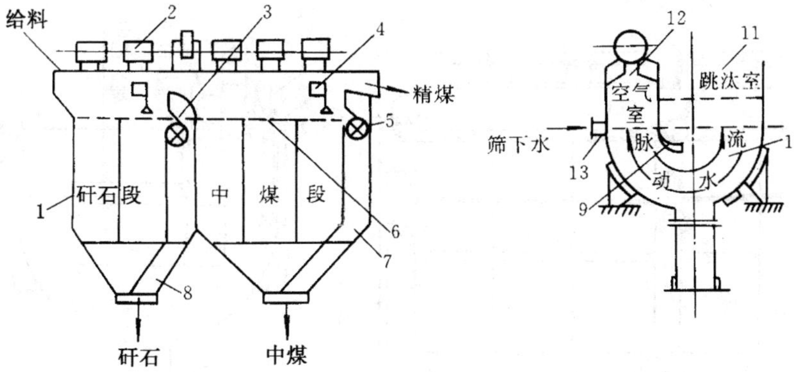

1—机体；2—风阀；3—溢流堰；4—自动排料装置的浮标传感器；5—排料轮；6—筛板；7—排中煤道；8—排矸道；9—分隔板；10—脉动水流；11—跳汰室；12—空气室；13—顶水进水管。

图 6-8 筛侧空气室跳汰机结构

机体的形状是指机体横断面的形状。常见的机体形状有三种：半圆形[图 6-9(b)实线部分①]、角锥形[图 6-9(b)虚线部分②]和过渡形[图 6-9(b)点划线部分③]。一般认为，半圆形和过渡形的横断面比较好，能使脉动水流沿跳汰室宽度上分布比较均匀。但是半圆形机体的底部容易积存物料。现代化的跳汰机倾向于采用过渡形横断面(即上部呈圆形，下部逐渐过渡成角锥形)。这种过渡形机体，也称为双弧形的 V 形机体。在这种形式的机体上，再配置合理的导流板，如图 6-9(c)所示，可使跳汰室横向上升水流波高均匀，并能缩小空气室与跳汰室的宽度之比。

跳汰机的空气室与跳汰室的宽度的比是跳汰机的一个重要参数。对于筛侧式跳汰机，脉动水流沿跳汰室宽度的分布不均匀，造成跳汰室两侧分选效果不一致：靠风阀一侧的流线短、脉动强；靠操作台一侧的流线长、脉动弱。当跳汰室的宽度愈宽，跳汰室两侧分选效果差别愈明显。因此，筛侧式跳汰机的宽度受到了限制。目前筛侧式跳汰室最宽只能达到 2.5～3.0 m。空气室的宽度 B_1 与跳汰室的宽度 B_2 之比称为冲程系数。块煤跳汰机的冲程系数为0.7～1.0，末煤跳汰机和混合入选跳汰机的冲程系数为 0.45～0.8。

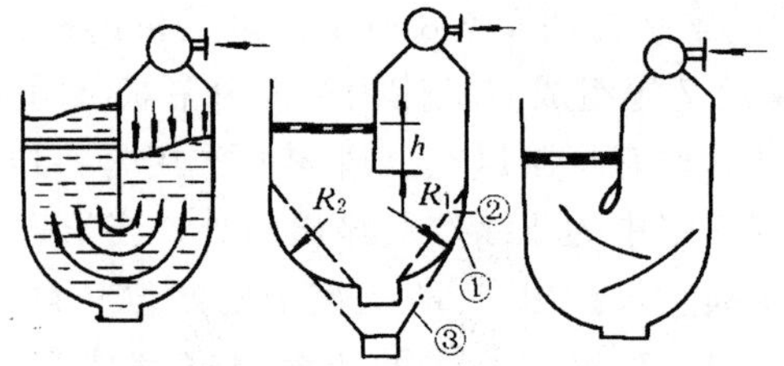

图 6-9　机体形状及其对水流波动的影响

LTG-15 型筛侧空气室跳汰机(图 6-10)的机体为半圆形。机身分为第一段和第二段。排料装置采用测压管自动排料装置。通过可控硅直流调速装置调节、驱动排料轮电机,改变转速,调节排料量。用垂直闸板控制重产物床层的厚度。

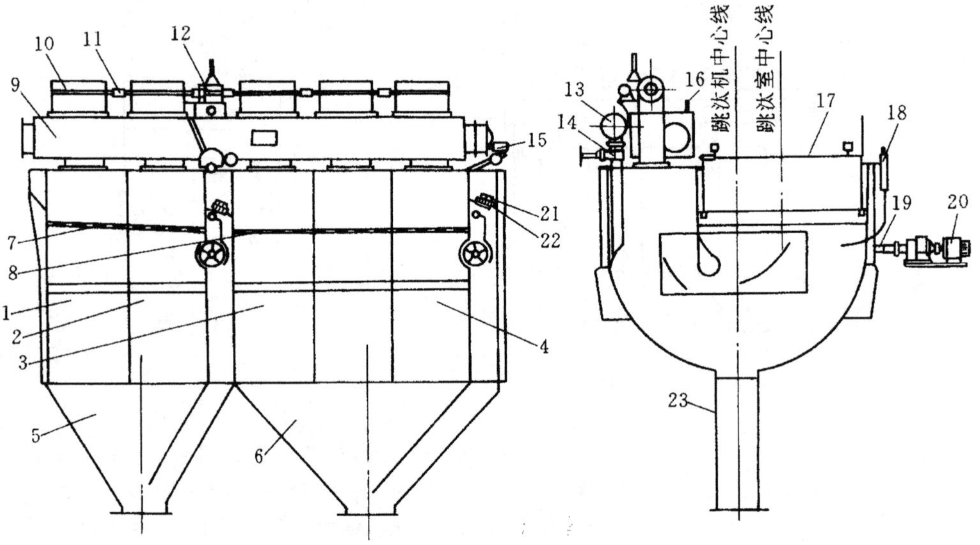

1—机体第一段;2—机体第二段;3—机体第三段;4—机体第四段;5—矸石段漏斗;6—中煤段漏斗;7—矸石段筛板;8—中煤段筛板;9—空气箱;10—风阀;11—链式联轴节;12—风阀传动装置;13—总水管;14—暗插楔式闸门;15—电动蝶阀;16—压力表;17—排料闸门;18—测压管;19—排料装置;20—排料轮传动装置;21—压铁;22—人孔盖;23—检查孔。

图 6-10　LTG-15 筛侧空气室跳汰机(左式)结构

(2) 筛下空气室跳汰机

筛下空气室跳汰机的空气室在跳汰机筛板下面,具有一些筛侧空气室跳汰机所不具备的特点。筛下空气室跳汰机结构见图 6-11。

每个跳汰室装一个卧式风阀。风阀两个空气室提供压缩空气。压缩空气从空气室的一端给入。空气室的端部有上、下两个孔。上面的孔与风阀的进气口相接,用以进入压缩空气;下面的孔用以送入顶水。在机体一侧设有风水包。风水包侧面与总水管相接,下面则接有五个分水管,其分别与空气室的进水孔相通。分水管上装有阀门,以调节各空气室的补充水量。

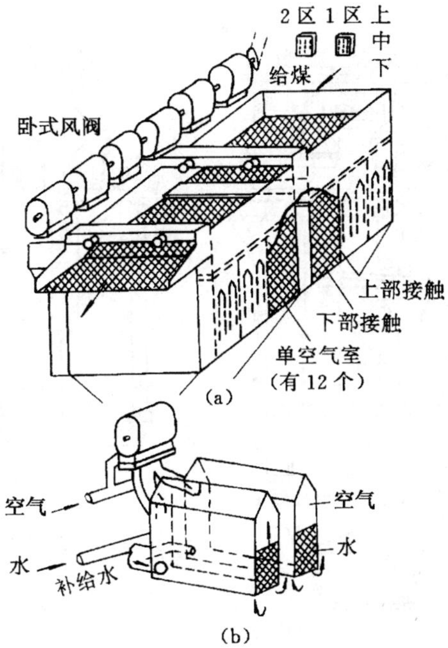

图 6-11 筛下空气室跳汰机结构

跳汰机设有水位灯光指示器。每个跳汰室中有一个空气室。空气室中设有上、中、下三个水位。接头与水位灯光指示器相接,以表示水位的高低和反映跳汰机的运转情况。

筛下空气室跳汰机,除了把空气室移到筛板下面外,其他部分与筛侧空气室跳汰机的基本相同。筛下空气室跳汰机的工作原理是压缩空气经风阀控制,交替地压入和排出筛板下面的空气室,使其中水位交替地下降和上升,从而形成穿过筛板的脉动水流。筛下空气室跳汰机所产生的脉动水流特性的实测结果与筛侧空气室跳汰机的相似。

以 X5032K 型跳汰机(图 6-12)为例进一步介绍筛下空气室跳汰机的结构。

① 机体。

机体是用于承受跳汰机的全部质量(包括水和物料)和脉动水流产生的动负荷。一般来说,跳汰机机体一旦确定,整机的轮廓大局已定,而且是很难再改变的。

机体一般用 10～20 mm 厚的钢板焊制而成,包括上机体和下机体。上机体由风箱、跳汰室和空气室组成。下机体主要作为矸石和中煤的排放通道。下机体是一个倒置四方锥形装置。这种机体形状克服半圆形机体底部容易积存物料的弊端。机体一面开有一个圆形的检查孔,便于检修工进入机体内检修和清理杂物。

机体沿长度方向有单段、两段和多段。每段又可分成两个或三个隔室。每个隔室都有单独的风阀和筛下补充水管,可以单独调节每隔室床层的松散状态,而且便于设备运输和安装。每段在顺煤流方向的末端设有排矸道。每段长度根据入选原煤的性质和产品的质量要求进行选取。各隔室之间以及隔室与排矸道之间设有隔板。为减小跳汰机工作时水流的相互窜扰,隔板几乎伸到机体底部,只留下物料的通道。

② 空气室。

筛下空气室(图 6-13)的形式有很多种。不同形状的空气室产生的脉动水流均匀程度、

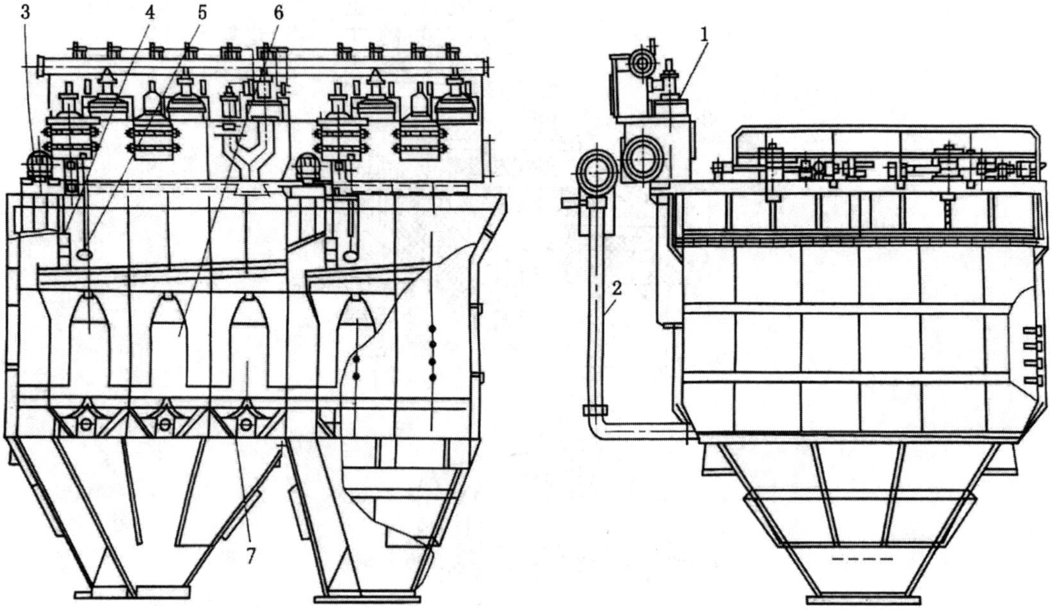

1—风阀;2—进水管;3—排气阀;4—垂直闸门;5—浮标;6—空气室;7—导流板。

图 6-12　X5032K 型跳汰机

水流沿程阻力和动力消耗也各不相同。即使是同样的空气室形状,进排气管在空气室中的垂直高度、筛下水管在空气室中的垂直高度以及筛下水管的位置(在空气室里还是外面)也不同,产生的脉动水流特性曲线差距也很大,导致跳汰分选效果也不一样。

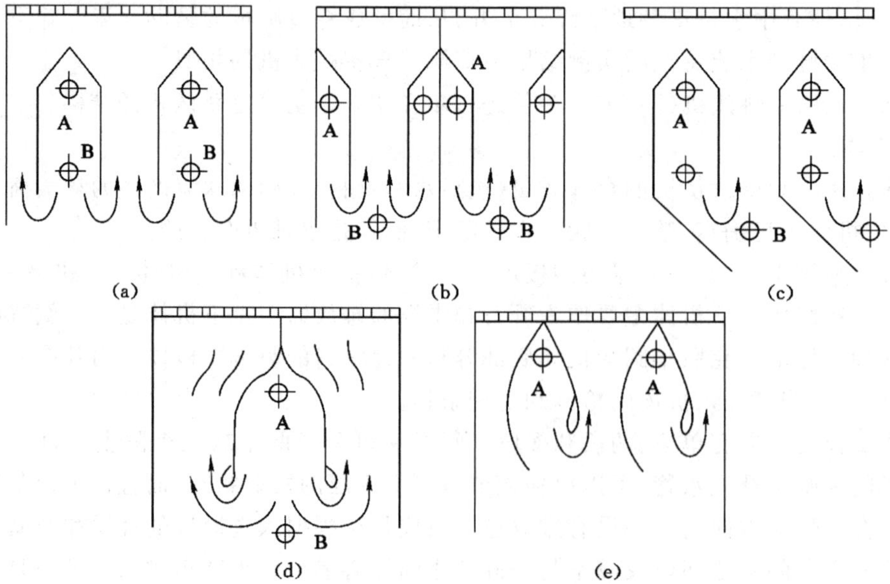

A—进气管;B—进水管。

图 6-13　筛下空气室形式

X 型跳汰机空气室置于筛板下，对称居中并沿跳汰室的宽度布置。一个空气室对应一个跳汰室，风量分布均匀。跳汰室内沿宽度各点波高相同，见图 6-14(a)。空气室的开口面积为跳汰室面积的 1/2。空气室水位比筛面水位低。空气室内有 0.021 MPa 的空气余压。压缩空气推动液面运动，比筛侧空气室跳汰机要多克服一段静压头和空气余压(0.03～0.05 MPa)。空气室顶部的形状为曲线，见图 6-14(b)和(c)。此种空气室顶部扩散曲率好，等势线在距空气室顶部 50 mm 处就趋于平稳，与筛板面平行，速度均匀性好，沿跳汰机长度和宽度方向上脉动水流的振幅是一致的(有利于床层的松散和分层)。

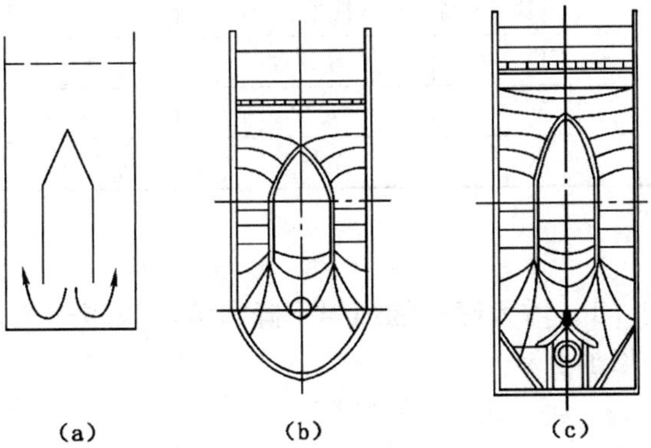

图 6-14　空气室形状与布置

③ 筛板。

筛板的作用是承托床层，与机体一起形成床层分层的空间，控制透筛排料速度和重产物床层的水平移动速度。因此筛板要有足够的力学性能和工艺性能。筛板的力学性能包括筛板的刚性、耐磨性。要求筛板坚固耐用。筛板的工艺性能包括筛板的穿透性。要求筛板有适当的开孔率，以减小水流运动阻力。合理的倾角和孔形，使物料便于运输，使筛孔不易堵塞和便于清理。

(a) 筛板的形式。

筛板结构形式见图 6-15。目前使用较多的筛板是冲孔筛板和条缝筛板。冲孔筛板采用厚度为 3～6 mm 的低碳钢板。孔形包括正方形、长方形和圆形。冲孔间距为 4～6 mm。这种筛板的开孔率为 25%～35%。

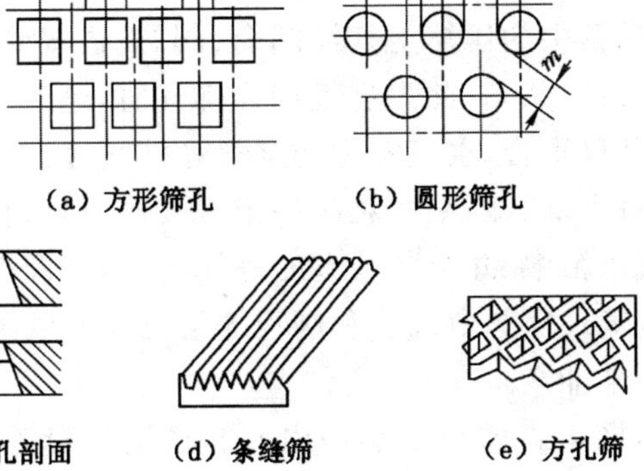

图 6-15　筛板结构形式

条缝筛的筛面坚固、刚性好、开孔率大。条缝筛一般采用不锈钢钢条焊接而成。

(b) 筛板的倾角。

筛板的倾角与原煤中重产物的含量有关。当重产物含量大时,需要筛板倾角大些;反之则小些,这样才能保持床层中重产物层运动速度、床层厚度在适当的范围内。筛板倾角的选择可参考表 6-1。

表 6-1 筛板的倾角和孔径

项目	块煤和混煤跳汰机		末煤跳汰机	
	矸石段	中煤段	人工床层	自然床层
筛板倾角/(°)	2～5	1～2.5	0	0～2.5
筛孔直径/mm	10～20	10～15	d_{max}+(2～5)	d_{max}/2+(2～5)

(c) 筛孔尺寸。

筛孔尺寸可参考表 6-1。增大筛孔能加强下降水流的吸啜作用,加强透筛排料,但筛孔过大会使精煤透筛损失增加。

④ 风阀系统。

风阀的作用是使压缩空气周期性地进入和排出空气室,从而在跳汰室造成脉动水流。

风阀结构及工作制度在很大程度上影响水流在跳汰机中的脉动特性。因此,风阀是空气室跳汰机最关键的部件。

筛下空气室跳汰机采用电控气动风阀。这种风阀调整灵活,可以无级调整跳汰周期,进气、排气交换速度极快,可以得到任意的水流脉动特性,能够精确地控制脉动周期和吸啜过程的时间,能够获得良好的床层松散度和精度较高的分选效果。

a. 风阀结构形式。

筛下空气室跳汰机主要采用如图 6-16 所示的数控气动风阀。

如图 6-16(a)所示,盖板式风阀是最常用的一种风阀。该风阀通过改变高压风进或出气缸上下腔的方向,推动活塞上或下运动,从而实现与活塞杆相连的盖板的打开或关闭,完成进气或排气。

如图 6-16(b)所示,立式滑动风阀由顶端封闭的圆筒形壳体(阀套)、圆筒形的空心滑动阀芯等组成。风阀阀芯在气缸带动下在阀套内上下往复滑动。当进气阀阀芯下降并和阀套上的开口重合时,低压风箱中的压缩空气经阀套、阀芯、进气管进入空气室,与此同时,排气阀阀芯和阀套开孔处于封闭状态,此为进气期。排气时,进气阀处于封闭状态,排气阀阀芯向上运动,阀芯与阀套开口重合,空气室内的空气经排气管、排气风阀进入排气风箱,被排到大气中,此为排气期。每个跳汰隔室各对应一个进气阀、排气阀。进气阀、排气阀壳体分别固定在低压风箱和排气风箱中,并与空气室的进气阀、排气管相连。

如图 6-16(c)所示,蝶式风阀由阀套和阀板等组成。该风阀通过气缸或摆动马达转动与阀板相连的阀轴来控制进排气。

如图 6-16(d)所示,摆动式风阀由摆动内套和摆动外套等组成。摆动马达驱动内套摆动,摆动角度 0～90°可调,从而可调节供风参数,改变跳汰周期和频率。按设定程序,电磁换向阀接通或阻断连接马达的高压风管路,接通高压风后驱动内套摆动。当进气阀内外套

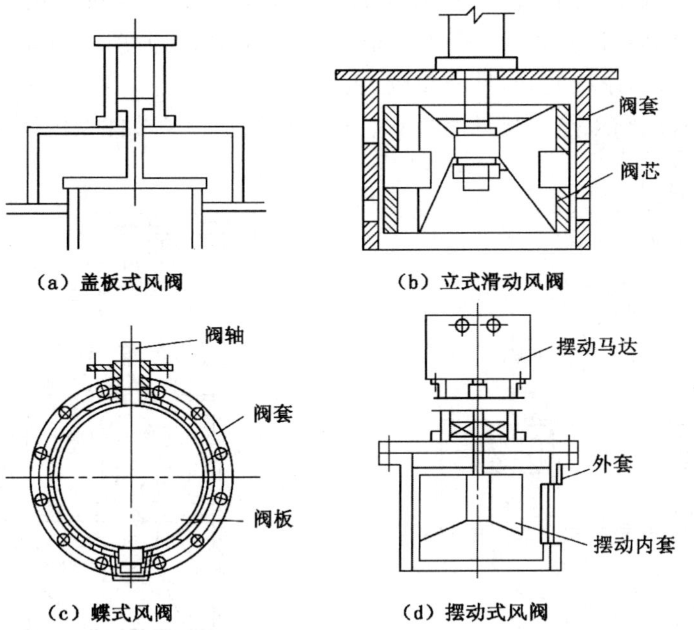

图 6-16　常用风阀结构形式

开口重合时,压缩空气由此进入筛下空气室,鼓动洗水冲起床层。而当排气风阀内外套开口重合时,空气室内的压缩空气由此排出机外,洗水回落。

b. 风阀工作系统。

X 型跳汰机采用数控气动盖板式风阀。数控气动盖板式风阀工作系统见图 6-17。X 型跳汰机通常有 5 个隔室。每个隔室有一个空气室。空气室由两组电子数控气动风阀单元进行控制。整机由 10 组电控气动风阀单元构成。

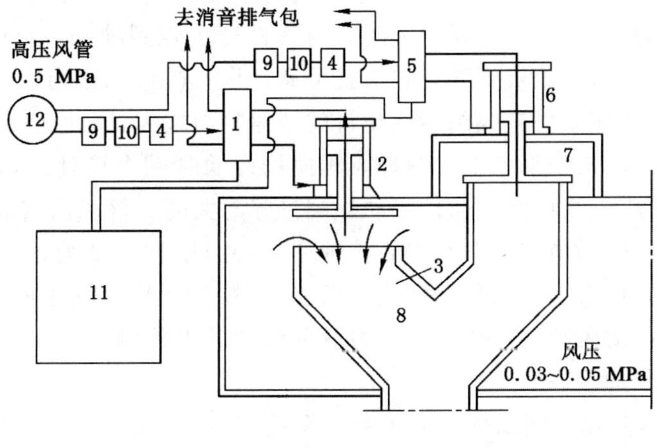

1—进气电磁阀;2—进气阀;3—分配箱;4—油雾器;5—排气电磁风阀;6—排气阀;7—排气管;8—进气管;9—滤气器;10—调压阀;11—电子数控系统;12—高压风管。

图 6-17　数控气动盖板式风阀工作系统

数控气动立式滑动风阀工作系统见图 6-18。多数 SKT 跳汰机采用这种形式的滑动风阀。立式滑动风阀具有调整容易、无背压、驱动风压小、开启速度快、节能等诸多优点。但是这种风阀零部件较多,系统复杂,维修量较大。

数控气动蝶式风阀工作系统见图 6-19。这种风阀是一种节能型的风阀。

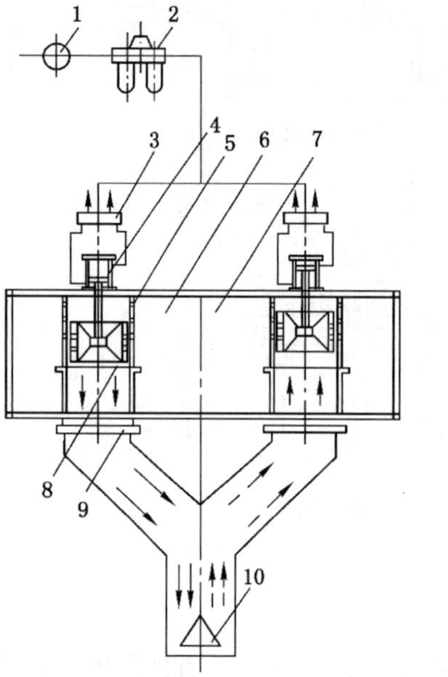

1—高压风管;2—气源三联体;3—电磁阀;
4—气缸;5—定套;6—低压风箱;7—排气风箱;
8—阀芯;9—手动蝶阀;10—空气室。

图 6-18 数控气动立式滑动风阀工作系统

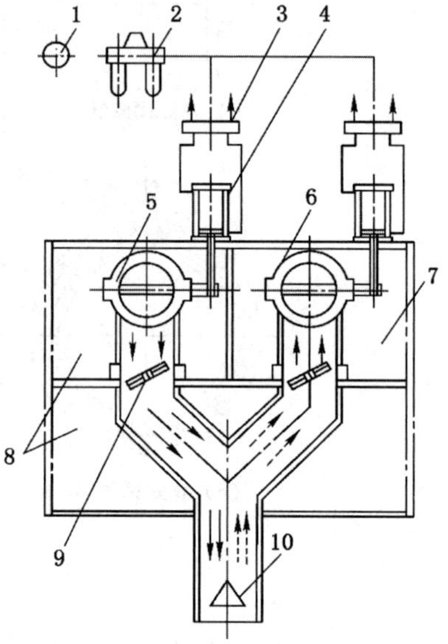

1—高压风管;2—气源三联体;3—电磁阀;
4—气缸;5—进气蝶阀;6—排气蝶阀;7—排气风箱;
8—进气风箱;9—手动蝶阀;10—空气室。

图 6-19 数控气动蝶式风阀工作系统

盖板式风阀虽然结构简单、成本低,但进气阀必须克服数百千克的背压才能打开,能耗大;同时,因气缸推力很大,盖板式风阀关闭时与管口产生强烈撞击,部件容易损坏;立式滑动风阀虽不受背压作用,比盖板阀开启省力且可靠,但当进、排风比例调整不当时,排气阀内易带入煤泥水,积攒的煤泥易造成阀芯运动时的摩擦阻力增大,因此能耗大。

数控气动蝶式风阀是在总结上述两种风阀使用经验基础上设计的,其工作系统主要由蝶阀、曲柄和气缸构成。气缸驱动曲柄带动蝶阀打开与关闭。该风阀安装在风管上,风压虽作用在蝶门上,但当蝶门旋转时,对其中心转轴产生的力矩相互抵消,所以不存在类似于盖板式风阀的背压;同时,由于蝶门与阀体接触面积小,蝶门运转过程中所受的摩擦阻力及受力过程均优于立式滑动风阀。用较小的动力就可转动蝶式风阀。

c. 数控风阀工作原理。

如图 6-17 所示,数控风阀系统由电子数控系统、控制风动部分和工作风动部分三部分组成。

(a) 电子数控装置通过单片微处理器控制电磁阀的通电和断电时间,从而控制跳汰频率和周期。

(b) 控制风动部分由高压风管,气源三联体(过滤器、调压阀、油雾器),二位四通电磁阀和气缸等构成。其作用是将高压风滤清、调压、油雾后送入气缸，驱动气缸内活塞做上下运动。气源三联体结构见图 6-20。

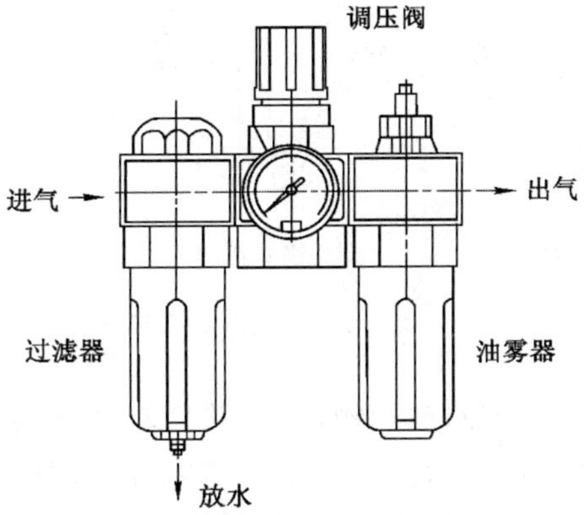

图 6-20 气源三联体结构

(c) 工作风动部分主要由板阀、管路、低压风箱和排气风箱等组成。工作风动部分装在工作风包上。排气阀装在气箱上。排气箱与消音包相连，消音包与大气相通。

数控风阀的工作过程是：当电磁阀通电时，高压风包中高压空气经气源三联体和电磁阀进入气缸下腔，推动活塞向上运动，打开进气阀，活塞上部气体经电磁阀排入消音包；电磁阀断电时，高压空气进入气缸上腔，推动活塞向下运动，关闭进气阀。排气过程与上述过程类似。改变电磁阀的通断时间，可以调节跳汰频率和风阀特性曲线。

X 型跳汰机普遍用盖板式风阀。通过调节进、排气阀行程来改变进、排气时间（面积），从而改善分选效果。进、排气阀实际上就是气缸（见图 6-21）。

盖板式风阀的优点是进气阀打开速度快，最大进气面积持续时间长，在相同进气面积和进气时间内，比旋转风阀进气量大。但该风阀启动时仍要克服较大的背压。

⑤ 跳汰机排料装置。

排料机构是将床层按密度分好层后的物料准确、及时和连续地排出，以保证床层稳定和产品分离的部件。

各段轻产物的排料方式，依靠水平流的运输作用，随水流一起运动。各段的重产物（矸石和中煤）则有筛上排料和透筛排料两种方式。透筛排料是指重产物细粒穿过筛板的筛孔进入下机体的分离。

a. 轻产物排料装置。

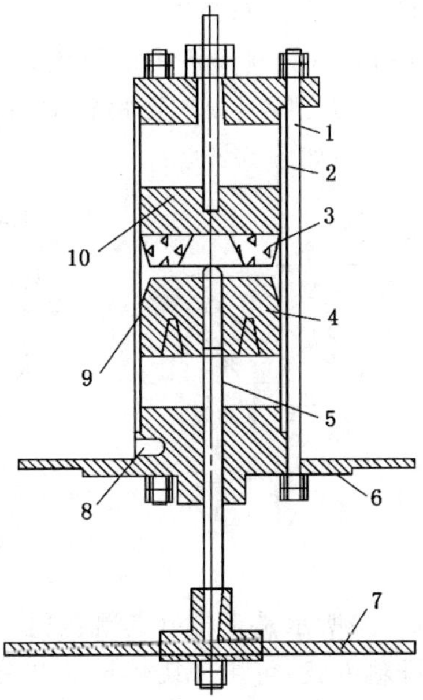

1—调节螺杆；2—底盘；3—缓冲橡胶；
4—活塞；5—活塞杆；6—连接法兰；7—阀板；
8—聚四氯填料；9—导向环；10—活塞。

图 6-21 气缸结构

许多跳汰机在矸石段和中煤段的末端设有溢流堰。它的作用是使轻产物随溢流排出。跳汰机的溢流口有高溢流堰、半溢流堰和无溢流堰三种不同的结构(图 6-22)。

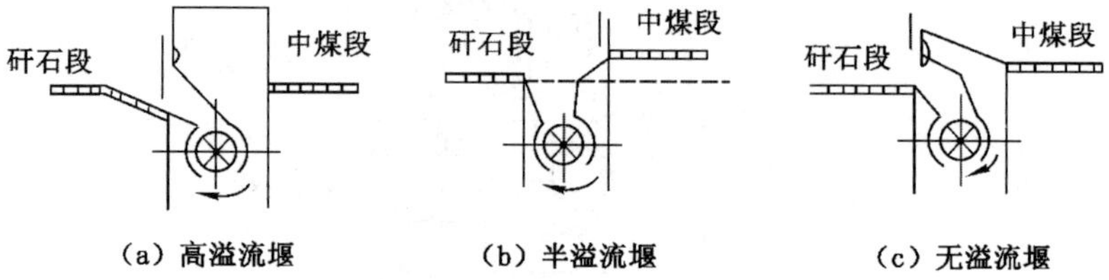

图 6-22　跳汰机溢流口结构

老式的跳汰机,为了保持一定的重产物床层,并使轻产物随水流排出,在矸石段和中煤段都设有高溢流堰,如图 6-22(a)所示。但是生产实践证明,跳汰机内煤和水经过高溢流堰前后要发生激烈的扰动,使已分好层的床层重新混杂,降低了分层效果。

为了克服高溢流堰存在的问题,新型的跳汰机往往采用无溢流堰的结构,如图 6-22(c)所示。这种无溢流堰结构限制了矸石的移动,对水流运动的状态没有大的影响。但实践结果显示,无溢流堰结构易造成跑煤现象。

半溢流堰结构介于前两者之间,如图 6-22(b)所示。这种结构仍设有溢流堰,但将其高度降低。因此床层运动状态影响不大。筛上重产物排料装置设在溢流堰的下面,使跑煤现象大大减轻。由于溢流堰很低,所以在溢流堰前面设有可以提高的闸板,用以调节床层的厚度。X 型跳汰机在每段的末端就设有这种溢流堰,轻产物随水流越过溢流堰排出。

b. 重产物筛上排料装置。

(a) 排料装置在跳汰机中的位置。

排料装置的位置是由入选物料中高密度级物料的含量及其排卸条件决定的。跳汰机中常见的排料装置如图 6-23 所示。

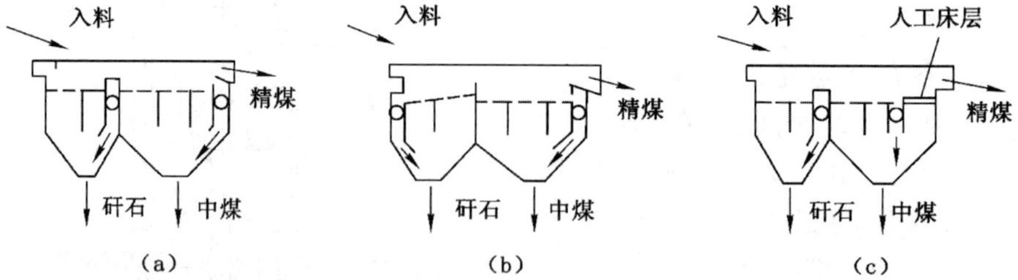

图 6-23　跳汰机中排料装置的位置

图 6-23(a)所示是正排矸的跳汰机。排料装置安排在中煤段和矸石段的末端,是比较常见的一种排料方式,可用于块煤或末煤跳汰机。图 6-23(b)所示是倒排矸的跳汰机。第一段排矸装置设在入料端,这种排料方式适用于选含黄铁矿多及矸石量大的块煤,但对混合入选的原料易增加矸石中末煤的损失。图 6-23(c)所示是排料装置位于跳汰室某一段的中部,这是分选末煤的一种排料方式。当物料进入第二段后,粒度大的高密度物(中煤)经过分选从排矸道排出,而低密度物和细粒高密度物进到最后一室铺有人工床层的筛面,进一步进行透筛排料。这种排料方式便于控制精煤的质量。

（b）排料装置的形式。

自动排料装置形式繁多。现介绍五种比较常见的排料装置，见图6-24。

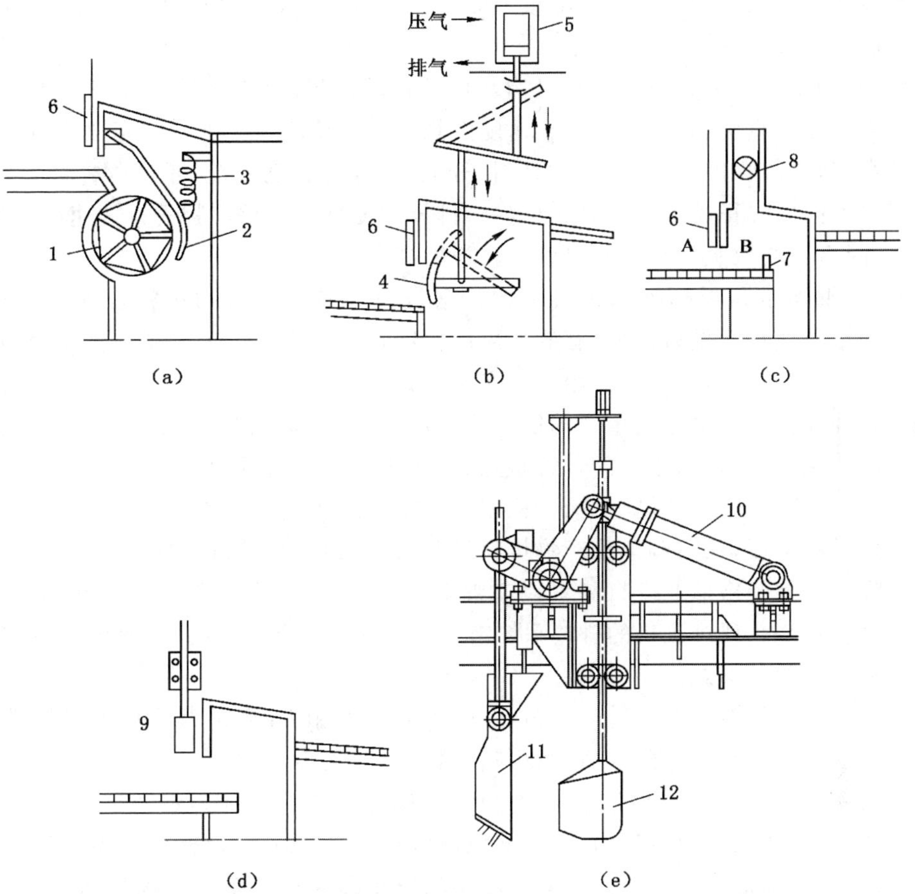

1—叶轮；2—挡板；3—链条；4—扇形闸门；5—气缸；6—垂直闸门；7—坎板；8—空气阀门；9—浮标闸门；10—液压机构；11 一闸板；12—浮标。

图6-24　跳汰机筛上排料装置

图6-24(a)所示是叶轮式排料装置（亦称排矸轮）。叶轮式排料装置是一种连续式自动排料装置。在排料口的筛板下面设有叶轮1，叶轮的前方设有挡板2。挡板可做一定角度的摆动，沿跳汰机宽度可分成数块。它的一端是装在旋转轴上，另一端用链条3悬挂在一定的位置。这样既可防止排料箱的脉动水流窜扰排料口附近的床层，又可避免大块矸石卡住叶轮。在排料口上一般还装有垂直闸门6，以调节排料口大小，控制重产物排放高度。叶轮1通过减速机由电动机带动。电动机可以为滑差电机（配行星摆线减速机）或普通电机（配置变频器）。叶轮的排料转数为0～3.5 r/min。根据重产物层的厚度，通过自动控制机构，可以调节叶轮的转数，从而控制重产品的排放速度，达到自动控制排料的目的。SKT跳汰机采用无溢流堰深仓式稳静叶轮排料方式，将叶轮移到跳汰机的下机体，远离排料口，可减小排料轮长度。同时，排料轮位于料仓口下方的大于物料下滑安息角的地方，只有在排料轮转动时才能排料。排料轮转速可无级调节并和排料量呈线性对应关系，从而使跳汰机可以连

续、稳定、准确地控制排料量，使产品质量得以保障。

图 6-24(b)所示是扇形闸门的排料机构。它的排料是间断性的。扇形闸门 4 的长度约等于排料口宽度。闸门设在排料口筛板上面。当气缸内的活塞和杠杆系统运动时，扇形闸门做弧线摆动，以调节排料口的大小。

图 6-24(c)所示是垂直闸门排料机构。它只有垂直闸门(有些情况还可以不用)。重产物的排放高度用垂直闸门 6 控制，排放速度由阀门 8 自动调节。当阀门完全关闭时，在 B 区没有脉动水流，重产物停止排放。当阀门打开后，B 区有脉动水流，重产物能越过坎板 7 排到排料箱里。阀门开得越大，脉动水流越强，排放速度越快。重产物的排放速度在其他条件不变时，实际上主要取决于阀门开启度和坎板的高度。

图 6-24(d)所示是浮标闸门排料机构。它是一种简易的自动排料装置。空心的矩形(或梯形)铁箱 9 横置于排料口处(有的选煤厂在铁箱下缘再焊接上一条扁铁作为闸板，效果更好)。其既是闸门又是浮子。铁箱上焊有拉杆，可在导向滑轮中滑动，借以限定铁箱的运动方向。悬挂在拉杆横梁上的重锤的质量可以增减，以调节所控制的重产物层厚度。当重产物层厚度变化时，铁箱随之升落，从而达到调节排矸数量的目的。

图 6-24(e)所示是液压排料机构。根据浮标检测的床层重产物的厚度，控制液压机构提升(或下降)排料闸板，从而调节重产物排料的开口，达到控制排料量的目的。

X 型跳汰机重产物筛上排料装置以前曾采用图 6-24(a)所示的叶轮式排料装置，到 20 世纪 90 年代后，X 系列跳汰机的排料系统有了很大改进，分为大块煤、块煤、末煤和混煤跳汰洗选排料装置四种形式。

其中对于入料粒级为 250～13 mm 的大块煤入洗，排料装置为垂直闸门加排气阀，与图 6-24(c)所示的近似，排气阀开口面积与转角呈线性关系。

浮标装置主要由浮标、TDZ-1 型中频位移传感器组成。浮标为不锈钢焊制的近似椭圆流线型潜体浮标，最大截面直径为 ϕ150 mm，全长为 400 mm。浮标动态特性好，上下运动灵活，能够真实准确地反映切割点基元密度层的位置高度。传感器行程为 0～200 mm。浮标除上下运动外，不受任何其他附加力作用，输出 0～10 mA 的电信号，能够与重产物床层厚度保持良好的线性关系。

排料执行机构由闸板和风门两部分组成。排料动力是低压风。在每个跳汰周期的进气期，水流将闸板后边堆积的重物料推入排料道一部分。由闸板的开启度控制重物料堆积的多少，由风门(排气阀)的开启度控制水流冲击力的大小。因此，闸板和风门共同控制排料量。

对于 120(100,80)～13 mm 块煤，80(50)～0 mm 混煤，13～0 mm 末煤入洗的排料装置，采用类似巴达克跳汰机的液压水平排料结构，一、二段之间没有溢流堰，如图 6-24(e)所示。该结构由浮标装置、排料闸板及液压系统组成。

改进后的新型浮标装置(图 6-25)全部使用不锈钢加工制造。新型浮标导向杆加粗，并采用超声波传感器检测床层，有效减少信号误差，提高检测质量和使用寿命。浮标随跳汰机脉动，其所处层位的高度随重物料层厚度的增加而增加，经位移

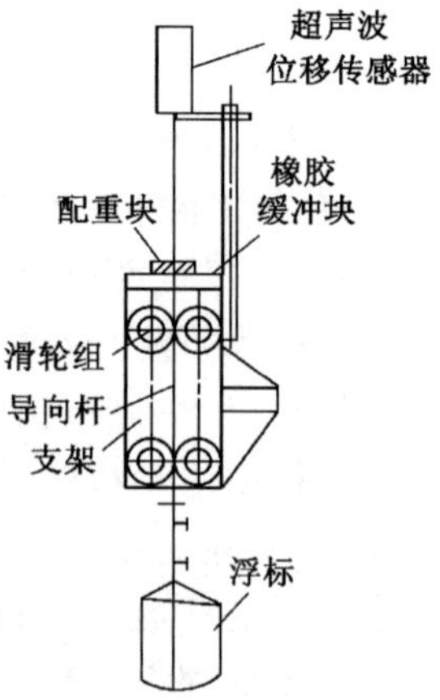

图 6-25　不锈钢浮标

传感器输出相应信号，并以此作为控制执行机构的依据，排料闸板上升时，其排料口逐渐减小，甚至完全关闭，从而减少排料量，直至不排。

(c) 细粒透筛排料装置。

透筛排料是指床层中分离出来的重产物透过粗粒的矸石层和筛板排入跳汰机的机箱内。要使全部矿粒都能透筛排料，筛孔尺寸必须大于给料中最大矿粒的粒度，但这又易使过多的矿粒由筛面上漏下去，影响床层稳定分层。为了控制透筛速度，既要使全部应该透过的高密度矿粒能够透筛排出，又要防止低密度矿粒混入其中，一般在筛面上人为地铺设一层密度较高、粒度较粗的物料层(称为人工床层)。人工床层一般选用石英或长石颗粒，其粒度为给料最大粒度的 3～4 倍。

对于分选末煤，一般采用人工床层透筛排料，有时将筛上排料与人工床层透筛排料相结合。对于分选不分级煤，不铺设人工床层，而利用跳汰床层本身，在下降流的吸啜作用下，对相对细粒进行透筛排料，大部分重产物则由筛上重产物排料装置排出。

(3) 动筛跳汰机

动筛跳汰机在动力煤选煤厂作为主要分选设备，在炼焦煤选煤厂作为预排矸设备，成为大力发展选煤、提供节能节水的新型分选设备。

动筛跳汰机(图 6-26)主要由盛水的机体 1、带有筛板的筛箱 5、驱动装置 2、双道提升轮 3、排料溜槽 4 等组成。根据驱动装置的不同，动筛跳汰机分为液压驱动式和机械驱动式两类。

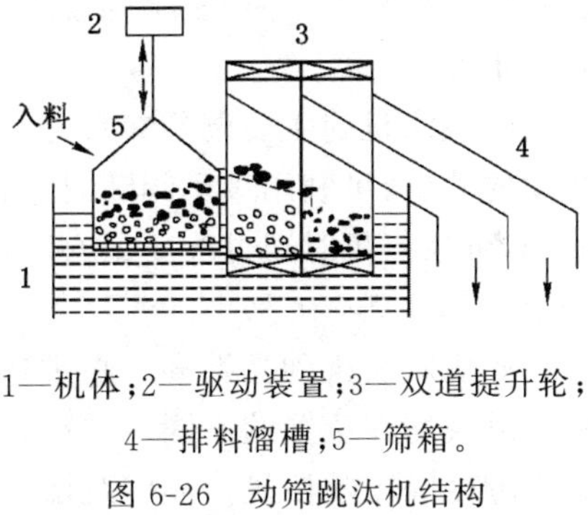

1—机体；2—驱动装置；3—双道提升轮；4—排料溜槽；5—筛箱。

图 6-26　动筛跳汰机结构

动筛跳汰机的筛箱在排料端铰接在固定轴上，其另一端与驱动装置(液压缸或曲柄杆)相连接，由后者带动带有筛板的筛箱上、下摇动。原料由给料端给入，在筛板上铺成床层。当筛箱和筛板向上运动时，物料随筛板上升，物料与筛板没有相对运动，而水介质相对于物料是向下运动的；当筛板快速下降时，物料颗粒因重力和水介质的阻力作用，所产生的加速度小于筛板下降的加速度，水介质形成相对于动筛筛板的上升流，床层因而悬浮，为床层的松散和颗粒的分离创造空间。高密度颗粒首先落到筛板上，而低密度颗粒下降速度较慢而留在上层。当颗粒下降速度小于动筛筛板的下降速度时，物料在水中做干扰沉降，并使床层有足够的松散度和松散时间，实现物料按密度有效分层。由于筛板向排料端倾料，加之上、下振动，所以床层在分离的同时向排料端移动。物料床层经过如此的数次跳动后，当物料移至排料端时，完成了轻重颗粒的分离，即重物料紧贴筛板，而轻物料位于上层。底层的重物料经排料口落入双道提升轮的前段，而上层的轻物料越过溢流堰落入双道提升轮的后段。提升轮是一个转动的大轮子，其中间隔成两部分。每部分都用筛板(提料板)分割成若干隔室，分别用于由水中捞取轻重物料。经双道提升轮脱去水分后，轻重物料卸入各自的排料溜槽中即为轻重两种产物。

动筛跳汰机的箱体结构与筛下空气室跳汰机的基本相同，但煤在动筛跳汰机中受到的脉动动力与筛下空气室跳汰机中所受到的完全不同。当动筛跳汰机工作时，槽体中水流不脉动，直接靠液压驱动机构或机械驱动机构带动筛板在水介质中以排料端为圆心做上、下往复运动，使筛板上的物料形成周期性的松散。动筛入料端行程为 500～200 mm，筛板的运动频率为38～53次/分，可根据不同煤质进行调节。动筛筛板在上升过程中，由于筛板运动快，物料运动慢，煤对于筛板没有相对运动，即物料随筛板以相同的速度做斜向上运动；在筛板下降过程中，由于筛板下降快，物料只受重力和水介质的阻力作用而做垂直向下运动，由于矸石密度大于煤的密度，在下降过程中矸石的速度、加速度大于煤的速度、加速度，这样经过筛板对煤的多次周期作用，煤和矸石在水介质中按密度大小分层，从而达到分选目的，最终煤和矸石分别由提升轮提起排至对应的产品通道中。筛板行程越小、频率越低，物料在动筛内周期性运动次数越多，停留时间越长；反之，物料在动筛内周期性运动次数越少，停留时间越短。另外，有极少部分透筛细粒物料汇集到底部槽体排料口，通过斗子提升机提起或排料仓排出。

为获得纯净的产品，需要控制排矸速度，借以保持筛板上的矸石层厚度稳定。在ROMJIG跳汰机上，利用重量传感器测出重产物的多少，以此调节叶轮转数，用以控制排矸量。在国产液压动筛跳汰机（如TD14/2.8型动筛跳汰机、TD16/3.2型动筛跳汰机）上，在床层中设有浮标，以监测矸石层厚度，调节叶轮转数，控制排矸量。

动筛跳汰机的入料虽然是分级后的块煤，但难免带有少量细粒。这些细粒在跳汰过程中将透过筛板落入筛下，需要单独排放。在ROMJIG跳汰机上，筛下装有交替开闭的板阀，将透筛物排出机外，并用脱水筛脱水。几种国产动筛跳汰机大都采用斗式提升机排出透筛物并脱水。

动筛跳汰机的主要调节参数是筛箱的振幅和频率，这两项参数视原料煤特征而定。液压驱动的装置，可利用液压阀随时进行调节。GDT14/2.5型机械式动筛跳汰机采用曲柄摆杆驱动，可在停机时通过改变偏心距和传动轮尺寸来调节筛箱的振幅和频率。

6.2.2.2　选矿用跳汰机

选矿用跳汰机种类繁多。在重选厂应用较广的是隔膜跳汰机和离心跳汰机。隔膜跳汰机根据隔膜所在位置的不同，可分为上动型（又称为旁动型）隔膜跳汰机、下动型隔膜跳汰机和垂直侧动隔膜跳汰机。隔膜跳汰机的传动装置大多数采用偏心连杆机构，也有采用凸轮杠杆或液压传动装置。

（1）上动型隔膜跳汰机

上动型隔膜跳汰结构见图6-27。它由机架、跳汰室、隔膜室、网室、橡皮隔膜、分水阀、传动装置（偏心机构）和角锥形底箱等组成。电动机通过三角胶带带动主轴旋转，由偏心连杆机构传动使摇臂摇动，于是两个连杆带动两室隔膜做交替的上升下降往复运动，迫使跳汰室内的水也产生上下交变运动。跳汰室共有两个。给料经第一室分选后再进入第二室分选。每个室的水流分别由设在旁侧的隔膜推动运动。隔膜呈椭圆形，借周边的橡皮膜与机体连接，将水密封。在隔膜的下方设有筛下补加水管。补加水量由阀门控制。隔膜的冲程和冲次均可由传动系统根据需要调节。

跳汰机的隔膜面积与筛网面积接近。机械冲程与脉动水的实际冲程相差不大。分选粒度上限可达到12～18 mm，处理的粒度下限约为0.2 mm。隔膜位于跳汰室的旁侧，压水时容易引起水速分布不均。因此跳汰室的宽度不能太大，一般不超过600 mm。

（2）下动型隔膜跳汰机

下动型隔膜跳汰机结构见图6-28。该跳汰机的传动装置安装在跳汰室下方。隔膜呈圆锥状，借环形橡皮膜与跳汰室连接。电动机及胶带轮设在设备一端，通过杠杆推动隔膜上

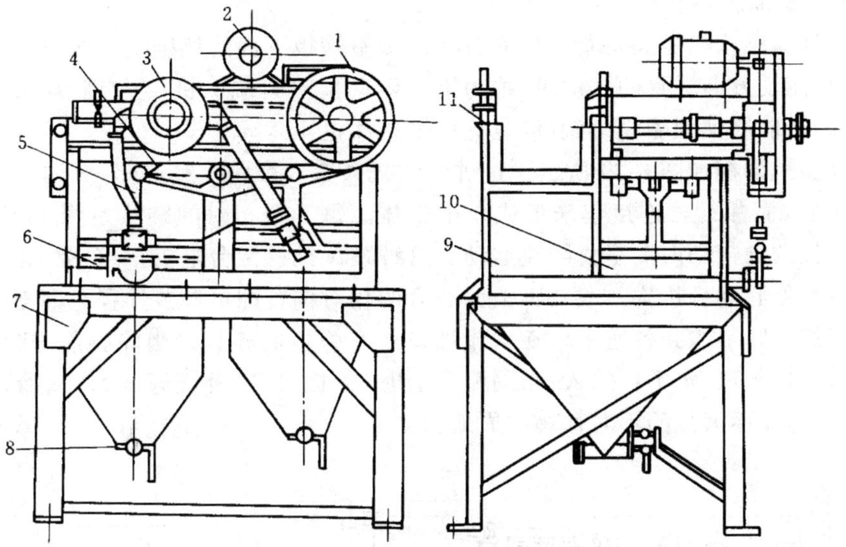

1—传动部分；2—电动机；3—分水阀；4—摇臂；5—连杆；6—橡皮隔膜；
7—机架；8—排矿阀门；9—跳汰室；10—隔膜室；11—网室；12—角锥形底箱。

图 6-27　上动型隔膜跳汰机

下运动，在跳汰室产生脉动水流。跳汰机没有单独的隔膜室，占地面积小。下部圆锥形隔膜的运动直接指向跳汰室，水速分布较均匀。但隔膜承受着整个设备内的水和筛下精矿的质量，负荷较大。受隔膜形状限制，机械冲程只能调到 20～22 mm。隔膜断面积也小，冲程系数只有 0.47 左右。跳汰室内脉动水速较弱，对粗粒床层松散较困难。这种跳汰机不适于处理粗粒原料，一般只用于分选小于 6 mm 的中、细粒级矿石。传动机构设置在设备下部，容易遭受水砂侵蚀，这是这种设备的主要缺点。

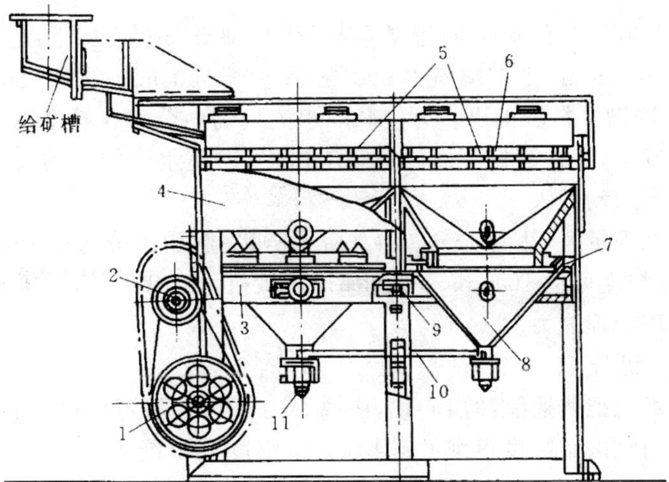

1—胶带轮；2—电动机；3—活动机架；4—机体；5—筛格；6—筛板；7—隔膜；
8—可动锥底；9—支承轴；10—弹簧板；11—排矿阀门。

图 6-28　下动型隔膜跳汰机结构

(3) 侧动型隔膜跳汰机

侧动型隔膜跳汰机的隔膜垂直地安装在跳汰室筛板下面的侧壁上。按隔膜的运动方向区分,与矿浆流动方向一致的跳汰机,称为纵向侧动型隔膜跳汰机;与矿浆流动方向垂直的跳汰机,称为横向侧动型隔膜跳汰机(也称梯形跳汰机)。

梯形跳汰机结构如图 6-29 所示。这种跳汰机共有 8 个跳汰室,分为 2 列,每列 4 个室。2 列跳汰室背靠背用螺栓连接起来形成一个整体。每 2 个相对的跳汰室为 1 组,由 1 个传动箱伸出通长的轴带动两侧垂直隔膜运动。这种跳汰机设两台电机,每台驱动两个传动箱。传动箱内装有偏心连杆机构。改变轴上偏心套的相对位置即可调节冲程。筛下补加水由两列设在中间的水管引入到各室中。在水流进口处有弹性的盖板。当隔膜前进时,借水的压力使盖板遮住进水口,水不再给入;当隔膜后退时,盖板打开,补充筛下水,从而造成下降水速弱、上升水速又不太强的不对称跳汰周期。

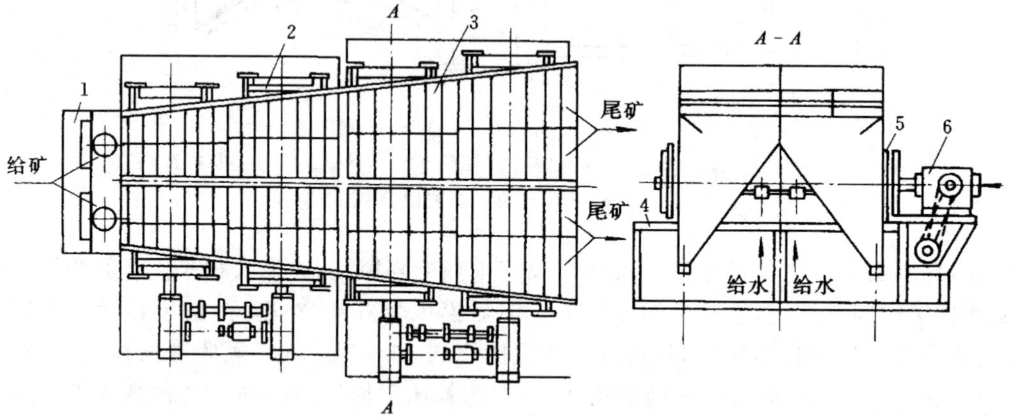

1—给矿槽;2—中间轴;3—筛框;4—机架;5—隔膜;6—传动箱。

图 6-29　梯形跳汰机结构

梯形跳汰机的筛面自给矿端向排矿端扩展,呈梯形布置。梯形跳汰机工作面积很大。一台给矿端宽 1 200 mm,排矿端宽 2 000 mm,长 3 600 mm 的跳汰机,总面积达到 5.76 m^2。重产物采用透筛排料法排出。为使脉动水流均匀地分布在整个筛面上,隔膜与筛板间保持着一定的高度差,并在筛板下面设置倾斜挡板,以使水流的流动长度大致相等,避免靠近隔膜的部分床层鼓动过大。

梯形跳汰机处理量大,达到 15～30 t/(台·h),一般用于分选－6 mm 的钨、锡、金、铁、锰矿石,最大给矿粒度可达 10 mm。一台梯形跳汰机可以代替 10～14 台摇床,大幅度地提高选矿厂单位面积处理能力。

(4) 离心跳汰机

离心跳汰技术是把普通跳汰离心化,用离心力场代替重力场进行轻重矿物颗粒分选的选矿技术。为了回收嵌布粒度很细的矿物,磨矿细度要求绝大部分为－74 μm。事实上对于－74 μm 矿粒,由于黏滞阻力增加和沉降速度下降,轻、重矿粒沉降速度减小,在普通重力场中很难分选甚至不能分选。在离心力场中,由于作用在矿粒上的离心力比重力大几十倍甚至几百倍,足以克服在重力场中相对很大的黏滞阻力,增加矿粒沉降速度及轻重矿粒沉降速度差,所以在重力场中不能分选的细粒矿物得以分选。

离心设备主要有云锡式离心选矿机、射流式离心选矿机、尼尔森离心选矿机、MGS 多重力分选机等。这些设备都能够有效分选细粒级矿物。射流式离心选矿机的回收下限可达 5 μm。但这些设备属“流膜选矿”，处理量低。离心跳汰机属“体积”分选，单位面积处理量大大提高。

凯尔西式离心跳汰机结构见图 6-30。给矿料流通过固定的中间管向下给入，给料分配到由圆筒筛支撑的碎石床层上，圆筒筛与马达同轴旋转。凸轮机构推动脉动臂和橡胶隔膜产生脉动水流。筛下水箱中的水使碎石床层流态化，进而实现给料的分层。比床石密度大或与之相等的矿粒在沉降或碎石床层空隙吸啜机理作用下通过床层，所受的力在较大的重力下得到加强。较重的矿粒通过中间筛到达精矿箱，然后通过套管到达精矿溜槽中，而较轻的矿粒通过床石的固定环进入尾矿溜槽排出。轻矿物从柱体上部排出，重矿物必须通过筛网脱离分选再经排矿嘴排出。

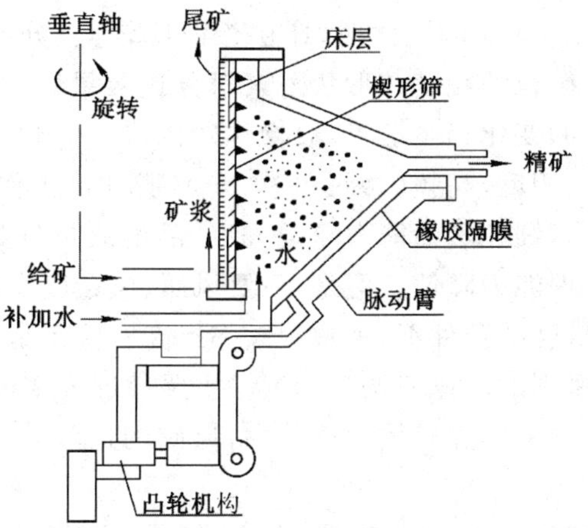

图 6-30　凯尔西式离心跳汰机侧边腔体结构

6.3　跳汰机操作工艺与制度

6.3.1　跳汰过程影响因素

影响跳汰过程的因素有很多，主要包括物料性质、机械结构、操作因素等。对于一定的物料和跳汰机，确定合理的操作工艺和制度是获得良好分选效果的保证。

6.3.1.1　给料控制

跳汰机入料性质的波动及给料量的变化，对跳汰机的工艺效果都有直接的影响。控制给料，就是指入料性质变化尽量小。给入跳汰机的原料应均质化；给料速度要均匀，不可忽高忽低。

选煤厂可能分选几个矿井的原煤，或者分选性质相差较大的几个煤层的原煤。应采取措施实现入选原煤均质化(即配煤入选)。这不但有利于用户质量指标的标准化，而且有利于选煤厂入选原煤的水分、粒度及含矸量等原煤特征的标准化。对于跳汰机，控制好入料的质量、数量，可以保证分选过程的稳定性，减少设备过载或负荷不足的现象，提高分选效率。各种配煤组分，按一定比例掺混，可提高经济效益。

选前使入料性质均质化，给料速度均匀，为跳汰床层的稳定提供可靠的保证。此外，沿跳汰机入料宽度上，物料应均匀分布，不然造成床层局部厚薄不均，松散状况各异，也将影响分选效果。应注意伴随物料给入的冲水，一定要使原煤预先润湿。

6.3.1.2　频率和振幅选择

频率和振幅是跳汰过程的重要参数。

跳汰脉动水流的振幅决定床层在上冲期间扬起的高度和跳汰床层的松散条件。床层必须扬起的高度主要与给料的粒度及床层的厚度有关。粒度大、床层厚，就要求床层扬起的高度大，所以要求有较大的水流振幅。

对于无活塞跳汰机，在风压不变的条件下，降低频率，脉动水流的振幅增大，床层松散度也加大。

用低频(35～40 次/分)大振幅跳汰时，床层松散度较大，分层较快，故跳汰机的处理量增加。但此时速度因素、矿粒的粒度和形状因素对分选效果影响较大，而且因频率低，操作时，对风水制度和给料量的变化相当敏感，故操作较困难。低频、大振幅跳汰只适用于分级块煤分选或易选煤分选。相反，高频(50～60 次/分)跳汰时，工作稳定，加速度因素影响大，粒度和形状因素影响减弱，细粒透筛能力较强，故产品的质量好且稳定。但因松散度减小，分层速度减慢，跳汰机处理能力降低。但是，只要风压、风量以及风阀构造等条件许可，在能够达到所需要的床层松散度的条件下，把跳汰频率提高一些还是有好处的。

频率只能通过改变风阀的转速来调整。振幅主要通过改变风压，风量(调节风门)，风阀的进气孔、排气孔面积及频率等加以控制。其中，风阀的进气孔、排气孔面积因风阀结构的不同而不同。

滑动式风阀跳汰机的频率为 50～70 次/分；旋转式风阀跳汰机的频率为 40～90 次/分。用旋转式风阀跳汰机分选小于 50 mm 的不分级煤时，频率为 30～60 次/分，振幅为 80～120 mm。

6.3.1.3　风量和水量配合使用

应根据所要求的床层松散度调节用风量。第一段的风量要比第二段的风量大一些。各段各分室的风量由入料到排料依次减少。有时为了加强第二段中间分室的吸啜分层作用及细矸石的透筛作用，风量可适当增大一些。

跳汰机配套风机的风量指标见表 6-2。通常侧鼓式跳汰机的风压为 0.018～0.025 MPa；筛下空气室跳汰机的风压为 0.025～0.035 MPa。

表 6-2　跳汰机风机的风量指标

机别		单位面积筛面空气消耗量/$m^3\cdot(m^2\cdot min)^{-1}$
筛下空气室跳汰机		5～6
筛侧空气室跳汰机	混合入选	5～6
	选块煤	5～6
	选末煤	3～4

跳汰机用水包括筛下顶水和冲水。冲水的用量一般以给料口的原料能完全润湿为准。冲水的用量占总水量的20%～30%。筛下顶水用量占总水量的70%～80%。前段的筛下顶水将成为后段的运输水。筛下顶水的作用主要是补充筛下水量的短缺,减小跳汰室和空气室之间在工作时的液位差,增加空气室内压缩空气的有效压力。筛下顶水所形成的上升流速很小,在0.5～1.5 cm/s范围内,不会明显地改变脉动水流的上升最大速度和下降最大速度。但筛下顶水减小了跳汰室和空气室之间的液位差,使脉动水流上升时提早开始,下降时提前结束,因而增强了上升水流的作用,减弱了下降水流的作用。增加筛下顶水用量,能提高床层松散度,减弱吸啜作用和降低细粒物料的透筛量。分选0～50(或60)mm不分级原煤时,水耗量为2～3.5 m^3/(t原煤);分选块煤时,水耗量为4～5.5 m^3/(t原煤)。在筛下顶水分配上,第一段用量比第二段用量大。而且各段的各分室的水量分配通常也是由入料端到排料端依次减少的。

风量和水量的正确配合使用,对分选过程极为重要。虽然在一定范围内增加风量或增加筛下补充水都能提高床层松散度,但是增加风量能提高下降期的吸啜作用,而增加水量却减弱吸啜作用。在实际操作中应根据具体情况和工作经验灵活运用。

6.3.1.4　风阀周期特性

脉动水流特性主要取决于风阀周期特性。应根据分选物料的性质(粒度和密度组成)和风阀结构的特点选择风阀周期。滑动式风阀(立式风阀)的工作周期几乎是固定的,不易调整。旋转式风阀(卧式风阀)工作周期有一定的调节范围,可以根据需要选择合理的风阀周期,使每次脉动水流有利于按密度分层的过渡阶段得到充分利用。

选择卧式风阀周期的原则是:保证床层在上升后期维持充分松散的条件下,尽量缩短进气期,延长膨胀期,使之有一个足够的排气期。同时由于跳汰机第一段的床层厚且重,所以第一段的进气期通常比第二段的长一些,而第一段的膨胀期却要比第二段的短一些。选择风阀周期可参考表6-3。

表6-3　分选各种粒度原煤的风阀周期

煤种	块煤	末煤	不分级煤
进气期/(°)	140～200	110～140	125～160
膨胀期/(°)	0～63	55～110	35～90
排气期/(°)	约160	140～165	145～165

在实际操作时应该注意:(a)在同一段中,各分室的风阀周期特性要保持一致,否则床层运动不协调。(b)注意检查旋转风阀的旋转方向是否正确。正确的旋转方向,能产生正确的周期,即进气-膨胀-排气;相反的旋转方向,则会产生错误的周期,严重影响产品的质量和跳汰机的处理量。

电磁式风阀调整灵活,可以根据工作需要迅速调整风阀的周期。为了自动控制跳汰周期,出现广泛采用电磁式风阀的趋势。

6.3.1.5　*床层状态*

床层的运动状态决定着矿粒按密度分层的效果。

床层愈厚,床层松散所需的时间愈长,分层时间也愈长。床层太厚时,在风压或风量不足的情况下，不容易达到要求的床层松散度。床层减薄能增强吸啜作用，有利于细粒级的分选并能得到比较纯净的精煤。但是若床层太薄，则吸啜作用过强，精煤透筛损失将增加，床层不稳定，操作困难。

在实际生产中，床层厚度 H 和入料最大粒度 d_{max} 的关系可参考下面经验数据来确定。

① 块煤时，有

$$H=(5\sim10)d_{max}$$

② 末煤时，有

$$H=(10\sim20)d_{max}$$

采用无活塞跳汰机分选 0～50 mm 粒级煤时，床层的厚度一般为 400～500 mm。

在某一具体条件下所需要的床层松散度，应该通过试验确定。提高床层松散度可以提高分层速度，但又增加矿粒粒度和形状对分层的影响，不利于矿粒按密度分层。所以分选不分级(或宽分级)煤时，床层的松散度要小一些，一般在 0.4～0.55 之间。床层松散度一般都是用探杆凭经验探测的。床层松散度的要求：在上升水流后期整个床层都能达到适度的松散。矸石层松散不好，床层过死或跳汰机上部出现硬盖物料没有分层，都将严重影响产品的质量。出现这些情况时，应采取相应的措施，改善床层松散状况。

通过调整筛板倾角和风水量可以控制床层水平移动速度，使它与床层按密度分层速度相适应，使物料到达排料闸门时应按密度分好层次；并使矸石床层和中煤床层的水平移动速度与原煤中矸石和中煤的含量相适应，以保持适当的重产物床层厚度，创造一定的分选条件；同时沿宽度和长度各点上的水平移动速度也应基本一致，否则会造成床层局部薄厚不均匀，松散不均匀，以致破坏矿粒按密度分层。

6.3.1.6　*产物的排放、分离*

按密度分好层次的床层，应及时地、连续地、合理地排出跳汰机。应该使重产物的排放速度与床层分层速度、矸石(或中煤)床层的水平移动速度相适应。如果重产物排放不及时，产生堆积，就会污染精煤，影响精煤质量；如果重产物排放太快，就会出现矸石(或中煤)床层过薄，甚至排空情况，使整个床层不稳定，从而破坏分层，增加精煤的损失。

许多选煤厂在跳汰机矸石段采用“大排矸”的经验收到了较好的效果。“大排矸”即在保证矸石中的精煤损失不超过规定指标的条件下，矸石段排矸量要彻底，使排矸量达到入选矸石量的 70%～80%，从而改善跳汰机第二段的分选条件，以提高精煤质量和精煤产率。一般情况下，6 mm 以上的矸石排出率容易达到要求，因此要着重提高 6 mm 以下矸石排出率。

使用自动排矸的跳汰机，正确地调定自动排矸装置具有重要意义。垂直闸门的开启高度为最大块矸石直径的 1.5～2 倍，其开得太大容易损失精煤。使用浮标检测装置，应正确地调定浮标的密度，使浮标的实际密度比该段的分选密度低 0.1～0.15 g/cm^3，而且体积大的浮标密度可调低些；体积小的浮标密度可调高些。使用测压管检测装置时，要注意保护和调定八字形电极，保持测压管内的水位高低与信号电流之间的线性关系。不管使用何种型式的自动排料装置，都要正确地调定其执行机构的排料速度，使重产物床层的厚度减薄到接近垂直闸门开启高度时即停止排料。例如，若采用浮标棘轮棘爪自动排矸装置时，要按要求调整拉杆长度和摇摆头的偏心距；若采用测压管可控硅自动排料装置时，需注意调定测压管内电极的高度位置和排矸轮的转速等。只有经过正确的参数调定，才能达到理想的效果。

6.3.2　跳汰机工艺控制

跳汰机工艺控制需要考虑的因素也有很多。

(1) 电磁风阀的控制

电气控制系统在跳汰机工作中占有重要地位。通过电气控制系统对跳汰机各种参数的进行控制，可以获得理想的分选效果。

如图 6-31 所示，电磁风阀主要由电磁换向阀、气缸和盖板等组成。电磁换向阀是实现风阀控制的关键。它接通（ON）或关断（OFF）电源决定了高压风进入气缸活塞的上部或下部，驱动活塞向下或上运动，实现关闭或打开盖板。

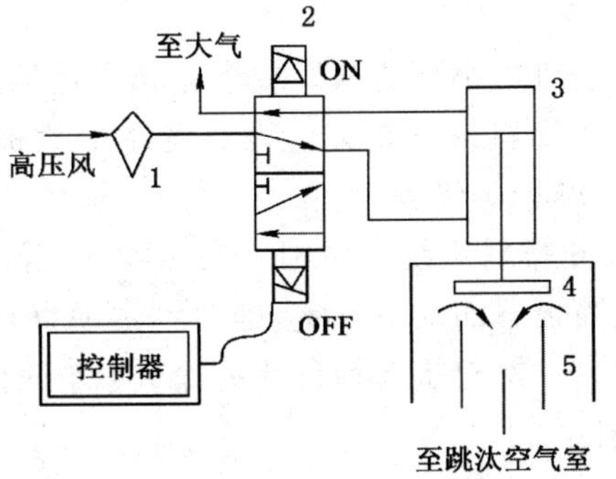

1—气源三联体；2—电磁换向阀；3—气缸；4—盖板；5—低压风箱。

图 6-31　电磁风阀控制原理

电磁换向阀按线圈的工作电压分直流型（DC 24 V）和交流型（AC 220 V）。当电磁换向阀得电时，电磁换向阀的阀芯移动，高压风经过气源三联体和电磁换向阀的气路，进入气缸活塞的下部，使气缸的活塞向上运动，从而打开盖板，低压风进入空气室。同理，当电磁换向阀失电时，电磁换向阀的阀芯复位，高压风经过气源三联体和电磁换向阀，进入气缸活塞的上部，使气缸的活塞向下运动，关闭气缸盖板，阻断低压风与空气室的通路。

跳汰机共有 5 个空气室。每个空气室包括一个进气电磁风阀和一个排气电磁风阀。它们的结构与图 6-31 所示的完全相同，其不同之处在于两者工作的环境不同。进气电磁风阀的风箱与工作风风包相连，而排气电磁风阀的风箱通过排风管引至厂外。一台跳汰机包括 10 个电磁风阀（新型跳汰机只有 4 个）。它们的有序工作能够产生一定波形的脉动水流，从而形成跳汰机空气室的进气期、膨胀期、排气期和压缩期，为物料的分层和换位创造条件。

跳汰机电磁风阀数控器的电路原理如图 6-32 所示。频率和各室的跳汰周期参数（进气期、膨胀期、排气期和压缩期）由数码管显示，并可以通过键盘直接修改和调整。频率为 30～70 次/分，可调整；跳汰周期为百分制，在 0～50 之间，可调整。进气阀开、关和排气阀开、关可以任意安排，以适应不同的跳汰制度需要。

(2) 排料的控制

按照排料机构的不同，跳汰机排料控制包括电机排料控制和液压排料控制两种。实现跳汰机自动排料的控制装置主要有三种类型。第一种是可编程序控制器（PLC）。其可靠性好，但价格较贵，而且需要配专门的显示仪器，比如触摸屏。第二种是工业控制计算机。其

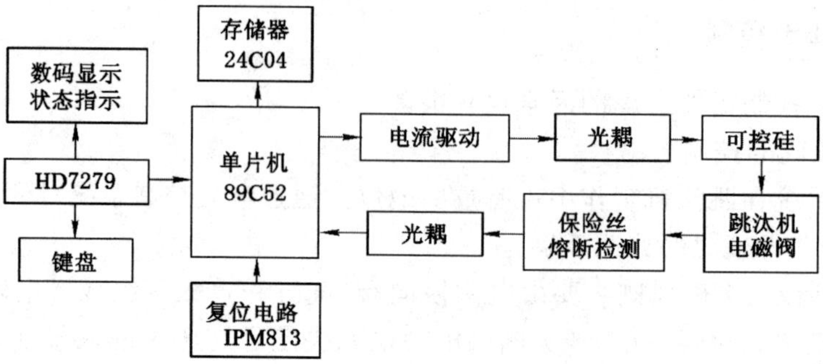

图 6-32　电磁风阀数控器电路原理

价格也较贵。这两种控制装置对中小型选煤厂或个体私有选煤厂来说难以接受。第三种是一种性价比很高的跳汰机液压排料控制装置。该装置用单片机作为 CPU，具有体积小、可靠性高、操作简单方便和易于维护等优点。

图 6-33 所示为跳汰机液压排料系统。由图 6-33 中可以看出，物料进入跳汰机后，风阀机构控制高压风进出跳汰机筛板下面的空气室，推动水做垂直升降运动，而物料在脉动水流的作用下也做上下起伏运动。一次起伏运动称为一个跳汰周期。经过多个跳汰周期后，物料向前移动，并按照密度分层。

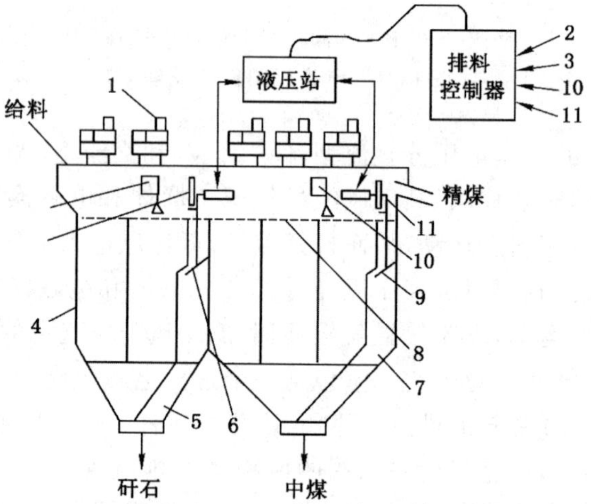

1—风阀；2—矸石段浮标传感器；3—矸石段闸板开度传感器；4—机体；5—矸石排料道；
6—矸石排料闸板；7—中煤排料道；8—筛板；9—中煤排料闸板；
10—中煤段浮标传感器；11—中煤段闸板开度传感器。

图 6-33　跳汰机液压排料系统

在分层过程中，细的重颗粒由于床层在下降期的吸啜作用而透过筛孔进入下机体，粒度较粗的重颗粒则移动到矸石段或中煤段的排料口，分别从排料道排出。

排料量的多少与排料道里的排料闸板的开口有关。排料闸板通过连杆机构与液压油缸相连。改变液压油缸里油进出的方向来实现排料闸板的上升或下降，而液压油缸里油进出的方向可以通过通电或断电磁换向阀来改变油路的方向。当排料闸板上升时，排料口减小，排料量也变小；同样，当排料闸板下降时，排料口增大，相应的排料量也加大。

在实际生产过程中，排料量的大小应该与工艺配合才能获得良好的产品质量。同时，为了消除人为因素对分离效果的影响，常采用自动排料。

图6-34所示为液压排料控制装置电路原理。

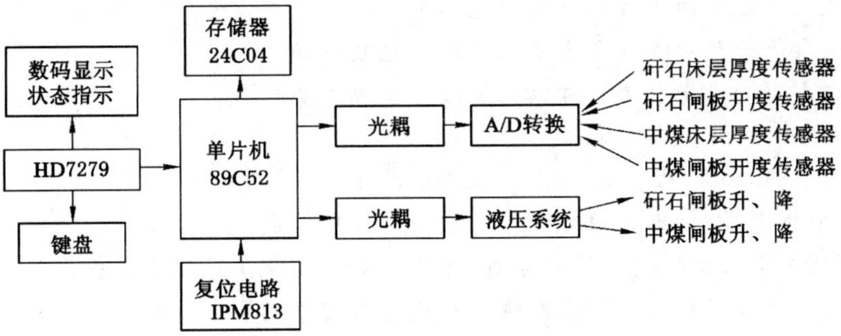

图6-34 液压排料控制装置电路原理

(3) 给料量的控制

跳汰机给料使用的是电磁振动给煤机，如图6-35所示。它主要由给料槽和电磁振动器组成。电磁振动器主要包括电磁线圈、铁芯、衔铁和壳体等。线圈、铁芯、壳体和部分板弹簧的总体(质量为M_1)与槽体、衔铁和部分板弹簧的总体(质量为M_2)，通过板弹簧组弹性地联系在一起，构成了一个双质体振动系统。

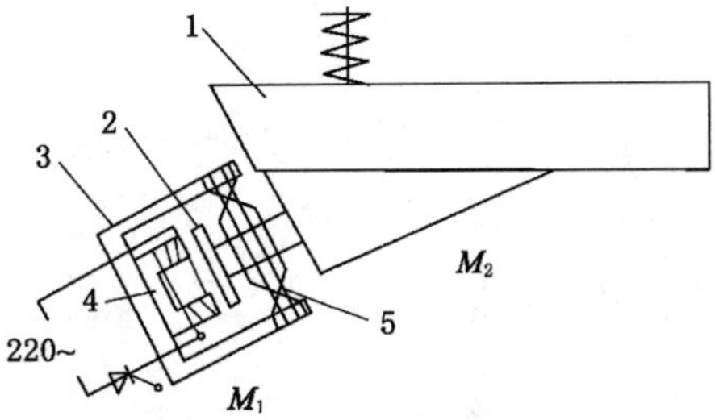

1—槽体；2—衔铁；3—壳体；4—铁芯；5—板弹簧组。

图6-35 给煤机结构

单相交流电经可控硅半波整流后向电磁线圈供电。在正弦交流电的正半周，有电压加在线圈上，从而在铁芯和衔铁之间产生脉冲电磁力，使板弹簧组产生弹性变形，铁芯和衔铁产生相对运动，此时板弹簧组储存势能。在正弦交流电的负半周，板弹簧组释放能量，铁芯和衔铁向相反方向运动。这样双质体振动系统以交流电的频率做往复振动。

通过调节可控硅的导通角，可以改变加在线圈上的电压大小，产生的脉冲电磁力也随着变化，从而达到调节振动量和实现无级调节给料量的目的。

到现在为止，跳汰选矿已有500多年的历史。随着选矿技术的发展，跳汰机的研制方面逐步得到改进和完善。从筛侧空气室式(侧鼓式或鲍姆式)跳汰机到筛下空气室式跳汰机，单机处理量有了较大突破——每台跳汰机每小时处理量由原来的几吨、几十吨发展到如今的几百吨。在一定的跳汰理论指导下，无活塞跳汰机风阀的结构得到改进，由原来的滑动式风阀（立式风阀）改为旋转式风阀（卧式风阀），再到现在广泛使用的数控气动电磁风阀，使跳汰机内脉动水流的运动更趋于合理。跳汰选矿具有系统简单、操作维修方便、单机处理员大、产品多和生产成本低等优点，是处理粗、中粒矿石的有效方法。

思考题

6-1 简述跳汰选矿的优缺点及应用范围。

6-2 简述跳汰过程中垂直交变流的运动特性及作用。

6-3 矿粒在垂直交变水流中可以建立以下运动微分方程：

$$\frac{\mathrm{d}v}{\mathrm{d}t}=\frac{\delta-\rho}{\delta}g-\frac{6\varphi v_{\mathrm{c}}^{2}\rho}{\pi\delta d_{\mathrm{V}}}+\frac{\rho}{\delta}\dot{u}-j\,\frac{\rho}{\delta}\,\frac{\mathrm{d}v_{\mathrm{c}}}{\mathrm{d}t}$$

（1）分析上式，指出矿粒运动加速度由哪几项组成。

（2）试对上式诸项进行简要分析，并指出如何使跳汰过程更突出体现按密度分层。

6-4 跳汰分选过程的影响因素有哪些？简述各因素的影响情况。

6-5 简述常用跳汰机类型。

6-6 简述筛下空气室跳汰机的基本结构及工作过程。

6-7 简述动筛跳汰机的工作原理、特点、分类。

6-8 简述隔膜跳汰机的类型及特点。

第 7 章 斜面流选矿

本章概要 介绍溜槽选矿、螺旋选矿、离心选矿、摇床选矿的基本原理和相应分选设备的基本结构、工作过程等。

7.1 溜槽选矿

溜槽选矿是利用沿斜面流动的水流进行选矿的方法。在溜槽内,不同密度的矿粒在水流的流动动力、矿粒重力(或离心力)、矿粒与槽底间的摩擦力等作用下发生分层,密度大的矿粒集中在下层,以较低的速度沿槽底向前运动,在给矿的同时排出槽外(这种溜槽称为无沉积型溜槽),或者是滞留于槽底(这种溜槽称为沉积型溜槽),经过一段时间后,间断地排出槽外;密度小的矿粒分布在上层,以较大的速度被水流带走。由此,不同密度的矿粒在槽内得到了分选。

根据处理物料的粒度,可把溜槽分为粗粒溜槽和细粒溜槽两种。粗粒溜槽用于处理 2～3 mm以上的物料,选煤时给料最大粒度可达 100 mm 以上。细粒溜槽常用来处理 2 mm 以下的物料;用于处理 2～0.074 mm 物料的称为矿砂溜槽,用于处理－0.074 mm 物料的称为矿泥溜槽。

粗粒溜槽主要用于分选含金、铂、锡及其他稀有金属的砂矿。粗粒溜槽工作时,槽内的水层厚度达 10～100 mm,水流速度较快,给料最大粒度可达数十毫米。粗粒溜槽的槽底装有挡板或设置粗糙的铺物。

细粒溜槽的槽底一般不设挡板,仅有少数情况下铺设粗糙的纺织物或带格的橡胶板。细粒溜槽工作时,槽内水层厚度大时为数毫米,小时仅有 1 mm 左右;矿浆以比较小的速度呈薄层流过设备表面。细粒溜槽是处理细粒和微细粒级物料的有效设备,因而在生产中得到非常广泛的应用。

溜槽类分选设备的突出优点是结构简单,生产费用低,操作简便,特别适合处理高密度组分含量较低的物料。

7.1.1 选矿溜槽

选矿溜槽主要用于分选金、铂等金属。常用的类型有固定挡板溜槽、覆面溜槽、振动溜槽和胶带溜槽。固定挡板溜槽的结构见图 7-1。它由料斗、筛板、喷水管、挡板(溜槽)和槽框等组成。溜槽的倾角为 3°～15°,长度为 5～15 m,宽度视处理量而定。槽底铺有淘金草、增金草、金毡、粘金布或粘金草等,其上压有溜格。物料给入料斗后,经过筛分并加高压喷水，洗掉矿泥，筛上物进入溜槽段；在水流作用、重力、矿粒与槽底间的摩擦力等联合作用下，不同密度的矿粒松散分层，密度大的沉积在槽底成为精矿，密度小的从槽面流出成为尾矿。溜槽为间歇作用。当精矿沉积到一定高度时要停止给矿，清出精矿。溜槽倾角，矿浆浓度和流速，溜格的材质、高度和分布密度将影响选矿回收率。

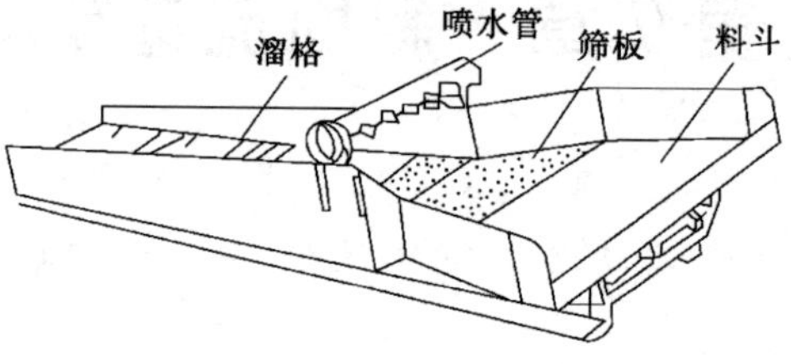

图 7-1　固定挡板溜槽

7.1.2　选煤溜槽

溜槽选煤所用的设备称为选煤溜槽。选煤溜槽分为块煤溜槽和末煤溜槽。目前，块煤溜槽还在使用；末煤溜槽由于结构复杂、操作困难，已不再使用。

选煤溜槽主要应用于粗、中块(10～100 mm)的无烟煤及烟煤的分选，分选末煤用得较少。用于分选 60(或 50)mm 以下的不分级原煤分选时，需要将精煤产物中所含的不合格的粒级筛出，送入末煤溜槽或跳汰机中再选。

7.1.2.1　块煤选煤溜槽构造

块煤选煤溜槽结构见图 7-2。它由槽身 1、2、3、4 及排料箱 5、6 组成。槽身断面为矩形或梯形，槽面里面衬以耐磨衬板。在水槽头部有主水管，在每个排料箱下接有顶水管，排料箱 5、6 分别与产物脱水斗子提升机 7、8 连接在一起。

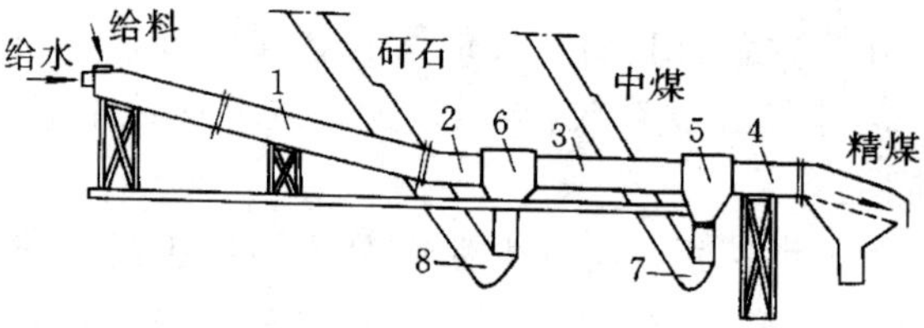

图 7-2　块煤选煤溜槽结构

排料箱构造见图 7-3。排料箱的上口与溜槽槽底相接，下口与脱水斗子提升机相接。在排料箱内沿流动方向装有一块倾斜板，在倾斜板对面设有角板闸门。借助手柄可改变角板闸门的位置和排料口的大小。从倾斜板给入顶水，以阻止轻产物进入排料口，并使其沿溜槽继续向前移动。顶水能够改善物料的松散状况，促进物料在继续运动中按密度分层。在倾斜板下部和角板闸门之间装有扇形闸门，用以控制重产物的排放速度。在扇形闸门上开有许多孔，使顶水能够通过。扇形闸门装在一根水平轴上，轴的一端与带重锤的杠杆相连。轴另一端用铁链悬挂在上下摆动的杠杆机构上，使扇形闸门往返摆动。调节扇形闸门摆动幅度、摆动次数及角板闸门的位置，都可以改变重产物的排放速度。

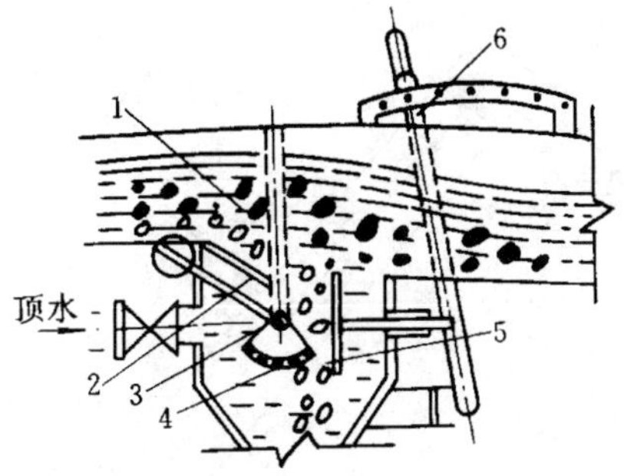

1—外壳；2—倾斜板；3—小轴；4—扇形闸门；
5—角板闸门；6—手柄。

图 7-3　排料箱结构

7.1.2.2　选煤溜槽分选原理

选煤溜槽是利用煤和矸石在斜面水流中运动的速度差进行分选的。煤和水一起从溜槽头部给入，由于槽身第一段倾角较大（$\alpha=13°$），煤和矸石都具有较大速度。在第一段槽身，矸石很快沉落到槽底，在流变层中缓慢移动；当物料进入到平缓的第二段槽身后，矸石的速度更加缓慢，并逐渐堆积起来形成矸石床层，矸石床层继续向前移动，到达矸石排料口时排出槽外。在矸石床层以上的轻产物则以较快的速度随水流越过矸石排料口继续向前移动，进入第三段槽身。在第三段槽身中重复上述分层过程，中煤很快落入槽身流变层中，并从第二个排料箱中排出；精煤随水流越过中煤排料箱进入溜槽的第四段，随后经过脱水筛排出溜槽。

7.1.2.3　选煤溜槽分选影响因素

（1）给煤

给入的原煤数量和质量应保持稳定。给料要沿槽宽均匀分布，否则会出现跑偏现象，破坏正常分层。

（2）冲水

从溜槽头部给入的冲水决定着矸石床层的长度和厚度。矸石床层的起点可由水流浪花的位置看出，其厚度可用探杆探测。矸石床层厚度一般为 200～300 mm。

（3）顶水

顶水太大时，重产物容易混入中煤和精煤中，分选下限提高。顶水太小时，选煤槽的生产率降低，轻产物易落入排料箱中，轻产物损失增加。

（4）排料

在扇形闸门和角板闸门之间经常充满重产物。角板的位置、扇形闸门的摆幅和频率都应调节适当，使重产物的排放量与其在入料中的含量相适应。重产物排放量太小，精煤就会受到重产物的污染；重产物排放量太大，床层会变薄，将增加精煤在矸石中的损失。

7.1.3　斜槽分选机

斜槽分选机是一种新型重力选煤设备。

7.1.3.1　槽体结构

斜槽分选机（图 7-4）槽体断面为矩形，其整机由钢板焊接而成，分上、中、下三段（也称为轻产品段、入料段和重产品段）。在上段、下段的槽体中各设一块带有若干隔板的调节板。每块调节板的位置可根据工艺要求通过与之相连的调节机构进行调整。调整调节板的位置，可以改变槽体内工作区的断面，从而造成适宜湍流度的上升流。被选物料进入槽体中段后分成两股物料流：轻产物由分选介质流带入上段，进一步分选后排出槽体，重产物克服与之相逆的水流进入下段，由脱水斗式提升机运出。

7.1.3.2 分选原理

水流以一定压力和流量从槽体底部给入，被选物料从槽体中部进入。在逆向上升水流作用下，颗粒运动方向取决于水流上升速度和颗粒下降速度。密度大的颗粒下降速度大于水流上升速度，于是这些颗粒向下沉降，由斗式提升机排出；密度小的颗粒下降速度小于水流上升速度，于是这些颗粒被水流向上托起，从上部轻产品口排出。槽体内隔板的存在使水流速度局部增加，在隔板间产生涡流，松散物料。调节板由多块隔板组成，可使物料流沿槽体长度发生周期性的松散、密实，这样就把混杂在其中的错配物部分地释放出来，保证了最终产品的质量。

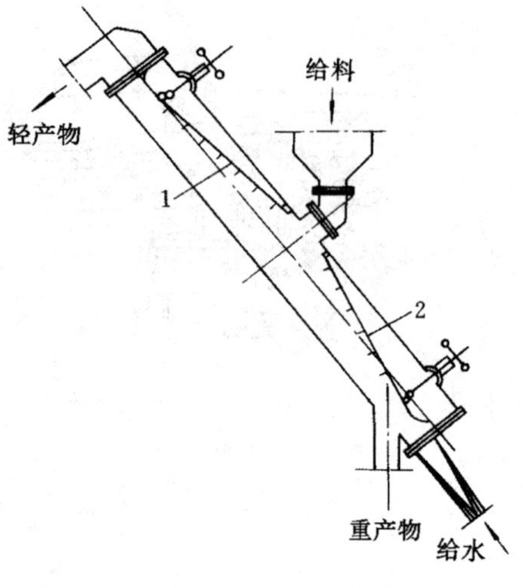

1—上调节板；2—下调节板。

图 7-4 斜槽分选机结构示意图

7.1.3.3 斜槽分选机工艺操作

(1) 调节用水量

调节用水量，实际上是改变输送介质流的速度，以造成适宜的湍动流。调节用水量包括调节从槽体下部给入的水量和同原煤一起进入槽体的水量。前一种水量决定重产品段的水流速度；前后两种水量共同决定轻产品段的水流速度。这两种水量应与重产品段和轻产品段通过能力相适应，以保证工作区内分选密度的相对稳定。

入料稳定时，正常用水量为 3.5～4 m^3/t，入料波动程度较大时，用水量应加大到 5～6 m^3/t。

(2) 变换调节板位置

改变调节板位置，实际上是改变槽体内部通流区的断面大小，从而改变轻、重物料流之间的接触面积，以利于各密度级物料朝着各自密度区运动，并改变轻、重产品的排料量。一般而言，斜槽用于排矸时，为了减少煤的损失，主要调节下调节板，以控制矸石排料的质量和数量。

在正常生产情况下，需根据产品质量的变化情况，略加调节用水量或改变调节板位置。当矸石产品中带煤量较大时，可适当加大顶水量或下调下调节板，减小矸石排放口；上提上调节板，扩大轻产品排放口；减慢矸石排放速度，增加其他密度级物料从中分离出来的几率。若精煤产品受污染过多，则减少进水量或下调上调节板，上提下调节板，加速矸石排放，防止重产物过多地进入精煤产品中去。

7.1.3.4 分选效果

XSF500×600 型斜槽分选机在分选粒度为 0～80 mm 的劣质煤、入料灰分为 58%左右时，可获得灰分为 23%～28%的商品煤和灰分为 80%以上的矸石。XSF400×650 型斜槽分选机分选粒度大于 20 mm 级原煤、入料灰分为 45%左右时，可获得灰分为 23%左右的商品煤和灰分为 80%以上的矸石。

7.2　螺旋选矿

将一个窄的溜槽绕垂直轴线弯曲成螺旋状，便构成螺旋选矿机或螺旋溜槽。螺旋选矿机是由美国汉弗莱制成的。螺旋溜槽出现较晚。螺旋溜槽具有较宽和较平缓的槽底，因而适于处理更细粒级的原料。

7.2.1　螺旋选矿机

螺旋选矿机(图 7-5)的主体工作部件是一个螺旋形溜槽。螺旋槽有 3～5 圈，用支架垂直地安装起来。螺旋槽的断面为抛物线或椭圆形的一部分。槽底在纵向(沿矿浆流动方向)和横向(径向)均有相当的倾斜度。矿浆自上部给入后，在沿槽流动过程中发生分层。进入底层的重矿物颗粒趋于向槽的内缘运动，轻矿物则在快速的回转运动中被甩向外缘。于是密度不同的矿物在槽的横向展开了分选。沿内缘运动的重矿物通过排料管排出。由最上方第 1～2 个排料管得到的重产物质量最高，以下排料管得到的产物质量依次降低。在槽的内缘给入冲洗水，有助于提高精矿的质量。尾矿由槽的末端排出。

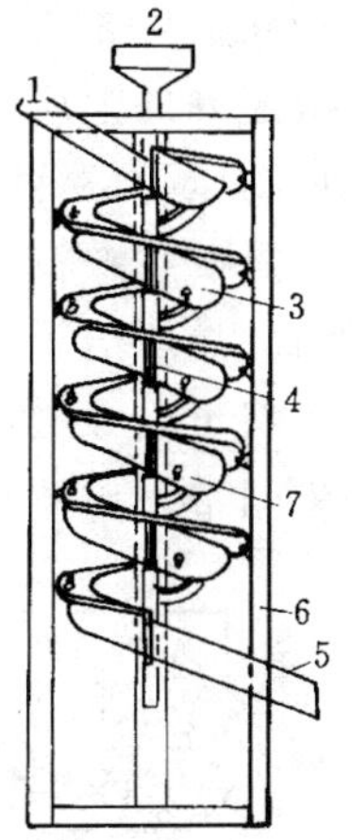

1—给矿槽；2—冲洗水导槽；
3—螺旋槽；4—连接用法兰盘；
5—尾矿槽；6—机架；
7—重产物排出管。

图 7-5　螺旋选矿机结构

7.2.1.1　螺旋选矿机分选原理

(1) 液流流动特性

在螺旋选矿机内，物料得到分选主要是受水流特性的影响。

液流自上端进入槽体，沿螺旋槽向下做回转运动的称为主流或纵向流；与此同时，又在横向做环流运动的称为副流或横向环流。该两种运动液流的合成即为螺旋流，如图 7-6 所示。在螺旋槽上层的液流既向上又向外便形成上螺旋线，而在螺旋槽下层的液流则既向下又向内便形成下螺旋线。

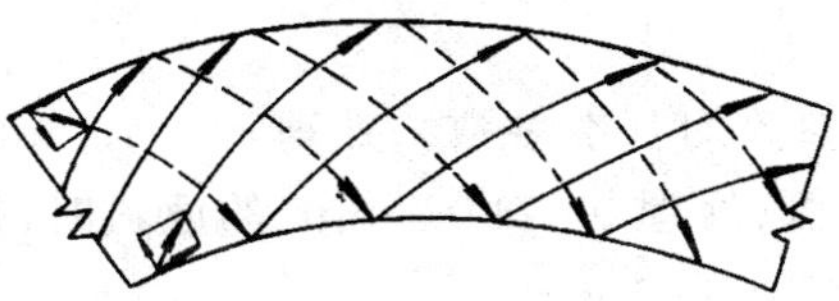

实线——上层液流运动轨迹；
虚线——下层液流运动轨迹。

图 7-6　螺旋溜槽内上下层流运动轨迹

从槽的内侧至外侧，液流膜厚度逐渐增大，流速也逐渐加大，液流由层流逐渐变为紊流。

液流的厚度和流速主要取决于螺旋槽断面形状。当横向倾角和螺距一定时，增大流量，湿周向外扩展，使液流膜厚度增大，流速亦加大(即紊动度增大)，但是对内缘流动特性影响不大。该流动特性使螺旋选矿机能够在矿浆体积有较大变化时，对分选效果影响不大。

(2) 分选原理

矿粒在螺旋槽内分选主要受水流运动特性的影响。不同密度的粒群在螺旋槽面除主要受流体动力的推动外还受到重力、惯性离心力和摩擦力的作用，同时受到横向环水中上层液流向外侧的动压力和下层液流向内侧的动压力以及环流的法向分速度与紊流的脉动速度所形成的动压力。

矿粒在螺旋槽内进行松散和分层的过程和一般弱紊流中的作用是一样的。矿粒群在沿螺旋槽底运动过程中,重矿物颗粒逐渐转入下层,而轻矿物颗粒转入上层,大约经第一圈后分层就能基本完成,如图 7-7 所示。

轻重矿物颗粒分层后,形成以重矿物为主的下部流动层和以轻矿物为主的上部流动层。下层颗粒群密集度大,并与槽体接触,又受到上面的压力,因而,其运动阻力大。处在上部流动层的颗粒恰好相反,其所受阻力较小。这增大了上、下流动层间的速度差。轻矿物颗粒位于纵向流速高的上层液流中,因而派生出较大的惯性离心力,并同时受到横向环流所给予的向外流体动压力,这两种力的合力大于颗粒的重力分力和摩擦力,所以轻矿物颗粒向槽的外缘移动。重矿物颗粒处于纵向流速较低的下层液流,因而具有较小的惯性离心力,其重力分力和横向环流所给予向内的流体动压力也大于颗粒的惯性离心力和摩擦力,所以推动重矿物颗粒富集于内缘。悬浮在液流中的矿泥被甩到了槽的最外缘,中间密度的连生体则占据着槽的中间带。矿粒在螺旋槽面上的分带如图 7-8 所示。

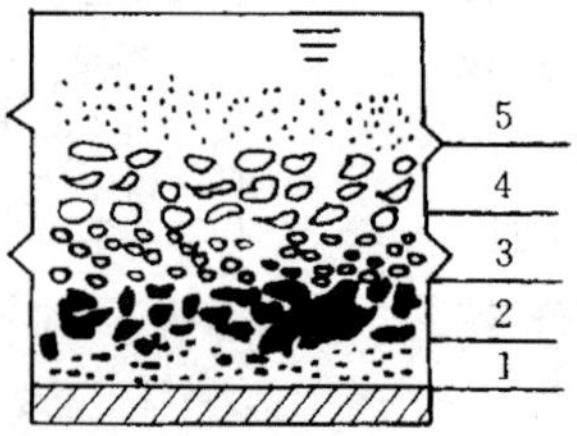

1—重矿物细颗粒;2—重矿物粗颗粒;
3—轻矿物细颗粒;4—轻矿物粗颗粒;
5—矿泥。

图 7-7　矿粒在螺旋槽面上的分层

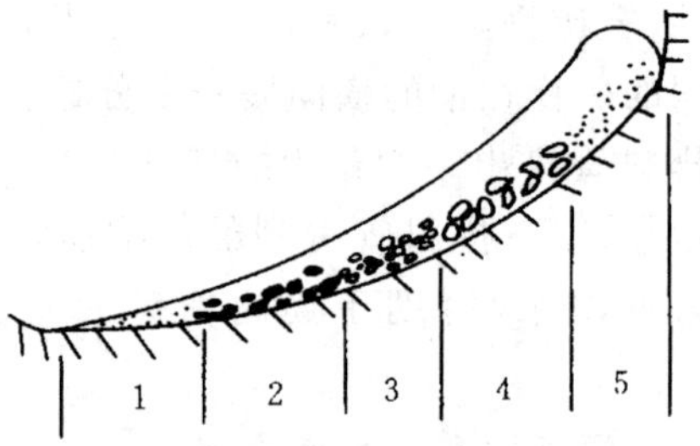

1—重矿物细颗粒;2—重矿物粗颗粒;
3—轻矿物细颗粒;4—轻矿物粗颗粒;
5—矿泥。

图 7-8　矿粒在螺旋槽面上的分带

7.2.1.2　螺旋选矿机工作影响因素

影响螺旋选矿机分选的因素包括结构因素和操作因素。前者有螺旋直径、槽的横断面形状、螺距和螺旋槽圈数等;后者有给矿体积、给矿浓度、冲洗水量以及矿石性质等。

(1) 螺旋直径

螺旋直径是代表螺旋选矿机规格并决定其他结构参数的基本参数。处理 1～2 mm 的粗粒级原料,应当采用直径 1 000 mm 以上的螺旋选矿机;处理 0.074～1 mm 的原料时,螺旋直径对分选影响不大。目前常用螺旋选矿机规格为直径 600 mm。

(2) 螺距

螺距决定螺旋的纵向倾角,影响矿浆在槽内的流动速度与流膜厚度。分选细粒物料的螺距要大于处理粗粒物料的螺距。工业型螺旋选矿机的螺距与直径的比值为 0.4～0.6。

(3) 螺旋槽横断面形状

常用的螺旋槽横断面形状见图 7-9。椭圆形断面用于矿砂的分选。椭圆的水平半径与垂直半径的比值(B/A)为 2～4。分选粒度大的用小比值,分选粒度小的用大比值。

(4) 螺旋槽圈数

螺旋槽圈数决定矿石分层和分带所需运行的距离。水流由内缘运行到外缘行经的距离

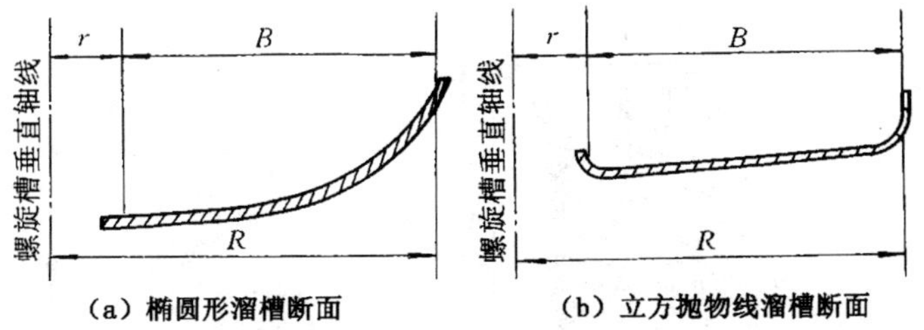

图 7-9　常用螺旋槽横断面形状

约为 1 圈半。处理砂矿时螺旋槽有 4 圈已足够用,处理难选的矿石应增加到 5～6 圈。为了增加单位面积的处理量,可将螺旋槽嵌套组装。

(5) 给矿浓度

螺旋选矿机可适用较宽的给矿浓度范围。在固体质量占 10%～35%时,给矿浓度对分选指标影响不大。而当浓度在适宜值时,给矿体积在较宽范围内变化对分选指标影响也不大。

(6) 冲洗水量

离心力作用常使槽的内缘矿粒脱水。为了改善矿粒沿槽移动并提高精矿品位,常需在槽的内缘喷注冲洗水,以清洗混入精矿带的轻矿物颗粒。加入的水量视精矿质量要求与重矿物颗粒沿槽移动情况而定。

(7) 给矿性质

给矿粒度大小,矿石中轻、重矿物的密度差别、形状差别等都对分选有明显影响。这些是不能调节的因素,但在选用螺旋选矿机时应该给予注意。

7.2.1.3　螺旋选矿机的制造与应用

螺旋选矿机可以用于处理锡、钨、铬、钛、锆、铌、钽等有色及稀有金属砂矿与脉矿,也可用于分选弱磁性及非磁性矿石、磷酸盐及含云母的非金属矿石等。螺旋选矿机最大给矿粒度允许到 12 mm,但其中重矿物颗粒则不宜超过 2 mm,有效回收粒度范围是 0.074～7 mm,最低可到 0.04 mm。

7.2.2　螺旋溜槽

螺旋溜槽的结构特点是断面呈立方抛物线形状,底面更为平缓。分选时在槽的末端分段取精、中、尾矿,且在选别中不加冲洗水。螺旋溜槽的矿浆在槽面上流动情况和分选原理与螺旋选矿机的基本相同。

螺旋溜槽直径包括 400 mm、600 mm、900 mm、1 200 mm 和 2 000 mm。ϕ1 200 mm 四头螺旋溜槽外形见图 7-10。

7.2.3　螺旋滚筒选煤机

螺旋滚筒选煤机是一种自生介质选煤新设备,其原理是利用入选原煤中小于 0.3 mm 的粉煤作为介质,并与水混合形成较稳定的悬浮液,与螺旋滚筒配合分选块煤。由于螺旋滚筒选煤机结构简单,工艺布置紧凑,占地面积和空间小,并具有可移动的优点,广泛用于动力煤、炼焦煤(易选、中等可选性)脏杂煤及煤矸石的分选,特别适合于中小型选煤厂。

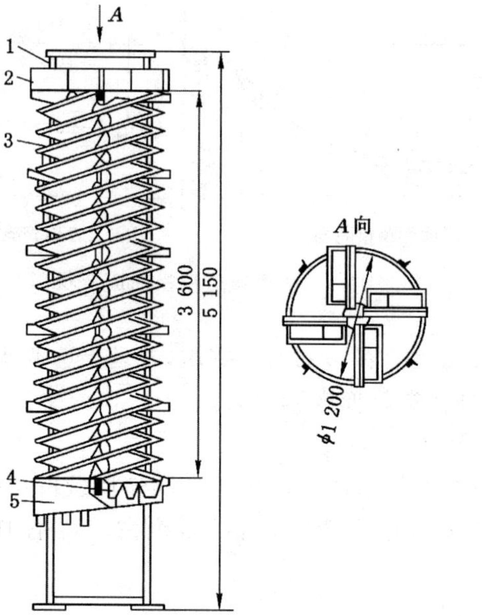

1—槽钢机架;2—给矿槽;3—螺旋溜槽;4—产物截取器;5—接矿槽。

图 7-10　ϕ1 200 mm 四头螺旋溜槽外形

7.2.3.1　螺旋滚筒选煤机结构和特点

螺旋滚筒选煤机结构如图 7-11 所示。自生介质螺旋滚筒选煤机主要由螺旋分选筒、滚筒驱动装置、入料溜槽、介质管道和机架等部件组成。

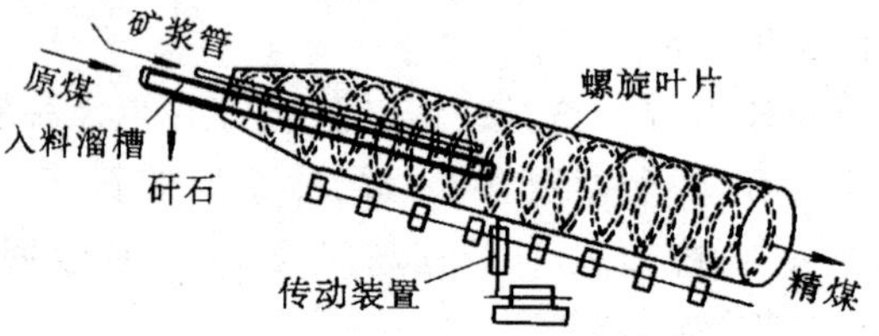

图 7-11　螺旋滚筒选煤机结构

螺旋滚筒选煤机是由一段圆柱形筒体和一段圆锥形筒体组成。筒体内壁等分均布三头螺旋隔条,螺旋隔条上开有长孔,这些螺旋隔条具有双重功能:一方面是将矸石旋起来并排出筒外;另一方面又提供了一个动力效应,即产生相对于下降流的上升或上推效应。滚筒由胶轮支撑,筒体倾斜安装在机架上。为防止其轴向移动,筒体两侧各装一个轴向止推胶轮,支撑在止推盘上。传动装置由电机驱动减速机、主动支撑胶轮使滚筒回转。入料溜槽一直伸入螺旋分选筒内,物料由溜槽送入筒内。介质管道平行布置在入料溜槽的一侧。

7.2.3.2　螺旋滚筒选煤机工作原理

原煤随一定速度的介质流给入螺旋分选筒的中部,滚筒在其驱动装置的带动下,做逆时针方向回转,筒内物料及矿浆随筒体的回转,在筒内螺旋隔条的作用下,做连续提升—跌落运动,由于精煤相对于介质的密度差小,而矸石相对于介质的密度差大,因此,在介质中矸石的沉降速度较精煤快。在筒体的连续运转中,精煤和矸石得到充分的分层,精煤处于流体上层，在介质流的携带下越过一道道螺旋隔条，到排料端排出；而沉在流体下部筒壁上的矸石，则被螺旋隔条输送到滚筒的另一端排出。滚筒内精煤和矸石的分离是在分选介质、筒体旋转、螺旋隔条的综合作用下连续进行的。

7.3 离心选矿

离心选矿是利用微细矿粒在离心力场中所受离心力大大超过重力，加速矿粒的沉降，扩大不同密度矿粒沉降速度的差别，从而强化分选的方法。利用离心选矿法处理微细粒矿泥所用的主要设备是离心选矿机。离心选矿机具有结构简单、单位面积处理量大、回收粒度下限低等优点，目前已成为钨、锡矿泥重选的主要设备之一。

7.3.1 离心选矿机

7.3.1.1 离心选矿机结构和分选过程

图 7-12 所示是标准的 ϕ800 m×600 mm 离心选矿机结构。设备的主要部件为一个截锥形转鼓 4。转鼓给矿端直径为 800 mm，其直径向排矿端直线增大，坡度（半锥角）为 3°～5°。转鼓的斜长为 600 mm。借锥形底盘 5 将转鼓固定在中心轴上，并由电动机 12 带动旋转。上给矿嘴 3 和下给矿嘴 13 伸入转鼓内。矿浆由给矿嘴喷出顺切线方向附着在鼓壁上，在随转鼓旋转的同时，沿鼓壁做斜面流动产生螺旋形运动轨迹。

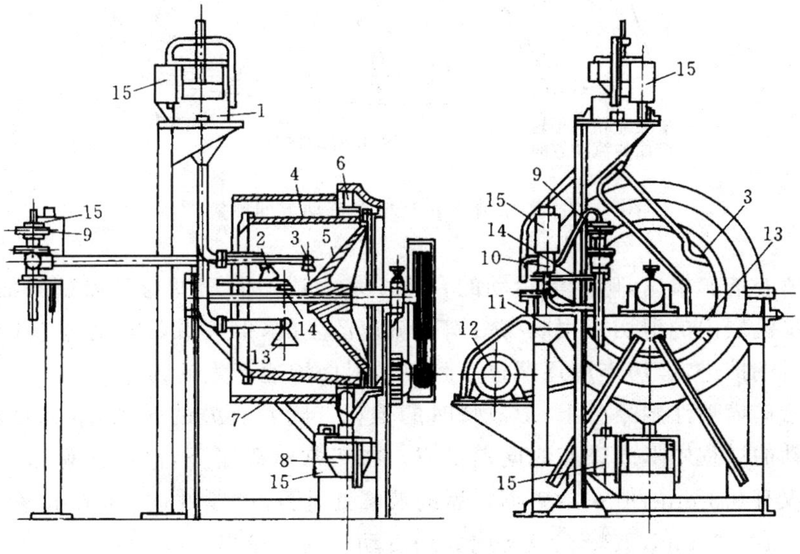

1—给矿斗；2—冲矿嘴；3—上给矿嘴；4—转鼓；5—底盘；6—接矿槽；7—防护罩；8—分矿器；9—皮膜阀；10—三通阀；11—机架；12—电动机；13—下给矿嘴；14—洗涤水嘴；15—电磁铁。

图 7-12　ϕ800×600 卧式离心选矿机结构

矿浆在相对于转鼓内壁流动过程中发生分层，进入底层的重矿物即附着在鼓壁上较少移动，而上层轻矿物则随矿浆流通过转鼓与底盘间的缝隙（约 14 mm）排出。当重矿物沉积到一定的厚度时，停止给矿，由冲矿嘴 2 给入高压水，冲洗向下沉积的精矿。

离心选矿机是间断工作的，但断矿、冲矿和分排精矿却是由指挥机构和执行机构自动进行的。指挥机构为一时间断电器，按规定时间向执行机构通入或切断电流。执行机构包括给矿斗中的断矿管、控制冲矿水的三通阀 10 和皮膜阀 9、精尾矿换向排送的分矿器 8。它们分别由电磁铁带动运动。当达到规定的分选时间时，断矿管摆动到回流管的一侧，矿浆不再进入鼓内，与此同时三通阀将低压水路切断，皮膜阀上部的封闭水压被撤除，于是高压水即通过皮膜阀进入转鼓内，此时下部的分矿器也摆动到精矿管一侧，将冲洗下来的精矿导向精矿管道内。待冲洗完(2～3 s)，各执行机构分别恢复原位，继续进行给矿分选。在离心机内还装有洗涤水嘴 14，在给矿的同时向沉积物上喷水以提高精矿质量，但这样做常导致较多的金属损失，故在粗选作业中已很少使用，只在精选时尚有应用。

7.3.1.2　离心选矿机分选原理

离心选矿机内矿浆流沿鼓壁的运动情况如图 7-13 所示。矿浆自给矿嘴喷出的速度为 1～2 m/s，而在给矿嘴处转鼓壁的线速度一般为 14～15 m/s。由于两者之间存在着很大的差异，因此矿浆将逆向流动，出现了滞后流速。此后受黏度牵制，滞后流速逐渐减小。在转鼓壁沿轴向的斜面上，由于离心惯性力及重力的作用，矿浆流的运动速度由零逐渐增大。

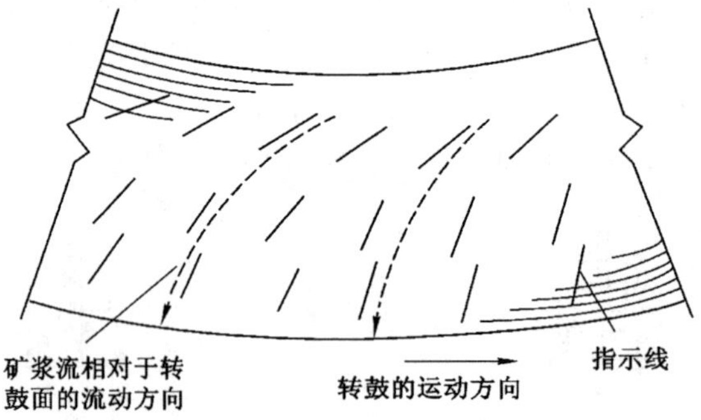

图 7-13　矿浆流在转鼓壁上流动方向测定图示

在卧式离心选矿机内，矿浆流运动的合速度是上述切向速度与沿鼓壁斜面运动速度的矢量和。矿浆流层内的剪切作用既有沿斜面流速产生的，也有沿切向流速产生的，只是随着矿浆流向排料端推进，剪切作用逐渐过渡到以沿斜面流速产生的为主。

矿浆从给矿嘴喷注到鼓壁上，形成瞬时的堆积。随着转鼓的转动，堆积物呈带状展开，并在向下流动的过程中形成螺旋线向前推进。在正常给矿量下，离心选矿机内矿浆流层厚度的平均值仅有 0.3 mm，但在给矿嘴附近的波峰处，流层的厚度达 2.0 mm，在波峰过后，波谷处的厚度只有 0.1 mm，波峰在设备内大约流动一周即排出。

波峰在向前推进的过程中，与波谷之间有很大的速度差，因而形成分界面结构。在分界面处有很强的剪切应力，并随之产生新的旋涡扰动，这对强化物料的松散有着重要作用。

物料在离心选矿机内的分选过程与其他细粒溜槽的基本相同，只是一方面由于存在着明显呈湍流流态的波峰区和剪切应力很强并能产生旋涡扰动的流层分界面，物料的松散得到了强化；另一方面由于颗粒受到了比重力大数十倍乃至上百倍的离心惯性力作用，颗粒的沉降大大加速，从而使离心选矿机不仅具有比一般处理微细粒级物料溜槽更低的粒度回收下限，而且转鼓的长度也比一般重力溜槽的长度短很多。

7.3.1.3　离心选矿机分选效果影响因素

影响离心选矿机分选指标的因素同样可分为结构因素和操作因素。但离心选矿机操作因素的影响情况与设备的结构参数相关。

结构因素主要包括转鼓的直径、长度及半锥角。增大转鼓直径可以使设备的生产能力成正比例地增加；而增大转鼓长度则可以使设备的生产能力有更大幅度的提高，但是回收粒度下限也将随之变大。增大转鼓的半锥角可以提高高密度产物的质量，但回收率将相应降低。为了解决这一矛盾，研究人员先后研制出了双锥度、三锥度乃至四锥度的离心选矿机。其中 ϕ1 600 mm×900 mm 双锥度离心选矿机已在生产中得到广泛应用。

卧式离心选矿机的操作因素主要包括：给矿浓度、给矿体积、转鼓转速、给矿时间及分选周期。当不同规格的离心选矿机处理同一种物料时，单位鼓壁面积的给矿体积应大致相等，而给矿浓度则应随着转鼓长度的增大而增加；当用相同的设备处理不同的物料时，给矿浓度和体积的影响与其他溜槽类设备的相同。转鼓的转速大致与转鼓直径和长度乘积的平方根呈反比。在一定的范围内增大转速可以提高回收率，但由于分层效果不佳而得到的高密度产物的质量相应降低。

卧式离心选矿机的回收粒度下限可达 0.01 mm。该设备的主要优点是处理能力大、回收粒度下限低、工作稳定、便于操作。但该设备富集比不高，且不能连续工作。

7.3.2　离心选金锥

国内典型的立式离心选矿机是离心选金锥，由昆明冶金研究所研发。国外尼尔森(Knelson)离心选矿机、法而康(Falcon)离心选矿机的结构均与其相似。如图 7-14所示，给矿管在截锥形的分选锥中心线垂直安装，内表面上镶有同心环状橡胶格条。矿浆由给矿管至底部分配盘上。分配盘在转动中将矿浆甩到锥体内壁上。在离心力分力的作用下，矿浆越过条沟向上流动，粒群在流动中发生松散和分层。进入底层的重产物颗粒被条沟阻留下来，而轻产物颗粒则随矿浆流向上流动，越过锥体上沿排出，成为尾矿。经过一段时间分选(约 30 min)，重产物积聚一定数量后，则切断给矿，设备也停止运转，用水管引水清洗槽沟内的重产物，使之由下部中心管排出，成为到精矿。

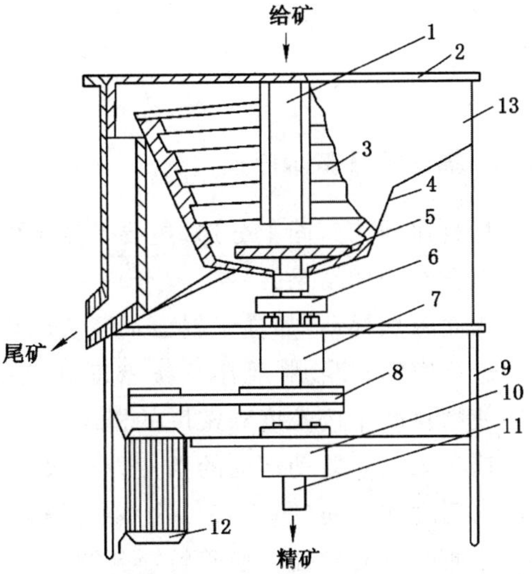

1—给矿管；2—上盖；3—橡胶格条；4—锥盘；5 —矿浆分配盘；6—甩水盘；7—上轴承座；8—胶带轮；9—机架；10—下轴承座；11—空心轴；12—电动机；13—机械外壳。

图 7-14　离心选金锥

该设备属于低离心强度的设备，给矿粒度适应性强，可以用于处理砂金矿或粗粒脉金矿石。在分选−5 mm 砂金矿时，离心分离因数 i 可取 6～8 倍；处理−0.5 mm 脉金磨矿产品时，其可取 8～12 倍。给矿浓度亦可在较宽范围内变化，且不必先脱泥。单体金的回收率一般达到 90%～96%，富集比为 800～1 600 倍。该设备结构简单、质量轻，安装时不必预设水泥基础，可以组装在砂金的洗矿机组中，也可安装在脉金选厂的摇床或浮选设备前，用以回收粗粒金。该设备处理量大、运转平稳。

7.4 摇床选矿

摇床分选是在一个倾斜的宽阔床面上，借助床面的不对称往复差动运动和薄层斜面水流的作用，进行物料分选的过程。

7.4.1 摇床基本结构

在生产中使用的摇床基本上由床面、机架和传动机构等组成，如图 7-15 所示。平面摇床的床面近似呈矩形或菱形，在床面纵长的一端（传动端）设置传动装置，与之相对的一端称为精矿端。床面在横向上有 0.5°～5°的倾斜，在较高的一侧（给矿侧）布置给矿槽和给水槽，与之相对的一侧称为尾矿侧。沿床面纵向布置床条（俗称来复条）。床条的高度自传动端向精矿端逐渐降低，并沿一条或两条斜线尖灭。整个床面由机架支承或吊起。机架上装有调坡装置。

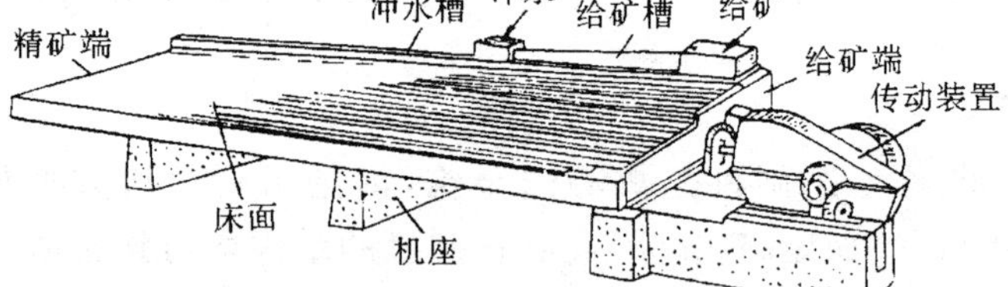

图 7-15 典型摇床外形

7.4.2 摇床分选基本原理

物料在摇床床面上分选，主要是床条的形式、床面的不对称运动及床面上的横冲水三个因素综合作用的结果。

床面激烈摇动，加强了斜面水流扰动作用，增强了旋涡和由此产生的水流垂直分速对物料的悬浮作用，使物料悬浮并按密度和粒度进行分层（图 7-16）。与此同时，床面的激烈摇动还使物料产生按粒度和密度的析离。

摇床床面做差动运动的惯性力和水流的冲刷作用，使不同粒度和密度的矿粒具有不同的运动速度和方向（图 7-17），这是产品得以分离的原因。

床面的不对称摇动使矿粒断断续续地向前移动。显然，只有床面给矿粒的惯性力大于矿粒与床面的摩擦力时，矿粒才能开始与床面做相对滑动，则有：

$$ma \geqslant Gf \tag{7-1}$$

式中 m——矿粒质量；

a——床面及随其运动的矿粒加速度；

G——矿粒所受重力；

f——矿粒对床面的摩擦因数。

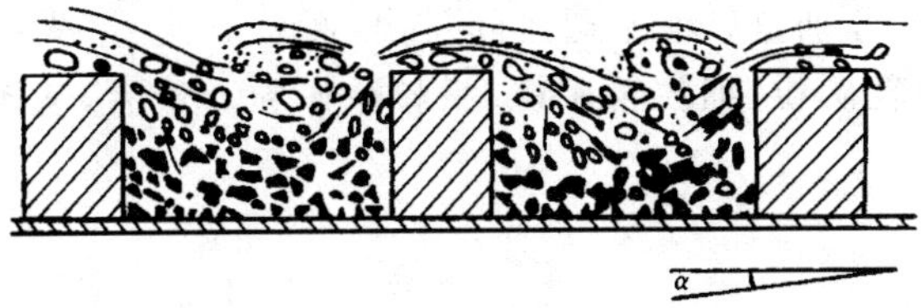

图 7-16　物料在床条间的分层状况

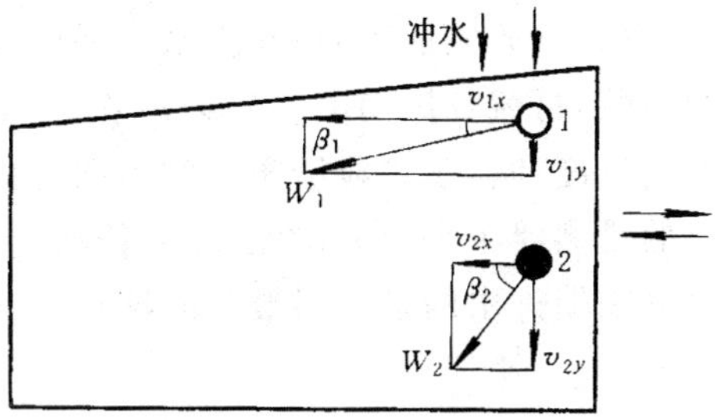

1—重矿粒；2—轻矿粒。

图 7-17　矿粒在床面上的运动

因为矿粒是在水介质中运动的，故式(7-1)应以矿粒在水中所受重力 G_0 代替矿粒所受重力，得出矿粒开始与床面做相对滑动的临界加速度 a_0 为：

$$a_0=\frac{G_0}{m}f \tag{7-2}$$

把 G_0 及 m 值分别代入式(7-2)后得：

$$a_0=\frac{\delta-\rho}{\delta}gf \tag{7-3}$$

式中　δ——矿粒的密度；

ρ——悬浮液的密度；

g——重力加速度。

由式(7-3)可见，矿粒做相对滑动时床面的临界加速度与矿粒的密度及其对床面摩擦因数有关。矿粒的密度愈大，其临界加速度愈大。床面由前进转为后退的负加速度大于由后退变为前进时的正加速度。对于低密度的轻矿粒，在两个转折阶段所获得的惯性力均大于其与床面的摩擦力，产生前后滑动。但是，前进惯性力总是大于后退惯性力。总体来看，轻矿粒还是向前移动的。高密度的重矿粒只在床面由前进变为后退阶段所获得的惯性力时才滑动。另外对于如图 7-16 所示的矿粒分层情况，下层高密度重矿粒紧挨床面，会得到较大的惯性力；愈往上，床层愈松散，矿粒获得的惯性力愈小。因此，高密度重矿粒 1 所获得的纵向运动速度 v_{1x} 大于低密度轻矿粒 2 的纵向运动速度 v_{2x}。

矿粒的横向运动是横冲水推动导致的。横冲水流层沿厚度方向的速度分布是上层大于下层。由于床条阻挡，所以上层物料受横冲水作用力较大。因此，上层轻矿粒大颗粒的横向速度 v_{2y}，大于下层高密度小颗粒的横向速度 v_{1y}。

这样，重矿粒、轻矿粒在床面上运动的合速度 W_1 和 W_2 的方向和大小都不同，最终从床边沿不同的位置排出。首先被横向流冲出来的是集中在最上层的低密度的粗粒；接着低密度较细的颗粒在纵向运动过程中被冲出；矸石颗粒沿着床条间的沟槽运动，随着床条高度逐渐降低，它们也按粗、细顺序先后被冲水带出床面。最终分选的结果是各密度级的产品在床面上呈扇形状态分布。其粒度和密度的分布规律如图 7-18 所示。可通过调整收集产物的地带获得不同质量的产品。

7.4.3 摇床工作过程

原料(矿浆或干料)给到给矿槽内,同时加水调配成浓度(固体质量分数)为 20%~25% 的矿浆,自流到床面上。矿粒群在床条沟内借摇动作用和水流冲洗作用产生松散和分层。不同密度和粒度矿粒沿床面的不同方向移动,分别自床面不同区间排出(图 7-19)。最先排出的是漂浮于水面的矿泥,然后依次为:粗粒轻矿粒、细粒轻矿粒、粗粒重矿粒。最后,从床面最左端排出的是床层最底的细粒重矿粒。

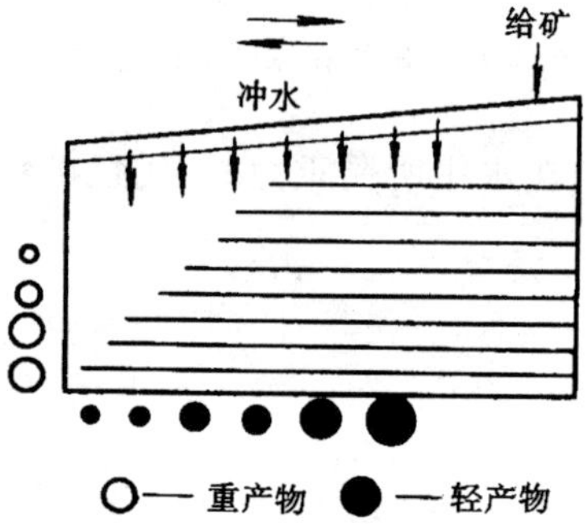

图 7-18 产品在床面上的扇形分布

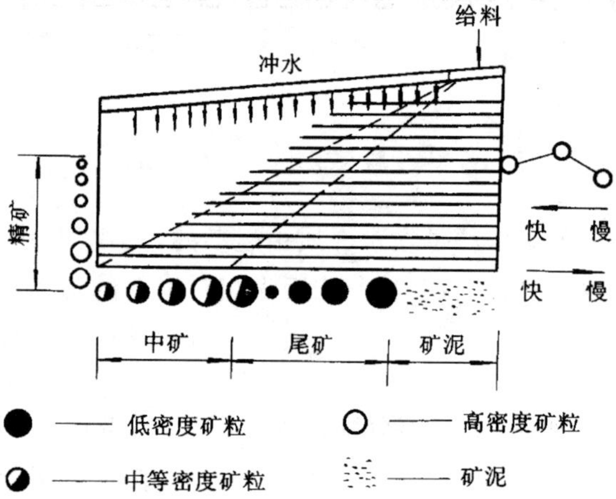

图 7-19 摇床工作过程

7.4.4 摇床类型及构造

在生产中应用的摇床种类很多,分选方法各异。摇床用于分选金属矿石时,按处理物料的粒度分为粗砂摇床(用来处理 0.5~3 mm 物料)、细砂摇床(用于处理 0.074~0.5 mm 的物料)、矿泥摇床(用于处理 0.037~0.074 mm 的物料)。摇床按床面层数分为单层摇床和多层摇床;按安装方式分为落地式和悬挂式;按分选主导作用力分为重力摇床和离心摇床。摇床最通用的分类,是按它的摇动机构和支承方式来分类。中国常用摇床分类如表 7-1 所示。

表 7-1 中国常用摇床分类

力场	往复运动特性	床面运动轨迹	摇动机构	支撑方式	摇床名称
重力	不对称直线	直线	凸轮杠杆式	滑动支撑	贵阳式摇床
			惯性弹簧式	滚动支撑	弹簧摇床
		弧线	偏心连杆式	摇动支撑	衡阳式摇床
	对称直线	向上前方倾斜弧线	惯性式	弹性支撑	快速摇床
离心惯性力	不对称直线	直线,圆周	惯性弹簧式	中心轴	离心摇床

7.4.4.1 6-S 摇床

6-S 摇床(又称衡阳式摇床)结构如图 7-20 所示。偏心连杆式床头如图 7-21 所示。

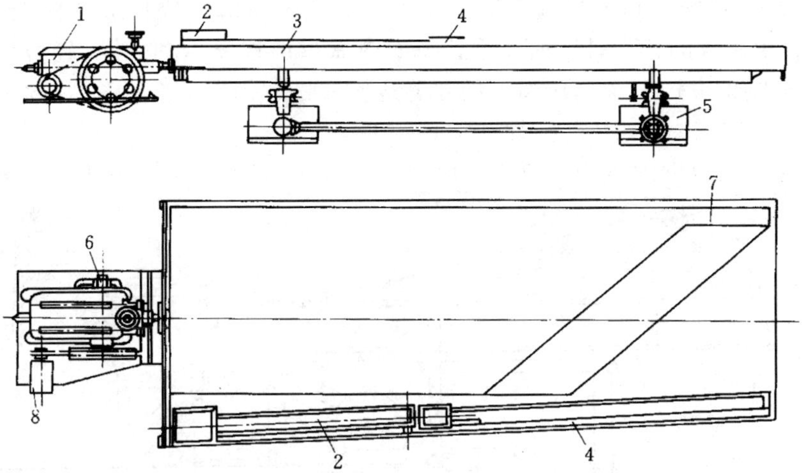

1—床头；2—给矿槽；3—床面；4—给水槽；5—调坡机构；6—润滑系统；7—床条；8—电动机。

图 7-20　6-S 摇床结构简图

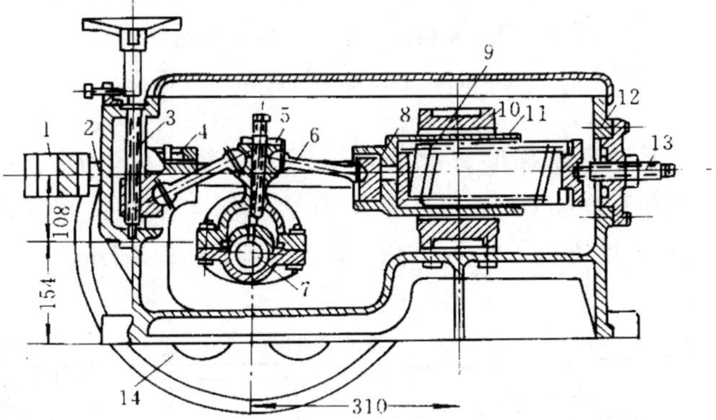

1—联动座；2—往复杆；3—调节丝杠；4—调节滑块；5—摇动杆；6，8—肘版；

7—偏心轴；9—弹簧；10—轴承座；11—后轴；12—箱体；13—调节螺栓；14—大胶带轮。

图 7-21　偏心连杆式床头

摇动机构的运行，是由电动机经大皮带轮 14 带动偏心轴 7 旋转，并使摇动杆 5 跟随着上下运动的。由于调节滑块 4(即肘板座)是固定的，当摇动杆往下运动时，肘板 6 的端点向后推动，此时，后轴 11、往复杆 2 随之向后移动，弹簧被压缩，通过联动座 1 和往复杆 2 带动整个床面向后移动。当摇床杆向上移动时，肘板间的夹角减小，因受到弹簧伸张力的推动，摇床面随之往前运动。

在床面向前运动过程中，肘板间的夹角是由大向小变化的，而肘板端点的水平移动速度则由小往大变化。因此，床面往前移动时由慢变快。反之，在摇床面向后运动时，床面移动则从快到慢。这形成了摇床面的差动运动。

由于调节丝杆 3 与手轮相连，当转动手轮时，可上下移动调节滑块 4 来调节冲程。调节螺栓 13 又可改变弹簧的压紧程度。弹簧压紧程度要适当。床面的冲次是利用改变胶带轮的直径进行调节的。

6-S摇床的支承装置和调坡机构安置在机架上。床面由4块板形摇杆支承，如图7-22所示。这种支承装置的特点是床面在垂直平面内做弧形往复运动，并有轻微的振动。当摇杆向床头箱稍加倾斜4°～5°时，床面上的粒群运搬和松散作用加大，因此该摇床更适于处理粗粒矿砂。

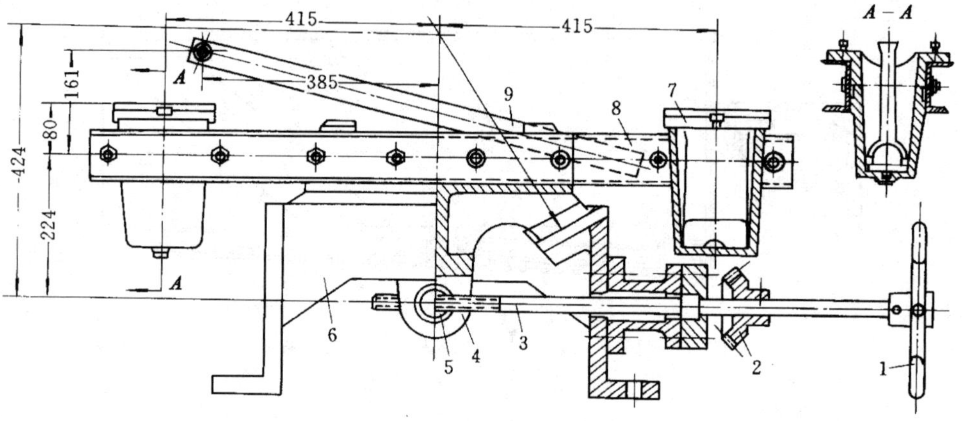

1—手轮；2—伞齿轮；3—调节丝杆；4—调节座板；5—调节螺母；6—鞍形座；
7—摇动支撑机构；8—夹持槽钢；9—床面拉条。

图7-22　6-S摇床支承装置和调坡机构

6-S摇床的床面外形呈直角梯形。床条有用于分选粗砂的和用于分选矿泥的两种。粗砂床条断面呈矩形，如图7-23(a)所示。床条均自给矿端向重产物端降低。床条高度沿一条与轻产物侧成40°的斜线夹角(称为尖灭角)尖灭。矿泥床条断面呈三角形，其尖灭角为30°，如图7-23(b)所示。

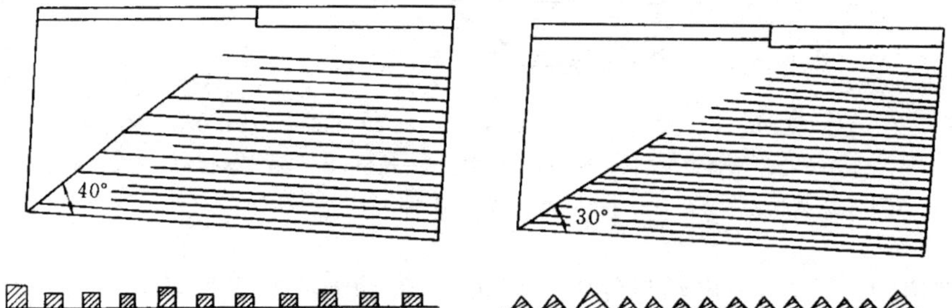

图7-23　6-S摇床的床条

7.4.4.2　*云锡式摇床*

云锡式摇床(又称贵阳式摇床)结构如图7-24所示。云锡式摇床的床头采用凸轮杠杆式摇动机构，如图7-25所示。

凸轮杠杆式摇动机构主要由传动偏心轮、台板、卡子、摇臂等组成。滚轮6活套在偏心轴5上。当偏心轴5逆时针转动时，滚轮6便压迫摇动支臂(即台板)8向下运动，其摆动量通过连接杆(即卡子)9传给曲拐杠杆(即摇臂)10。通过滑动头3和拉杆1拖动床面向后运动，同时压缩位于床面下的弹簧。当床面转而向前运动时，弹簧伸张，推动床面前进。

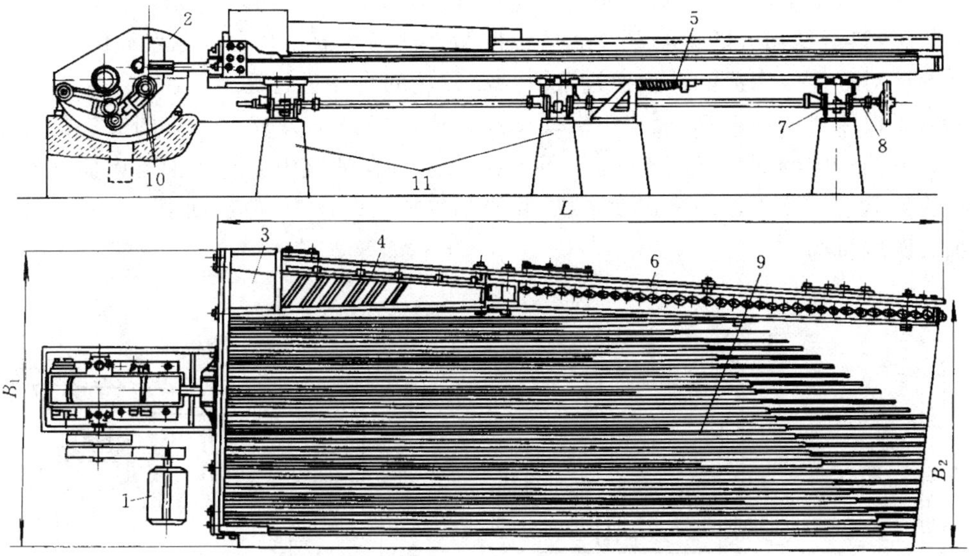

1—电动机；2—床头；3—床面；4—给料器；5—弹簧；6—冲水槽；7—滑动轴承；
8—调坡机构；9—床条；10—拉杆；11—基础。

图 7-24　云锡式摇床

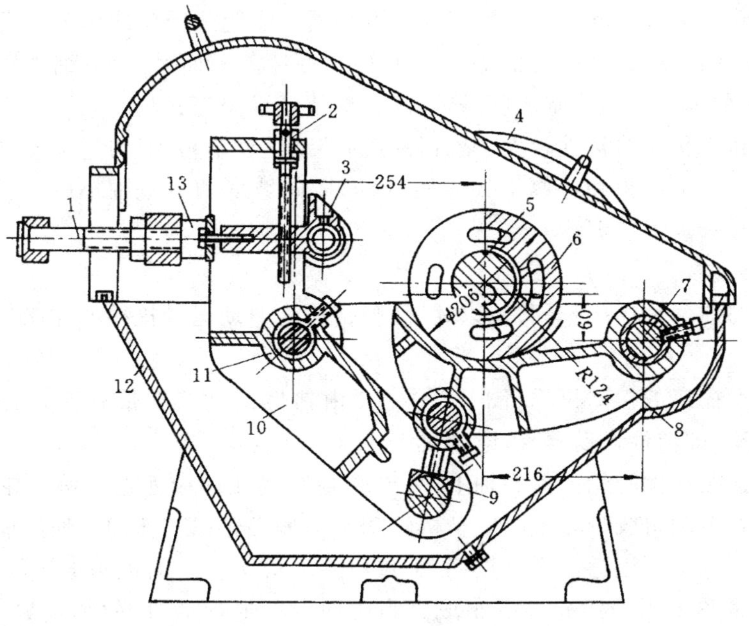

1—拉杆；2—调节丝杆；3—滑动头；4—大胶带轮；5—偏心轴；6—滚轮；7—台板偏心轴
8—摇动支臂（台板）；9—连接杆（卡子）；10—曲拐杠杆（摇臂）；11—摇臂轴；12—机罩；13—连接叉。

图 7-25　凸轮杠杆式床头

床头的传动机构被安置在一个密闭的铸铁箱内。借助旋动手轮改变滑动头在摇臂上的位置调节冲程。当滑动头上移时，冲程增大；当滑动头下移时，冲程减小。台板偏心轴 7 制成偏心状态，具有 2 mm 的偏心距。通过台板偏心轴调整滚轮和台板触点的位置，以改变床面运动的不对称性。床面的冲次通过改变大胶带轮的直径进行调节。

云锡式摇床机架简单，床面采用滑动支承。位于四角下方有 4 个半圆突起的滑块。滑块由长方形油碗中的凹形支座支承，如图 7-26 所示。在油碗中装有机油。床面在滑块座上做直线往复运动。该支承装置运动平稳，并能承受较大的压力，但运动阻力较大。该摇床采用变轴式调坡机构。

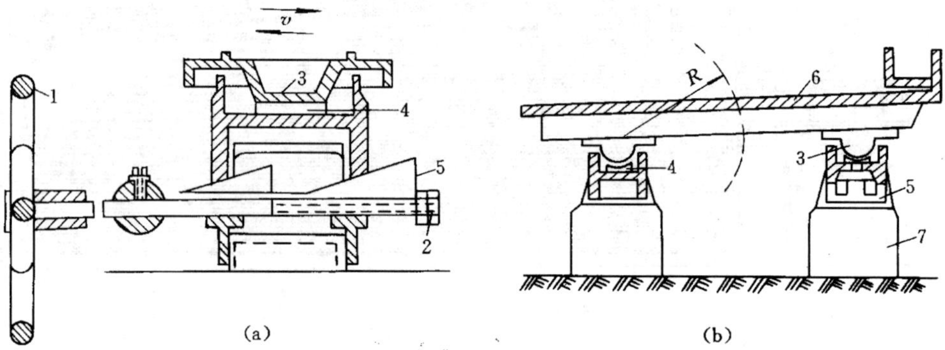

1—调坡手轮；2—调坡拉杆；3—滑块；4—滑块座；5—调坡楔形块；6—摇床面；7—水泥基础。

图 7-26　云锡式摇床滑动支承和楔形块调坡机构

云锡式摇床的床面尺寸与 6-S 摇床的基本相同。云锡式摇床的床表面沿纵向连续有几个坡度，床条结构较复杂，如图 7-27 所示。粗砂床面床条断面呈梯形；细砂床面床条表面呈锯齿形；矿泥床面采用刻槽法制成床条，其床条沟槽断面呈三角形。

云锡式摇床床头不对称性较大，又有较宽的差动性调节范围，可适应不同给料粒度和分选要求。该摇床调节冲程和检修不太方便，床面横向坡度调节范围小（0～5°）。因此，该摇床适于处理细粒物料或矿泥。

7.4.4.3　弹簧摇床

弹簧摇床与前两种摇床不同，是以软、硬弹簧作为差动运动机构的摇床。弹簧摇床结构如图 7-28 所示。

惯性式弹簧摇床的摇动机构（图 7-29）主要由惯性振动器和带有弹簧碰击的差动机构组成。传动机构（即惯性振动器）由电动机 1、偏心轮（或偏重轮）3 和摇杆 10 组成。摇杆的一端通过轴承连接在偏心轮的偏心轴上，另一端则铰接在摇床面上。偏心轮可直接由两条三角胶带悬吊在电动机胶带轮上。电动机转动带动偏心轮以其惯性力通过摇杆来推动床面做不对称的往复运动。该运动通过拉杆 11 传给差动机构。差动机构由橡胶硬弹簧 7、钢丝软弹簧 6、床头箱 8 和调节手轮 5 等组成。当床面做后退运动时，软弹簧被压缩，床面速度逐渐减慢。此时，在硬弹簧和床头箱壁间出现一个空隙。床面转而向前运动时，软弹簧伸张推动床面做加速运动。当床面抵达运动末端时，硬弹簧突然受压，并与床头箱相撞击，又骤然反弹，因而产生一个很大的负加速度，这样床面形成急回特性。在两种机构的共同作用下，床面产生了差动运动，并具有很大的正负加速度差值。

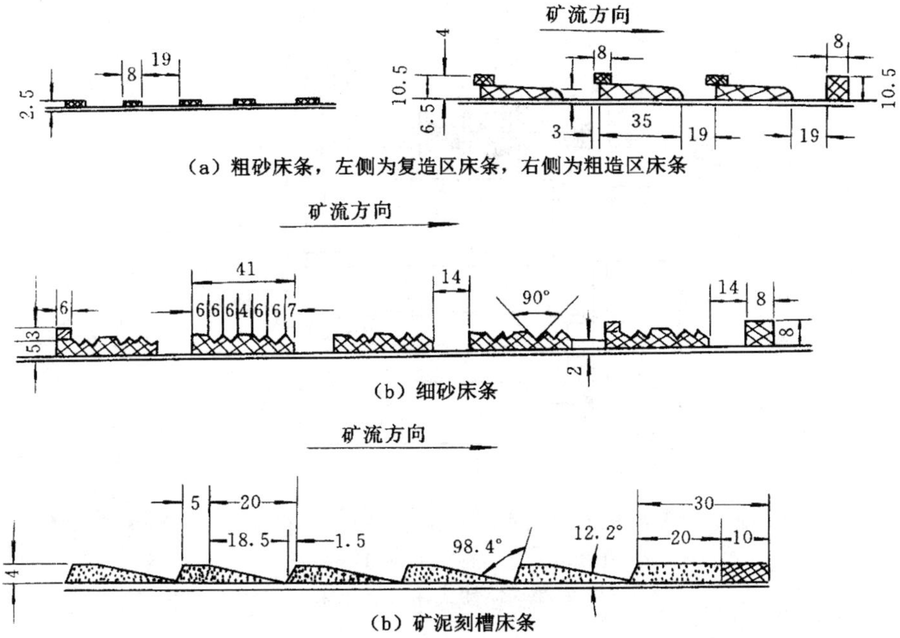

图 7-27　云锡式摇床床条类型

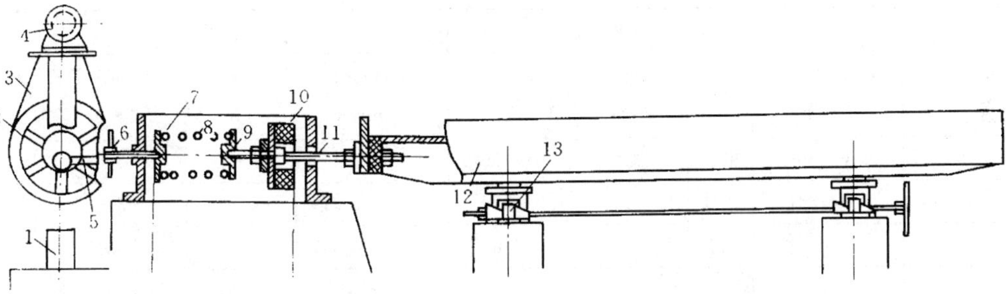

1—电动机支架；2—偏心轮；3—三角胶带；4—电动机；5—摇杆；6—调节手轮；7—弹簧箱；8—软弹簧；9—软弹簧帽；10—橡胶硬弹簧；11—拉杆；12—床面；13—支承调坡装置。

图 7-28　弹簧摇床结构

7.4.5　摇床操作因素

在实际生产过程中，摇床的分选效果主要取决于对摇床的操作。摇床操作因素主要包括冲程、冲次、床面倾角、入料浓度、冲水用量、床条特点、原料性质及给料量等。

(1) 冲程、冲次

摇床的冲程和冲次综合决定着床面运动的速度和加速度。为使床层在差动运动中达到适宜的松散度，床面应有足够的运动速度。从矿粒分选来看，床面应有适当的正、负加速度差值。冲程、冲次主要与入选物料粒度大小有关。冲程增大，水流的垂直分速度以及由此产生的上浮力也增大，保证较粗较重的颗粒能够松散；冲次增加，水流的悬浮能力降低。因此，分选粗粒物料用低冲次、大冲程，分选细粒物料用高冲次、小冲程。摇床的冲程一般是 5～

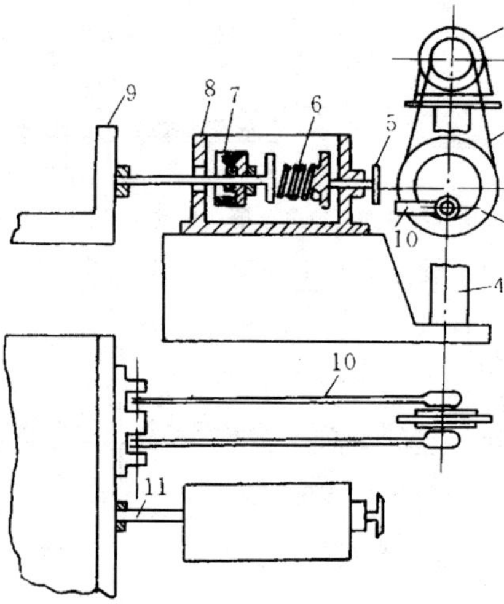

1—电动机；2—三角胶带；3—偏心轮；4—电动机支架；5—调节手轮；6—钢丝软弹簧；7—橡胶硬弹簧；8—床头箱；9—床面；10—摇杆；11—拉杆。

图 7-29　惯性式弹簧摇床床头

25 mm，可调节；摇床的冲次为 250～400 次/分，可调节。常用摇床冲程和冲次见表 7-2。

表 7-2　常用摇床冲程和冲次

6-S 摇床			云锡式摇床			弹簧摇床			
给料	冲程/mm	冲次/(次·分$^{-1}$)	给料	冲程/mm	冲次/(次·分$^{-1}$)	给料尺寸/mm	冲程/mm	冲次/(次·分$^{-1}$)	偏心距/mm
矿砂	18～24	250～300	粗砂	16～20	270～290	0.5～0.2	13～17	300	32
矿泥	8～16	300～340	细砂	11～16	290～320	0.2～0.074	11～15	315	29
—	—	—	矿泥	8～11	320～360	0.074～0.037	10～14	330	26
—	—	—		—	—	$<$0.037	8～13	360	22

（2）床面的横向倾角和纵向倾角

不同的物料要采用不同的床面倾角。分选较粗矿粒时，要求摇床床条较高，其所用的横向倾角亦较大。细矿粒及矿泥摇床的横向倾角相应较小。分选末煤时，横向倾角为 3°～4°；分选煤泥时，横向倾角为 1°～2°。一般情况下，为了节省循环水量，可用较大的横向倾角配以较小的冲水用量。

（3）入料浓度和冲水用量

摇床分选过程要求矿浆沿床面有足够的流动性，水流要浸没所有矿粒。水层高出格条的高度为格条高的 2～3 倍。粒度大时，要求较高的浓度，用较大的横冲水；粒度小时，需要较低的浓度，用较小的横冲水。当给矿粒度小，含泥量高时，应控制较小的矿浆浓度。正常给矿浓度一般为 15%～30%。从给水量来看，粗粒摇床单位时间的给水量较多，但处理每吨矿石的耗水量则相对较少。通常处理每吨矿石的洗涤水量为 1～3 m^3，加上给矿水，每吨矿石的总耗水量为 3～10 m^3。

(4) 床条形式

床条形式是影响分选效果的重要因素之一。床条的高度和间距是影响分选效果的最主要因素。选煤摇床的床条有矩形(适用于末煤)断面和梯形(适用于煤泥)断面。

① 床条的高度。

床条的高度一般都由上沿到下沿逐渐增高,最下面一根床条高度为最上面一根床条高度的 2 倍以上,这是因为由上沿到下沿床条要阻拦的矿粒密度愈来愈小。床条高度由床头到床尾沿纵向逐渐尖灭,这是为了促进物料在床面上呈扇形分布。原则上,床条的高度应该大于重颗粒的悬浮高度而小于轻颗粒的悬浮高度。通常情况下,粒度大的砂物,用高床条;粒度小的矿物,用低床条。最下面一根床条高度通常为入料粒度上限的 3 倍以上。当入料的分级粒度较宽时,可采用高低床条组合(即高低床条间隔排列)。

② 床条的间距。

床条的间距要选择适当。若间距太小,高密度矿粒在床条之间的沟槽拥挤,阻碍分选;若间距太宽,重颗粒则会集聚于床条一侧。

(5) 原料性质及给料量

原料性质稳定并均匀连续地给料是保证摇床正常工作的主要条件之一。给料量发生变化将引起床面物料层的厚度、床层松散度和析离分层状况、产物在床面上的扇形分布状况等发生变化,造成产品质量波动,分选效率降低。一般规律是:入料粒度大且可选性好,则入料量可以大些,否则应小些。给料量过大时,一方面物料层增厚,松散度减小,析离和分层速度降低;另一方面由于给料体积增加,横向矿浆流速增大,物料来不及分选,于是精煤质量变差,中煤和矸石中的低密度物损失量增加。给料量太小时,不够铺床层,分选效率不高。

(6) 矿石在入选前的制备

为了便于选择摇床的适宜操作条件,矿石在入选前应进行分级。生产中常采用不同类型的水力分级机对原料进行分级。摇床处理矿石的粒度上限为 2 ~3 mm(粗砂床)。矿泥摇床的回收粒度下限一般为 0.037 mm。给矿中含有大量微细粒级矿泥时,不仅矿泥难于回收,而且矿浆黏度增大,分层速度降低,进而导致较多高密度矿物损失。当原料中含泥(指小于 10～20 μm 粒级的矿泥)量多时,需要进行预先脱泥。

7.4.6 摇床特点和应用

摇床具有分选精确性高、便于看管和操作方便等优点,其主要缺点是占地面积大、处理能力低。摇床主要用于处理钨、锡等有色和稀有金属矿石。多层摇床和离心摇床还用于选别黑色金属矿石和煤炭。摇床常作为精选设备与螺旋溜槽、圆锥选矿机等配合使用。

思考题

7-1　简述块煤选煤溜槽的工艺影响因素。

7-2　简述螺旋选矿机工作的影响因素。

7-3　简述螺旋滚筒选煤机的工作原理及结构特点。

7-4　简述离心选矿机的工作原理。

7-5　简述离心选矿机工作的影响因素。

7-6　简述摇床分选的基本原理。

7-7　简述摇床分选效果的影响因素。

第8章 流态化选矿

本章概要 介绍颗粒流态化基础、液固流态化选煤、气固流态化选煤。

8.1 流态化选矿相关概念

8.1.1 流态化技术

固体颗粒本身没有流动性，若采取某种措施使颗粒像流体一样呈流动状态，这种操作过程就称为固体颗粒流态化。自然界中的沙漠迁移、河流中的泥沙夹带和人类生活中的谷粒扬场等都是流态化现象。流态化技术始于气固流化，后发展至液固流化和气液固流化。

一些物理过程的加工中广泛采用流态化技术，如颗粒物料的气力输送、湿颗粒物料的干燥、粉体物料的造粒、颗粒物料的分选等。流态化技术已在化工、石油、冶金、能源、材料、环保等得到广泛应用。

8.1.2 流态化选煤

根据流化介质的不同，流化现象可以由气体和固体颗粒、液体和固体颗粒、气体-液体和固体颗粒形成，即气固流态化、液固流态化和气液固流态化。在选煤行业，主要利用液固流态化或气固流态化对物料进行分选，矿物按照颗粒流态化后流化床的密度差异来实现分层。

液固流化床选煤的依据是物料密度的差异。物料在上升水流作用下流态化，因密度和粒度不同形成干扰床层(或称沸腾床层)。当干扰床层达到稳定状态时，入料中密度低于干扰床层平均密度的颗粒将浮起，进入溢流；比干扰床层平均密度大的颗粒就穿透干扰床层进入底流，从而实现分选。液固流化床分选技术具有分选密度可控、工艺系统简单、成本低、单位处理量大等优点，主要用于粗煤泥的回收。其典型的设备是干扰床。

空气重介质流化床干法选煤是将气固两相流态化技术应用于选煤领域的一项高效干法分选方法。该方法以气固两相悬浮体(流化床层)作为分选介质，不同于湿法选煤法，也不同于传统的风力选煤法，其分选效果与湿法重介质选煤的相当。流化床的形成过程为：在微细颗粒介质床中均匀通入气流，颗粒介质流态化，形成具有一定密度和流体性质的气固两相悬浮体。入选物料在流化床中按密度分层，轻物上浮，重物下沉，实现分离。

8.2　颗粒流态化基础

8.2.1　流态化现象

在垂直容器中装入固体颗粒，并由容器的底部经过分布板（带有多孔的板）通入流体（气体或液体）（见图 8-1）。起初流体流经固体颗粒间的空隙，粒子静止不发生浮动，此时为固定床状态，如图 8-1(a)所示。

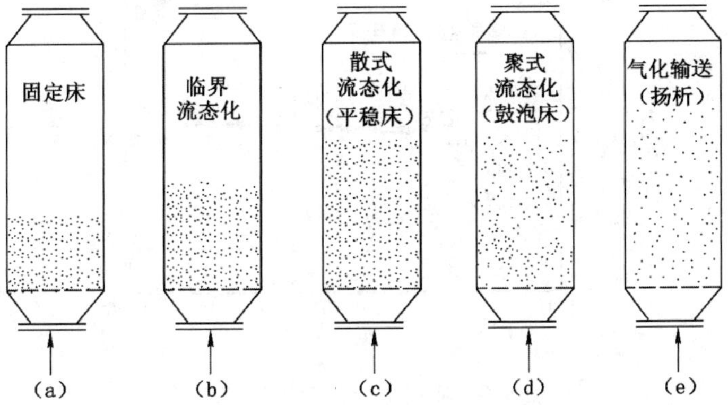

图 8-1　流态化现象

随着流体量不断增加，当流体的表观流速达到某一数值时，颗粒开始松动，此时流体的表观速度（空塔速度）即为起始流化速度（临界流化速度），通常以 u_{mf} 表示，床层表现为临界流态化，如图 8-1(b)所示。

随着流速进一步增加，当流体为液体时，颗粒间的距离将进一步拉开，床层出现膨胀。虽然从微观来看，各个局部的空隙率未必相同，但是总体来说颗粒的分散还是比较均匀的，故称为均匀流化床或散式流化床，如图 8-1(c)所示。不过对于流体为气体的情况来说，若颗粒较粗，则一旦气速超过了 u_{mf}，超过的那部分气量就会以气泡的形式通过，床层开始膨胀并有气泡形成，此时为流化床状态。气泡内可能包含有少量的固体颗粒称为气泡相（bubble phase），气泡以外的区域称为乳相（emulsion phase），从而形成气泡相及乳相的两相结构，这种流化床称为聚式流化床[如图 8-1(d)所示]，以与散式床相区别。

当流体速度增加到终端速度 u_t 时，颗粒就会被流体带出容器，此种现象称为扬析或气力输送[如图 8-1(e)所示]。最终颗粒会被流体全部带出容器。

由此可见，颗粒的流化状态取决于流体的流速。

在固定床的操作范围内，由于颗粒之间没有相对运动，床层中流体所占的体积百分数即空隙率（或松散度）是不变的。流过固定床的流体的压降随着流体流速的增加而增大。流体压降与流速之间的关系近似线性关系（如图 8-2 中虚线所示）。

但随着流体流速的增加，流体通过固定床层时的阻力将不断增加。固定床中流体流速和压差的关系可用经典的 Ergun 公式来表达：

$$\frac{\Delta p}{H}=150\frac{(1-\varepsilon)^2}{\varepsilon^3}\frac{\mu u}{d_V^2}+1.75\frac{1-\varepsilon}{\varepsilon^3}\frac{\rho_f u^2}{d_V} \tag{8-1}$$

式中 Δp——高H的床层上下两端的压降；

ε——床层空隙率；

d_V——单一粒径颗粒等体积当量直径，非均匀粒径颗粒可用等比表面积平均当量直径来代替；

u——流体的表观速度，由总流量除以床层的截面积得到；

ρ_f——流体的密度；

μ——流体的黏度。

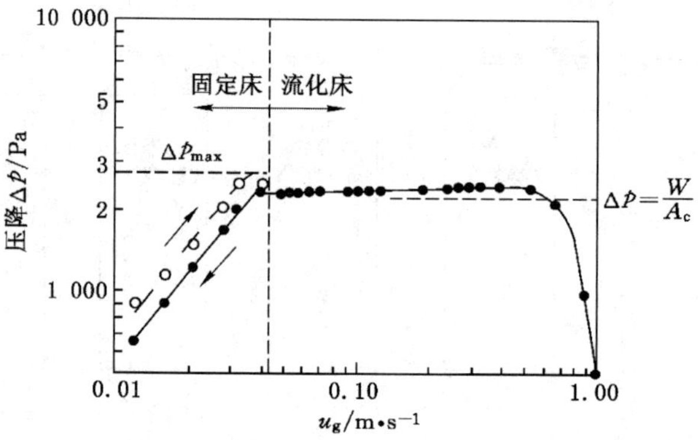

图 8-2 床层的压降与流速的关系

继续增加流体流速时，床层压降不断增加，直到床层压降等于单位床层截面积上的颗粒质量时为止。此时若不人为地限制颗粒流动(如在床层上面压上筛网)，则流体流动带给颗粒的曳力与颗粒的重力平衡，导致颗粒悬浮，此时颗粒开始进入流化状态。此后，如果继续增加流体流速，床层压降就不再变化，但颗粒间的距离会逐渐增加，以减小由于增加流体流量而增大的流动阻力。若缓慢降低流体速度使床层逐步回复到固定床状态，则压降 Δp 随着流体速度的减小而减小。但在相同流速下，床层由流化床回到固定床的压降要小于床层由固定床变为流化床的压降，如图 8-2 中实线所示。

有关研究表明：完全流化后的气固或液固流化床，其气固或液固运动很像沸腾液体的运动，并在很多方面呈现出类似流体的性质。流化床选煤正是利用气固或液固流化床的这一性质来对煤炭进行分选的。

① 较轻的大物体可以悬浮在床层表面，符合阿基米德定律[图 8-3(a)]。

② 将容器倾斜以后，床层表面自动保持水平[图 8-3(b)]。

③ 在容器的底部侧面开一小孔，颗粒将自动流出[图 8-3(c)]。

④ 将小孔开向具有同样流体流速的另一空容器中，颗粒将像水一样自动流入空容器，直到两边的颗粒高度相同[图 8-3(d)]。

⑤ 床层中任意两点压力差大致等于两点间的床层静压差[图 8-3(e)]。

这种固体具备流体性质的现象称为固体流态化，简称流态化。相应的颗粒床层称为流化床。颗粒床层处在起始流态化时的床层空隙率称为起始流化空隙率 ε_{mf}，其值一般为 0.41～0.45。较细颗粒的 ε_{mf} 有时会高一点。

不是任何尺寸的固体颗粒均能被流化。一般适合流化的颗粒尺寸范围为 30 μm～

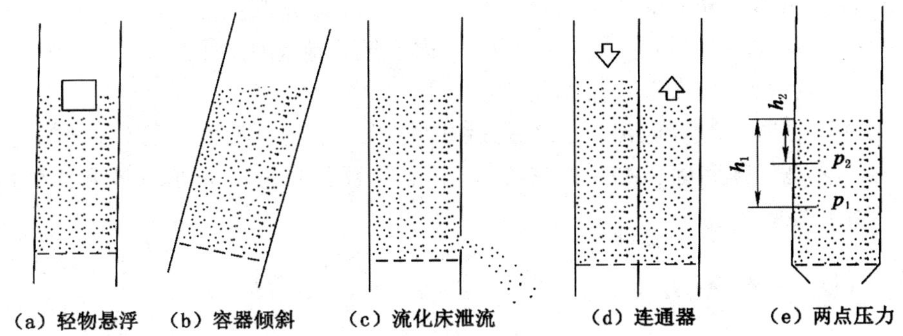

图 8-3　流化床类似液体的性质

3 mm，大致 6 mm 的颗粒仍可流化，特别是其中混杂有一些小颗粒。

8.2.2　流态化基本条件和特征

由前述可知，形成固体流态化要有以下几个基本条件：

① 有一个合适的容器作为床体，底部有一个流体的分布器。

② 有粒度适中的足量的颗粒来形成床层。

③ 有连续供应的流体(气体或液体)充当流化介质。

④ 流体的流速大于起始流化速度，但不超过颗粒的带出速度。

如果不包括高流速下的循环流态化和顺重力场下行流态化，传统固体流态化(无论用气体或液体或两者一起作流化介质)有如下的基本特征：

① 流化床层具有液体的许多性质，如很好的流动性、低黏度、很小的剪切应力、传递压力的能力、对浸没物体的浮力等。流化颗粒的流动性还使得随时或连续地从流化床中卸出和向流化床内加入颗粒物料成为可能。

② 通过流化床层的流体压降等于单位截面积上所含有的颗粒和流体的总重量，即

$$\Delta p = H_{mf}[\rho_p(1-\varepsilon_{mf})+\rho_f\varepsilon_{mf}]g \tag{8-2}$$

式中　ρ_p——固体颗粒的密度；

H_{mf}——流态化后的高度；

ρ_f——流体的密度；

g——重力加速度，m/s^2 或 cm/s^2；

ε_{mf}——起始流化空隙率。

从理论上说，此压降和流化介质的流速变化无关。事实上，在流速很高时，由于壁效应及颗粒架桥等，实测压降会比式(8-2)计算所得的偏高。

8.2.3　流态化分类

从起始流化起，流化介质的流速会持续加大。理想的流化状态是固体颗粒间的距离随着流体流速的增加而均匀地增加，以保持颗粒在流体中的均匀分布。这时的流化质量是最高的。但在实际的流化床中，并不总是能达到理想流化状态，而是会出现颗粒及流体在床层中的非均匀分布，这就导致流化质量下降。床层越不均匀，相应的流化质量就越差。

根据颗粒在流体中分散的均匀与否，固体流态化可分成散式流态化和聚式流态化。当液固流态化时，颗粒能较均匀地分散在液体中，称为散式流态化；对于气固流态化，伴随气泡产生，颗粒呈聚集状态，称为聚式流态化。

事实上并不是所有的液固流态化都是散式的，也不是所有的气固流态化都是聚式的。其决定因素主要是流体和固体之间的密度差，其次是颗粒尺寸。减小流体和固体的密度差可以提高流化质量。

8.3 液固流态化选煤

8.3.1 粗煤泥分选必要性

液固流化床主要用于粗煤泥的分选。依据国家标准 GB/T 7186—2008，粗煤泥的定义为：粒度近于煤泥，通常在 0.3～0.5 mm 以上（3 mm 以下），不宜用浮选处理的颗粒。

我国煤炭分选方法包括粗粒（大于 0.5 mm）重选和细粒（小于0.5 mm）浮选两大类。分选粒度界限为 0.5 mm。重选的分选效果随着粒度的减小而逐步变差。浮选的最佳分选粒度范围为 0.25～0.074 mm。介于重选和浮选有效分选粒度界限附近（0.3～3 mm）的煤粒（即粗煤泥）分选效果最差。

粗煤泥，根据来源可分为：原生粗煤泥、破碎粗煤泥和次生粗煤泥三种；根据从选煤工艺中所分离出来的途径，可分为原煤脱泥产生的粗煤泥和重介或跳汰分选过的粗煤泥两种。随着煤炭粒度的减小，煤与矸石的解离更充分，煤的可选性越易选。粗煤泥的特点为：① 粒度处于重选的分选粒度下限附近；② 煤与矿物解离比较充分，可选性比较好；③ 灰分一般比重介精煤的高几个百分点，选后精煤产率较高；④ 经重介或跳汰分选过的粗煤泥，分选密度很高；⑤ 粒度范围较窄，大部分颗粒尺寸为 2～0.25 mm 甚至 1～0.25 mm；⑥ 选煤工艺已将粗煤泥单独回收，为分选提供了有利条件；⑦ 粗煤泥中含有数量不等的高灰细泥。粗煤泥灰分较高导致重介或跳汰＋浮选选煤中的粗煤泥去中煤还是去精煤，难以确定。若粗煤泥不经过分选或虽然经分选但是效果较差，则粗煤泥灰分偏高。粗煤泥直接掺入精煤，会导致总精煤灰分升高，重选精煤必然“背灰”，总的精煤产率降低。由于粗煤泥中含有部分灰分较低的精煤，若粗煤泥掺入中煤，则同样会造成精煤损失。实现粗煤泥有效分选，是近年来选煤行业十分重视的问题。

从理论上讲，重选的有效分选粒度范围是 50～0.50 mm。部分重选设备的有效分选下限可达 0.25 mm。但是生产实践表明：不论跳汰选还是重介质分选对于 3～0.25 mm 物料的分选精度总体上较差。现从颗粒的干扰沉降末速公式来说明这个问题。

$$v_g = v_0\theta^n$$

$$v_g = \sqrt{\frac{\pi d_V(\delta-\rho)g}{6\psi\rho}} = (1-\lambda)^n\sqrt{\frac{\pi d_V(\delta-\rho)g}{6\psi\rho}} \tag{8-3}$$

式中 δ——煤粒的密度，kg/m^3；

ρ——分选介质的密度，kg/m^3；

d——煤粒的当量直径，cm 或 m；

g——重力加速度，m/s^2 或 cm/s^2；

ψ——阻力系数，是煤粒形状和雷诺数的函数；

θ——松散度，与固体体积浓度和矿粒性质有关的系数($\theta<1$)。

从式(8-3)可以看出，重力选矿时，影响煤炭沉降速度(分层速度)的因素有：分选介质性质(密度、黏度)、固体体积浓度、煤粒的密度和煤粒的粒度等。当煤粒较小时，即使煤粒间密度差别大，但由于其粒度小，它们的沉降速度差也很小。这样在一定的分选时间和空间内，煤粒不能充分按密度差别分层，即密度高和密度低的颗粒不能分开，所以较细颗粒分选效果较差。重介质选矿遵循阿基米德原理，但实质上也是颗粒运动的结果。

理论上浮选工艺环节的分选粒度范围是<0.5 mm。但浮选是依靠气泡和颗粒的黏附力将精煤浮出。生产实际表明，>0.3 mm 的粗煤泥在浮选过程中极易因气泡的携载能力不足而损失在尾矿中。

因此，在重选和浮选之间存在一个有效分选粒度的缺口(图 8-4)。随着粒度的减小，重选分选效率下降；浮选时，粒度的增大极易造成低灰精煤损失。粒度处于重选和浮选有效分选范围交界附近的粗煤泥分选效率最低。

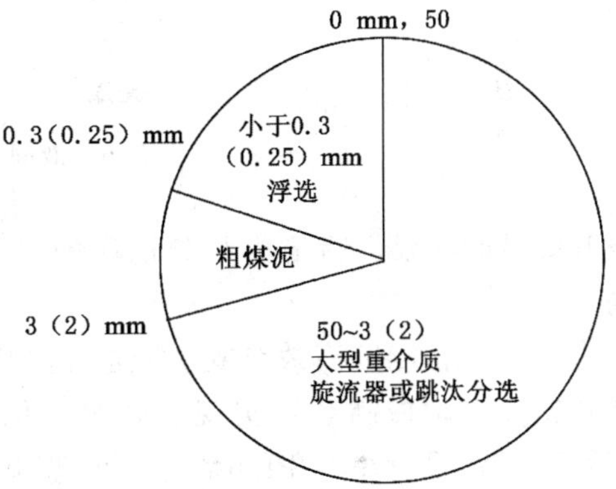

图 8-4 粗煤泥在选煤工艺系统中的位置

粗煤泥的煤和矸石解离比较充分，虽然量不大，但在一定程度上影响选煤厂的技术经济效益，因此，应重视这部分物料的分选。并且伴随着采煤机械化程度的提高，原煤中细粒煤的含量越来越高。我国常规的重选设备和浮选设备很难使粗煤泥分选获得优良的分选效果。

实践证明，液固流化床分选是一种新型的粗煤泥分选技术，具有低密度分选、设备简单、操作容易和维修量少的优势，将成为未来很先进的粗煤泥分选技术之一。

8.3.2 液固流化床分选基本原理

液固流化床粗煤泥分选机的基本原理如图 8-5 所示。它的主体结构包括均匀给料装置、精尾煤排料装置、柱体等 3 部分。3 部分组成一个上部为圆柱形(也可做成矩形)、下部为圆锥形的柱体。此外它包括密度自动控制系统。

给料装置位于柱体的上部或上部侧面，其目的是保证高浓度矿浆均匀稳定地给入分选机中，尽量减少因给料造成的对床层的扰动。排料装置位于柱体圆锥段的底口，其目的是将经过分选后聚集在锥体内的尾煤均匀稳定地排出。排料装置由一个自动控制阀和尾矿收集槽组成。尾矿的排放必须考虑到保持床层厚度和密度的稳定。

分选段位于柱体圆柱段的中下部，约占柱体的 2/3。圆柱段内部主要为流体分布器。部分设备中增加了倾斜导流板。在分选过程中分选段内为高浓度的煤浆，形成高密度的分选床层。煤浆的浓度及矿浆密度直接决定了分选密度。流体分布器能够保证水流在分选室全断面上均匀平稳地给入，同时不影响尾矿的排放。上升水流是形成流态化床层的唯一动力，也是分选的唯一动力。分选室内根据需要可设计成各种不同的结构，以提高床层密度的稳定性和分选效果。精选段是从精煤溢流堰到分选段的上部。实际上分选段和精选段之间

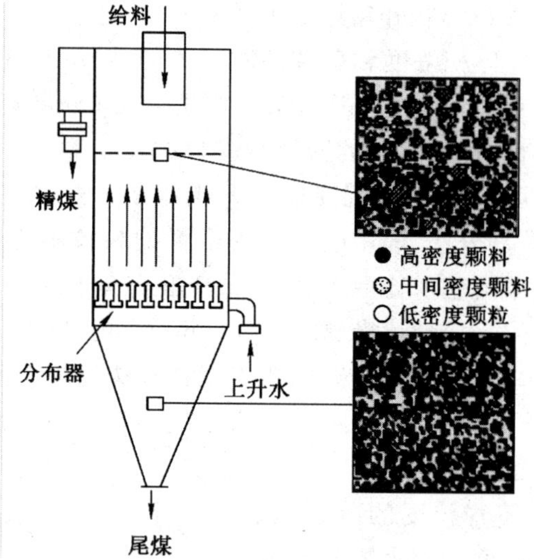

图 8-5　液固流化床分选机原理

并没有明显的界限。精选段与分选段的最大区别在于精选段矿浆浓度低，分选段矿浆浓度高。

为了使设备能够高效分选，分选机内扰动悬浮液的平均相对密度必须保持稳定，这可通过密度自动控制系统实现。液固流化床粗煤泥分选机的自动控制系统采用操作简单、运行可靠、投资少的 PID 系统。该系统主要由密度检测、反馈、控制底流排放的电动执行机构等组成。扰动悬浮液的实际密度由一个电容式差压管或压力变送器测定，并由一个单回路 PID 控制器接收来自压力变送器的 4～20 mA 的 DC 电流信号。该电流信号与流化床内上方扰动悬浮液的实际密度呈正比。将实际密度与设定的密度值进行比较。若实际密度过高，则加大排料阀门的开度，加大排出扰动床层中的物料；反之，则限制床层的物料排放。

密度自动控制系统工作过程为：入料由矿浆给料管给入到液固流化床分选机中，水由泵打入分选机底部的流体分配器，并在分选机内产生向上水流。入料中沉降速度恰好等于上升水流速度的组分悬浮于分选机中，形成具有一定密度的悬浮液干扰床层。分选机的密度可由上升水流的速度来控制。分布器使上升水流分布均匀，并防止上升水流对稳定干扰床层的扰动。当达到稳定状态后，入料中密度低于干扰床层平均密度的颗粒会浮起，并进入浮物产品。凡密度高于干扰床层平均密度的颗粒会穿过干扰床层，并由排矸口进入沉物。

8.3.3　流化床内流体状态

根据流化床分选机的结构原理及流态研究的要求，将液固流化床粗煤泥分选机内划分为 4 个区域，从上到下依次为入料区、分选区、给水区、底流区，如图 8-6 所示。

8.3.3.1　入料区

入料区指从溢流堰到给料管的下端口向下一段距离的区域。该区域的主要特点是：除入料外，大部分为上升流，包括煤粒和水；入料对该区域一定范围内产生扰动，这种扰动对分层好的物料产生不利的影响。

8.3.3.2　分选区

分选区属于近似静态区，指从入料区下的稳定区域开始到给水区上部的稳定区域。该区域可看作柱塞流区。该区域矿浆浓度很高，颗粒与颗粒之间接触紧密。该区域存在大量的物料流动和交换，水和煤粒向上进入溢流还是向下进入底流均由该区域决定。

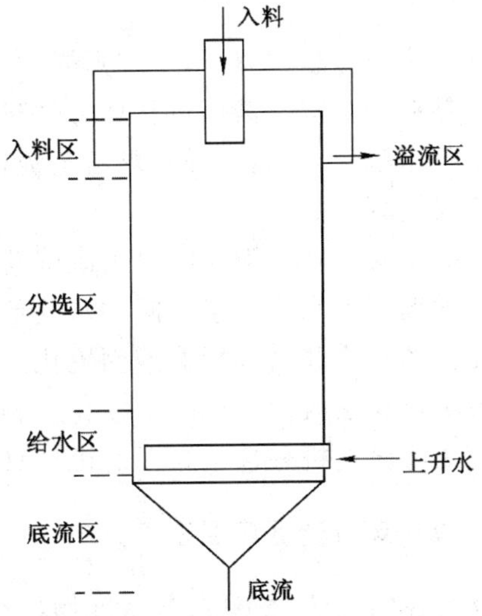

图 8-6　流化床分选机内流体状态

分选区内颗粒浓度高，上升水流在经历了给水区后在分选机整个柱体断面上分布基本均匀，且方向近似垂直向上，而物料在该区域内达到干扰沉降末速后受周围其他颗粒及器壁的影响，几乎没有水平运动的空间和动力，只能在垂直方向上上下运动，除离器壁很短距离的颗粒外，其他颗粒在整个断面上均匀运动，就像一个活塞一样，平行有规则地运动，即为柱塞流。

在分选区中上部的低密度颗粒(也包括一部分细泥)由于受上升水流及水和煤粒组成的高密度流化床层的作用，由向下运动变为向上运动，逐步进入入料区，再向上成为精煤。而在分选区中下部的大部分为中煤和矸石。该区域精煤含量自上而下逐步降低，矸石等高密度物质的含量逐步增加，悬浮液的密度逐步增加，从而形成一个密度梯度，而这个密度梯度可保证悬浮液密度的稳定和满足扫选的需要。

8.3.3.3　给水区

给水区在整个分选机内占很小的比例，主要指由给水所引起扰动的区域。由于给水压力很低且均匀，该区域颗粒浓度很高，颗粒密度较大，上升水流难以对颗粒运动产生大的扰动，颗粒群起到像均匀布水网的作用，在很短的距离内使水流分布均匀。

8.3.3.4　底流区

底流区一般指分选机的下锥段。该区域内颗粒高度压缩，高密度、高浓度、单一下降流是该区域的主要特点。

通过对以上 4 个区域物料流动的分析可知，整个分选机大部分区城内颗粒都是进行垂直流动的，只有在给料区和给水区的很小范围内物料才有一定的水平流动。给水区和给料区的一定范围内物料的水平流动对整个分选过程的影响很小，且这两个区域的物料流动较为复杂。底流区域的物料流动对整个分选过程更不产生影响。

8.3.4　流化床内颗粒沉降规律

颗粒在流体中的运动规律是众多矿物分离过程中的基本问题。不同性质的颗粒在流体中的运动轨迹决定着矿物按粒度分级或按密度分选的效果。影响颗粒运动的因素除了颗粒本身的性质外，还有流体、流场的性质。

液固流化床分选机对粗煤泥的分选属于重力分选。粒度较细的颗粒由于沉降速度慢，轻、重颗粒速度差小，分选效率低。提高分选效率的关键是如何增大不同密度颗粒的沉降速度差。

通常进行分析，均以单个球形颗粒作为基础研究对象，并进行受力分析。过渡到研究流化床内颗粒的沉降。液固流化床分选机内的颗粒是在高浓度下进行沉降的，属于干扰沉降。沉降过程中颗粒与颗粒之间、颗粒与流体之间及颗粒与器壁之间发生复杂的作用力，造成沉降末速大大降低。

干扰沉降速度与颗粒的自由沉降速度和体积分数有关，它们之间的确切关系很难确定，各种数学模型均来自大量不同的试验数据。

颗粒的粒度和密度影响液固流化床分选机的分选效果，两者既紧密相连，又相互影响，是颗粒本身无法改变的性质。建立起颗粒密度、粒度与干扰沉降末速之间的关系对于研究液固流化床分选机分选粗煤泥的机理具有重要的意义。

8.3.5 流化床分选区床层密度分布

物料在给入流化床后，低密度物料在分选区上部的部分颗粒甚至在给料区就已变向下运动为向上运动进入溢流，中高密度物料在继续向下运动的同时，开始进一步按密度从低到高的顺序改变垂直运动方向，逐步与高密度物料分离。因此，在分选区内沿柱高从上到下每一高度内物料的平均密度逐步增加，形成具有一定厚度的物料密度梯度。

液固流化床的密度是影响分选效果最重要的因素之一。悬浮液的物理密度等于固体的密度和液体的密度（$\rho=1\ \text{g/cm}^3$）的加权平均值，即：

$$\overline{\rho_c}=\lambda\delta+(1-\lambda)\rho=\lambda(\delta-1)+1 \tag{8-4}$$

式中 $\overline{\rho_c}$——液固流化床的平均密度，g/cm³；

λ——流化床中固体的体积分数，%；

δ,ρ——固体颗粒和流体的密度，g/cm³。

由公式(8-4)可知，流化床的密度与固体的密度、体积浓度有关。随着固体密度增加，流化床密度也在增加。流化床内颗粒的密度从上到下逐步增加，同时固体的体积分数也逐步增加，从而导致流化床内的整体密度从上到下不断增加。

这种密度增加对实际分选效果是有利的。低密度煤粒在刚进入流化床很短距离后就转为向上运动进入溢流，中高密度物料逐步下行，只有高密度物料才穿过整个分选机成为尾矿。由于粗煤泥的灰分一般较低，精煤含量很高，入料中大部分物料不经过分选机中下部而直接进入溢流成为精煤，这就是液固流化床粗煤泥分选机单位面积处理能力大的主要原因。

8.3.6 液固流化床分选机

8.3.6.1 干扰床分选机

干扰床分选机主要用于粗煤泥分选。该设备分选下限可达 0.15 mm，分选上限为 2～3 mm。

干扰床分选机结构如图 8-7 所示。物料由上部入料口给入，在上升水流带动下，颗粒在矿浆分配盘上方形成流态化床层，同时产生适合于原煤分选密度的自生介质。低密度颗粒从上部的溢流槽中排出，高密度颗粒则由底部的底流口排出。

8.3.6.2 交叉流分选机

交叉流分选机结构如图 8-8 所示。该设备在干扰床分选机基础上采用切线给料方式。

这种方式可使入料中的水穿过上部直接进入溢流槽,降低给料速度,减少入料对床层的扰动,从而提高了设备的处理能力和分选效果。该设备的另一个设计特点是对原先的供水系统进行了改进——在分选机的底部放置了一个水平的、带有水槽的大直径管道。这种改动方式基本上消除了流体分布板经常堵塞的问题。改进的入料方式和供水系统使得设备的分离效率和处理能力得到提高。在相同的工况条件下,该设备分选精度高,比干扰床分选机的低。

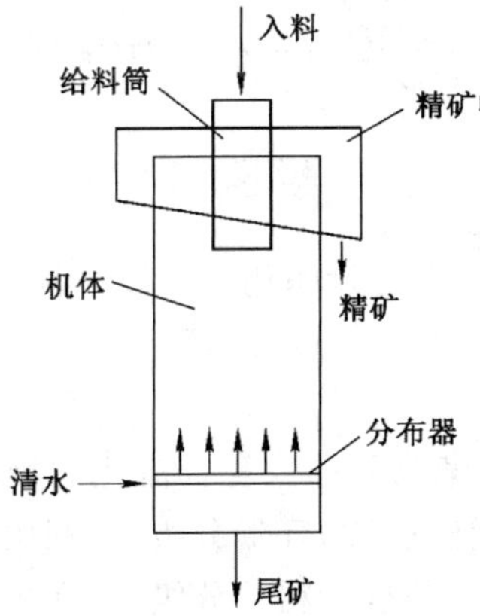

图 8-7　干扰床分选机结构

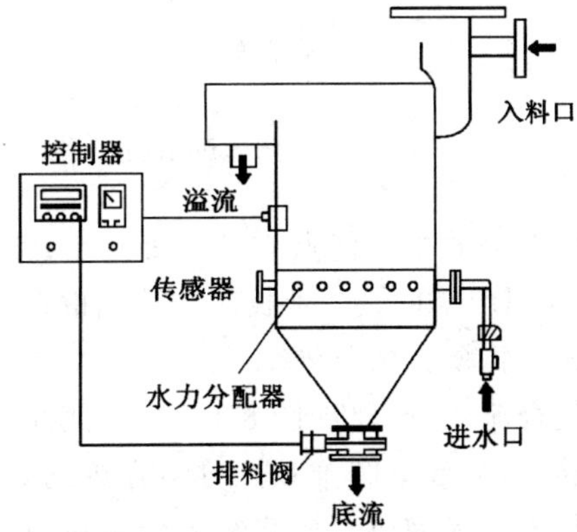

图 8-8　交叉流分选机结构

8.3.6.3　逆流分选机

逆流分选机(图 8-9)是一种流化床粗煤泥分选机。该设备在传统干扰床分选机基础上增加了几组不同高度的倾斜板,可将处理能力提高几倍以上。该设备的分选原理是:在倾斜板的存在下,颗粒在流态化床层中的干扰沉降。分选时,矿浆由分选槽侧面给入,在分选床内设置了上、中、下三组倾斜板。每组倾斜板的距离和角度都不一样。重产物沿底流板向下滑动形成尾矿流,从底流口排出。轻产物在底部上升水流的带动下向上移动,依次通过中矿板和溢流板形成溢流,从溢流口排出。

逆流分选机的处理量是干扰床分选机处理量的 3 倍以上。逆流分选机的分选密度随着粒度的减小变化很小。

8.3.6.4　悬浮密度分选机

悬浮密度分选机(图 8-10)是一种先进的干扰床分选机。该设备的分选原理是:根据入选颗粒的大小、密度和形状来分层分离。该设备能够处理尺寸介于脱泥筛和水介质旋流器之间的物料。该设备在选矿厂的粗选及尾矿回收作业有较多的工业应用,其脱粗效果优于螺旋分选机的。

8.3.6.5　水力浮选分选机

水力浮选分选机结构如图 8-11 所示。该设备的特征是外加了一个充气系统。该充气系统将小气泡引入到干扰床层,同时向流态化水中添加少量起泡剂。这些小气泡选择性地黏附在天然疏水性或因加入捕收剂而疏水的矿物颗粒上。与传统浮选过程不同的是,气泡-矿粒聚合体并不需要足够的浮力就可上升到分选室的顶部。干扰床层的松散作用使得低密度聚合体成为溢流。

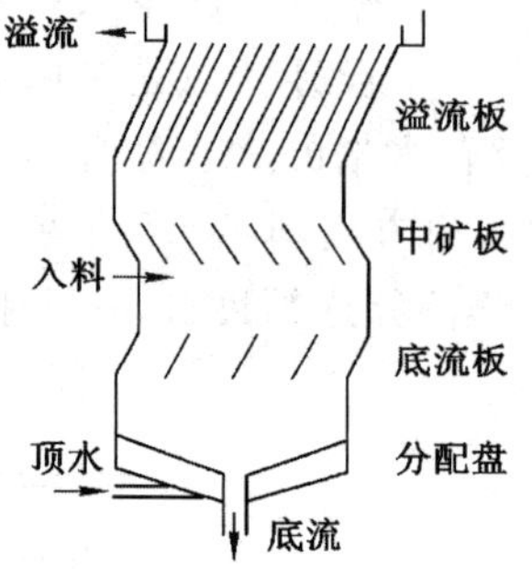

图 8-9　逆流分选机结构

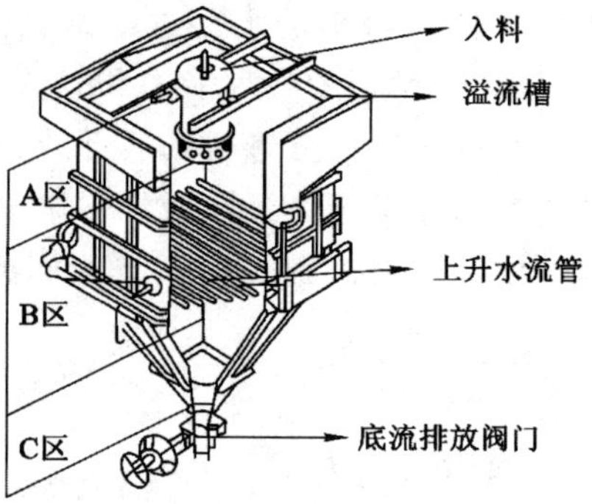

图 8-10　悬浮密度分选机结构

该设备的主要优点为：① 紊流小；② 改善气泡与矿粒的黏附作用；③ 没有浮力限制；④ 有效利用空间；⑤ 延长矿粒停留时间。

8.3.6.6　复合流化分级机

复合流化分级机(图 8-12)主要用来分级，也可用于粗煤泥分选。复合流化分级机上部呈圆筒状，下部呈圆锥状。分级在中间的粗粒分级室和围绕其外的环形分级室，利用上升水和流化床技术完成。矿浆给入到粗粒分级室，上升水流从下部进入粗粒分级室，在粗粒分级室的下部形成紊流区实现粗粒分级。粗粒从底部排放口排出，而中粒及细粒产物则以溢流的方式进入中粒分级室。中粒分级室分级出中粒级和细粒级产物。通过改变流化床的高度和上升水量可调节粗粒、中粒和细粒矿物的粒度。各分级产物的浓度和流量分布亦可在一定范围内进行调节。

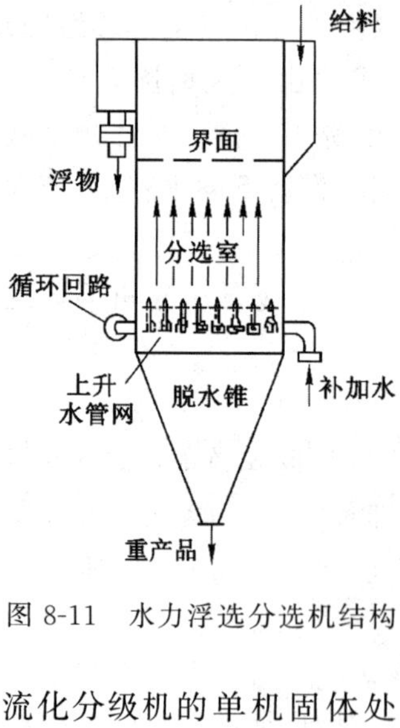

图 8-11　水力浮选分选机结构

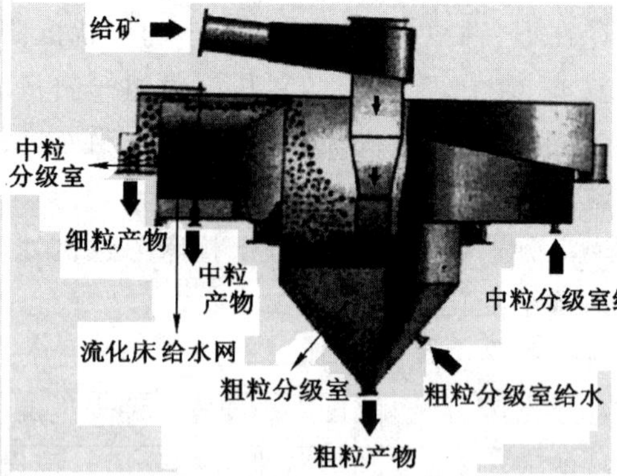

图 8-12　复合流化分级机

复合流化分级机的单机固体处理量一般为 10～1 000 t/h，固体浓度一般为 10%～75%，矿浆处理量为 20～2 500 m^3/h，给矿粒度上限一般为 8 mm。该分级机主要特点为：① 分级效率高，尤其是细粒分级；② 处理量大；③ 运行过程全部自动控制；④ 适应性强；⑤ 可根据矿石性质的变化灵活有效地调整分级粒度。

8.3.6.7　新型三产品

为充分发挥液固流化床对粗煤泥分选的优势，在传统的两产品干扰床分选机基础上设计出了新型三产品干扰床分选机，其结构如图 8-13 所示。

物料进入三产品干扰床分选机的下段进行分选。分选之后的尾矿从下段排料口排出。分选后的精煤和中煤混合物进入流化床上部，即流化床的上段进行二次分选，这样使物料经过上、下段分选，得到 3 个产品，即上段溢流（精煤）、上段底流（中煤）、下段底流（尾煤）。其特点为：上下两段采用不同速度的上升水流，上段的上升水速小于下段的上升水速。为满足上段水速小于下段水速的要求，流化床下段直径要小于上段直径，同时上下段的水速大小还可以通过阀门调节，来实现上、下段的分级分选功能。三产品干扰床分选机可采用两个干扰床串联的办法。

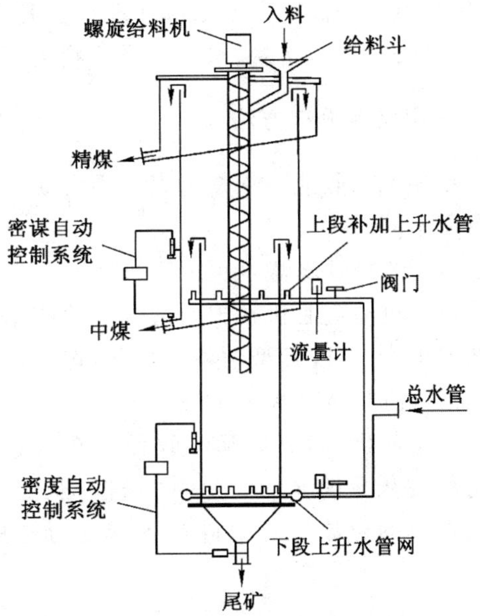

图 8-13　三产品 TBS 结构

8.3.7　干扰床分选效果影响因素

影响干扰床分选机分选效果的工艺因素较多。

(1) 入料粒度

干扰床分选机分选粗煤泥的最佳分选粒度应为 1～0.25 mm，即粒度比为 4∶1。粒级太宽，容易使高密度细粒级物料进入溢流而污染精矿，也会使低密度粗粒级物料错配到底流中而损失精矿。

(2) 入料浓度

当入料管深度、水流流量一定时，入料浓度对干扰床分选机分选效果的影响见表 8-1。

表 8-1　入料浓度对干扰床分选机分选效果的影响

入料浓度/g・cm^{-3}	产品灰分/%	数量效率/%	不完善度	可能偏差
200	12.18	83.58	0.192	0.084
300	12.06	82.24	0.262	0.081
400	11.97	81.91	0.186	0.077
500	12.31	82.40	0.241	0.087

从表 8-1 可以看出，入料浓度为 400 g/cm^3 时，产品灰分、不完善度、可能偏差最低，说明入料浓度过高和过低都不能取得满意的分选效果。

(3) 流量与水流速度

从干扰床分选机理可以看出，水流速度是影响物料分选效果最重要的因素之一。

水流速度直接决定分选密度，进而影响精矿的数量效率。一般来说，水流量高，精矿灰分高，数量效率高。上升水流速度与上升水流量呈正比，与干扰床截面面积呈反比。在截面积一定的情况下，水量、水压都要达到干扰床的技术要求。

8.3.8 粗煤泥分选方法

粗煤泥回收或分选是选煤厂不可缺少的一个环节。不同的选煤厂选取的粗煤泥回收工艺有所不同。

8.3.8.1 沉降过滤离心机回收粗煤泥

沉降过滤离心机在国内选煤厂的应用始于20世纪80年代。国产设备有WLG型和引进技术生产的TCL型两种。目前，选煤厂使用较多的设备是TCL型。

8.3.8.2 高频筛回收粗煤泥

据生产经验，高频筛回收原生粗煤泥具有一定的分选作用。同一粒度级的物料，筛上物料的灰分明显低于筛下物料的灰分，说明物料在低振幅、高频率的分级和回收过程中所形成的过滤层对物料有按密度分选的作用，密度大的物料下沉，并透过筛面进入筛下水。

8.3.8.3 弧形筛、离心机回收粗煤泥

煤泥离心机在国内选煤厂的应用始于20世纪90年代后期。目前，选煤厂使用煤泥离心机回收粗煤泥中较多的是卢德维琪公司的FC系列和TEMA公司的H系列煤泥离心机，国产的LLL系列煤泥离心机。

利用这种方法回收粗煤泥的厂矿比较多。大型选煤厂多采用该工艺回收粗精煤，即用浓缩分级旋流器与弧形筛配套使用。

从使用情况得知，所回收的粗精煤存在细泥污染现象，灰分偏高。旋流器的有效分选下限为0.25 mm左右，最低只能达0.15 mm，对细泥不能实现有效分选，使得进入粗精煤系统的细泥黏附在粗精煤表面而污染粗精煤。

8.3.8.4 螺旋分选机精选粗煤泥

螺旋分选机精选粗煤泥在国内也有一定程度的运用。在王坡选煤厂，0.5～0.15 mm粗煤泥由螺旋分选机分选。

8.3.8.5 干扰床分选机精选粗煤泥

干扰床分选机精选粗煤泥是目前流行的一种回收方法，在张双楼选煤厂、济二煤矿选煤厂、盘南公司选煤厂以及梁北煤矿选煤厂均有应用，且分选效果普遍令人满意。

8.3.8.6 逆流分选机精选粗煤泥

逆流分选机作为粗煤泥分选设备，在塔山选煤厂、柳湾选煤厂等均已采用。

8.4 气固流态化选煤

空气重介质流化床干法分选机是物料完成干法入选、分离的主要设备。该设备的分选粒级为6～50 mm。其结构如图8-14所示。该分选机主要由空气室、气体分布器、分选室、刮板输送装置以及床层分选介质与被选物料的分离装置等组成。物料在分选机中的分选过程是：将筛分后的块状物料与重介质分别加入分选机中，来自风包的有压气体经底部空气室

均匀通过气体分布器使重介质发生流化作用，在一定的工艺条件下形成具有一定密度的比较稳定的气固两相流化床。物料在此流化床中按密度分层，小于床层密度的物料上浮，成为浮物；大于床层密度的物料下沉，成为沉物。分层后的物料分别由机内的刮板输送装置逆向输送，上层排煤，下层排矸。浮物（如精煤）从右端排料口排出，沉物（如矸石）从左端排料口排出。分选机下部各风室与供风系统连接，设有风压与各室风量调节及指示装置。分选机上部与引风除尘系统相连，设计引风量大于供风量，以造成分选机内部呈负压状态，可有效地防止粉尘外逸。

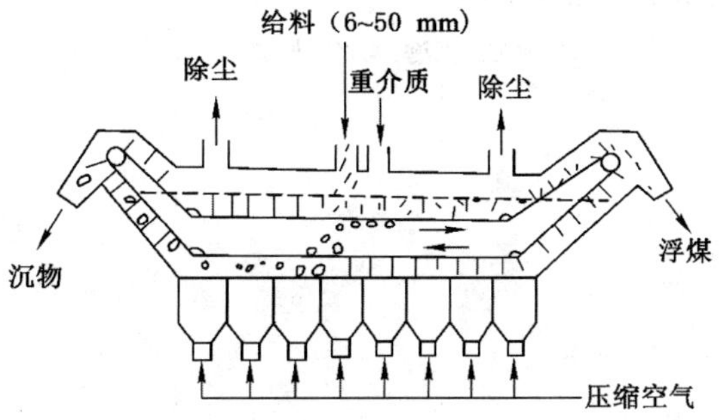

图 8-14　空气重介质流化床干法分选

空气重介质流化床干法分选机可有效地分选外在水分小于 5%的 6～50(80)mm 粒级煤，分选精度高，可能偏差在 0.05～0.07 范围内。

空气重介质流化床干法分选机的主要参数见表 8-2。

表 8-2　空气重介质流化床干法分选机主要参数

项目		型号特征		
处理量/t・h^{-1}		10	25	50
分选物料	粒度/mm	6～50	6～50	6～50
	外在水分/%	<5	<5	<5
分选密度/g・cm^{-3}		1.3～2.0	1.3～2.0	1.3～2.0
有效分选床层	长度/mm	5 500	5 000	5 000
	宽度/mm	500	1 000	2 000
	高度/mm	360	360	360
电动机	型号	YCT220-4A	YCT220-4A	YCT250-4B
	功率/kW	5.5	11	22
	转速/r・min^{-1}	1 250～125	1 250～125	1 320～132
减速机	型号	WD210-33-Ⅲ	WD210-33-Ⅲ	NBZD280-56-Ⅱ
	变速比	33	33	64.09
外形尺寸(长×宽×高)/mm		7 890×600×2 030	7 890×1 200×2 030	8 253×2 544×2 707
总质量/kg		6 558	11 200	15 850

思考题

8-1　流态化选矿有哪两种类型？

8-2　简述颗粒流态化的基本条件、特征和基本性质。

8-3　简述粗煤泥分选在选矿中的意义。

8-4　列举几种液固流化床分选机。

8-5　以 TBS 为例说明液固流化床分选的基本原理。

8-6　简述影响液固流化床分选的主要因素。

8-7　常用的粗煤泥分选方法有哪些？

8-8　简述空气重介质流化床干法分选机的结构和工作原理。

参考文献

[1] 陈建强,常博,刘昆轮,等.煤炭干法分选技术应用与展望[J].煤炭加工与综合利用,2021(6):24-28.

[2] 陈桥,杨洪英,陈贵民,等.尼尔森重选在我国石英脉型金矿选矿工艺中的应用[J].黄金科学技术,2017,25(5):73-79.

[3] 范旭阳,刘亚洲.重介质选煤技术的应用与发展[J].水力采煤与管道运输,2019(3):1-2.

[4] 郭德,张秀梅.选煤新技术[M].北京:煤炭工业出版社,2018.

[5] 黄少华.屯兰矿洗煤厂重介质旋流器磨损规律及解决措施[J].机械工程与自动化,2019(1):195-196.

[6] 李功民.干法选煤新技术[M].北京:应急管理出版社,2020.

[7] 李军.重介选煤介耗问题分析及解决策略[J].石化技术,2020,27(6):248-249.

[8] 刘学雷.我国选煤技术发展现状及趋势分析[J].选煤技术,2018(6):12-15.

[9] 刘影.重介质旋流器选煤技术研究[J].石化技术,2020,27(2):200.

[10] 吕晋恒.我国选煤技术现状与发展概述[J].石化技术,2020,27(3):315-316.

[11] 孟令丽.重力选矿中矿物表面化学特性研究[J].黑龙江工业学院学报(综合版),2019,19(2):50-53.

[12] 穆丽珍.重介质旋流器磨损规律及解决措施探讨[J].能源与节能,2019(10):163-164.

[13] 任尚锦,孙鹤.干法选煤[M].北京:冶金工业出版社,2018.

[14] 石莹丽,张智应,李海燕,等.精煤水力旋流器分级效果研究[J].山西冶金,2021,44(4):80-82.

[15] 覃殿归.浅谈水力旋流器工作原理及影响因素[J].企业科技与发展,2020(6):36-38.

[16] 王琛.重介质旋流器衬里的磨损特性研究分析[J].煤矿现代化,2017(6):185-187.

[17] 王俊.重介浅槽分选机在选煤厂的应用[J].能源技术与管理,2021,46(1):153-155.

[18] 王亚健.干法重介质流化床选煤工艺的应用研究[J].山西冶金,2018,41(5):115-117.

[19] 魏德洲.矿物物理分选[M].长沙:中南大学出版社,2019.

[20] 武丽琴.探究重介质旋流器选煤工艺[J].江西化工,2019(6):329-331.

[21] 徐冬林,王长艳,傅国辉,等.溢流管直径对旋流器流场和分离影响研究[J].矿产保护与利用,2019,39(1):64-68.

[22] 翟海涛.浅谈选煤厂选煤技术现状及未来发展趋势[J].冶金与材料,2019,39(2):76.

[23] 张振红.我国干法选煤技术发展现状与应用前景[J].选煤技术,2019(1):43-47.

[24] 赵树彦.重介质旋流器选煤技术的热点问题[J].煤炭加工与综合利用,2017(3):1-5.

[25] 周贺鹏,张永兵,周晓文,等.新型连续型离心选矿机回收钨细泥的工艺研究[J].有色金属工程,2020,10(3):94-100.

[26] OZCAN O.Performance comparison of a hydrocyclone and crossflow separator - a plant study[J].Separation science and technology,2020,55(4):799-810.